铁路职业教育铁道部规划教材

牵引供电规程与规则

马　玲　主　编

陶乃彬　主　审

中国铁道出版社有限公司

2020年·北　京

内 容 简 介

本书是以铁道部现行的规范为依据编写的铁路职业教育铁道部规划教材，全书共分八章，除了讲述接触网安全工作规程、接触网运行检修规程、牵引变电所安全工作规程、牵引变电所运行检修规程、牵引供电事故管理规则和接触网事故抢修规则外，还给出了部分案例分析。

本书适合电气化铁道供电专业高职和中专学生使用。

图书在版编目(CIP)数据

牵引供电规程与规则/马玲主编．—北京：中国铁道出版社，2008.8(2020.3重印)

铁路职业教育铁道部规划教材

ISBN 978-7-113-09097-5

Ⅰ．牵… Ⅱ．马… Ⅲ．电力牵引-供电-规程-职业教育-教材 Ⅳ．TM922.3-65

中国版本图书馆CIP数据核字(2008)第105524号

书　　名：牵引供电规程与规则

作　　者：马　玲

责任编辑：武亚雯　　**电话**：010－51873133　　**电子信箱**：td51873133@163.com

编辑助理：阚济存

封面设计：陈东山

责任校对：张玉华

责任印制：金洪泽　陆　宁

出版发行：中国铁道出版社有限公司(100054，北京市西城区右安门西街8号)

网　　址：http://www.tdpress.com

印　　刷：三河市兴博印务有限公司

版　　次：2008年8月第1版　2020年3月第13次印刷

开　　本：787 mm×1 092 mm　1/16　印张：13.5　字数：336千

书　　号：ISBN 978-7-113-09097-5

定　　价：35.00元

本书由铁道部教材开发小组统一规划,为铁路职业教育规划教材。本书是根据铁路职业教育电气化铁道供电专业教学计划“牵引供电规程与规则”课程教学大纲编写的,由铁路职业教育电气化铁道供电专业教学指导委员会组织,并经铁路职业教育电气化铁道供电专业教材编审组审定。

本课程是铁道电气化专业的专业课程,重点讲述了牵引供电系统接触网和牵引变电所的安全工作规程和运行检修规程的相关内容,使学生熟悉供变电现场工作制度,确保岗位工作的安全性和检修工作的标准化,熟悉供电系统的接触网和牵引变电所的安全工作规程和运行检修规程,以便于他们在实际工作中实施执行,以保证生产、运行的安全性、确保设备技术检修的质量;同时使学生具备接触网现场安全生产运行和检修的基本素质,具备变电所现场安全生产运行和检修的基本素质,具备接触网和牵引变电所运行和检修的基本从业资格。

本书内容主要有:接触网安全工作规程;接触网运行检修规程;牵引变电所安全工作规程;牵引变电所运行检修规程;牵引供电事故管理规则和接触网事故抢修规则;铁路牵引供电调度规则。

本书由西安铁路职业技术学院马玲任主编,郑州铁路职业技术学院陶乃彬任主审,参加本书编写的有郑州铁路局洛阳供电段刘方中、苏海龙、苏珊碧,南京铁道职业技术学院许百钏,洛阳铁路信息工程学校薛艳红,济南铁路局济南供电段孙广先、吴举;其中第一章、第四章、第五章、第六章由马玲编写,第二章由刘方中、许百钏、孙广先、吴举、苏海龙编写,第三章由刘方中、许百钏、苏珊碧、薛艳红编写,第七章由马玲、许百钏编写。

在本书的编写过程中,西安供电段张竟夺、张昙、秦康绳同志给予了大力支持和帮助,在此表示衷心的感谢!

因编者水平所限,书中难免有不妥和疏漏之处,恳请广大读者批评指正。

编 者

2008 年 5 月

目 录

第一章
绪　论

第一节　牵引供电系统工作规章概述

当前,随着我国铁路电气化事业的迅速发展,国内外先进的电气化供电技术被越来越多地应用于牵引供电系统,牵引供电技术、供电设备日新月异。尤其是在高速铁路大发展的形势下,对牵引供电系统的运行质量提出了更高的要求,这就需要有更加科学、规范、高效的管理制度,对供电技术人员的素质提出了更高的标准和要求。学习牵引供电规章是从业者走向供电工作岗位的第一步,从事牵引供电系统的人员在岗位工作中必须严格执行有关规程和规则,才能可靠地保证供电系统安全生产及人身安全。牵引供电系统规章分接触网和牵引变电所两大部分,详尽制定了接触网和牵引变电所的安全工作规程及检修工作规程,学习牵引供电规章的意义主要体现在以下几个方面。

一、科学的管理就是生产力,促进生产效率的提高

牵引供电系统安全工作与检修规程是牵引供电系统工作规章制度的重要组成部分,是牵引供电系统安全生产的法规,是统一全体职工从事安全生产的行动准则,用以统一规范全体职工的思想和行为,保障劳动者的安全,保障国家财产的安全,保障供电系统安全生产的正常进行。牵引供电系统的工作面临"三高"的特点,即:高压、高空、高速度。没有科学的管理和严格的作业制度就很难保证供电系统的安全生产和运行,难以保证电气化铁道供电的质量。牵引供电规程细化了接触网、变电所的安全工作制度,从工作的步骤上,严格制定了每一项程序的具体要求,科学规范、严谨高效,为安全生产提供了保证,并为高效工作提供了有力的保证。

二、安全为本,安全才能促进生产

牵引供电系统安全工作与检修规程是多年电气化供电工作者丰富经验的积累,是人们对生产过程的客观规律反复认识的提炼,是多少个惨痛的事故案例中总结的教训,甚至是用生命和鲜血换来的经验总结,是为后继者积累的一笔宝贵的财富。实际工作中只有严格执行规章的各项规程,严谨求实,才能保证安全生产。"安全第一"的思想必须牢固树立在每一个从业者的心中,从业者必须本着安全为本的工作态度,在工作中保证人身和供电设备的安全。

三、熟悉和掌握牵引供电规章是铁道电气化从业者必备的基本专业素质

认真学习牵引供电规章主要可以掌握牵引供电系统接触网和牵引变电所的安全工作规程和运行检修规程的相关内容,牵引供电事故管理规则;熟悉供、变电现场工作制度,才能确保岗位工作的安全性和检修工作的标准化。只有深入学习和了解牵引供电规章,才具备了接触网

现场安全生产运行和检修的基本素质，具备了牵引变电所安全生产运行和检修的基本素质，具备了接触网和牵引变电所运行和检修的基本从业资格。

第二节　牵引供电系统规程与规则

从事铁道电气化供电工作的人员必须学习和熟悉供电系统相关的规章制度，并在实际工作中严格遵守和实施，以确保供电系统的安全生产，防止和预防人身和供电设备事故的发生。电气化铁道供电系统的规程、规则是由铁道部颁发的统一制度，适用于电气化铁道的运行检修等，随着电气化供电技术的不断更新和完善，规章的条例也在不断地修改和完善，以适应新形势下供电新技术发展的需要。各铁路局在贯彻执行铁道部有关规章、标准的基础上，结合本路局的实际情况，制定相关实施细则、办法和工艺，以适应本局供电设备的特殊性。从事牵引供电工作的人员除必须严格执行铁道部规章外，还必须严格执行铁路局制定的细则。

一、铁道部颁发的电气化铁道相关规章制度

1.《接触网安全工作规程》和《接触网运行检修规程》

为规范铁道电气化安全和设备质量管理，进一步提高接触网设备质量和管理水平，铁道部于2007年4月4日以铁运[2007]69号文颁布实施《接触网安全工作规程》和《接触网运行检修规程》；并宣布原铁运[1999]102号发布的两项规程同时废止。

2.《牵引变电所安全工作规程》和《牵引变电所运行检修规程》

为了贯彻落实资产经营责任制，搞好牵引供电检修和安全生产，提高牵引供电设备质量、供电质量和管理水平，铁道部于1999年8月24日特修订发布《牵引变电所安全工作规程》和《牵引变电所运行检修规程》；并宣布原(82)铁机字1670号文发布的两项规程同时废止。

3.《电气化铁路接触网事故抢修规则》

接触网线路结构复杂，线路长分布范围广，一旦接触网发生故障，接触网工区应能迅速出动，及时抢修，尽快地恢复供电和行车，最大限度地减小事故损失的和停电带来的不良后果。铁道部自1989年10月17日以铁机(1989)126号文(现场简称126部令)发布实施《电气化铁路接触网事故抢修规则》，以下简称《抢规》。

4.《牵引供电事故管理规则》

为了做好对牵引供电事故的调查分析，做好事故的统计管理，搞好安全运输生产，铁道部于1985年2月4日以(85)铁机字124号文发布实施了《牵引供电事故管理规则》，以下简称《事规》。

5.《铁路技术管理规程》

中国铁路于2007年4月18日实施了第六次大提速，这是中国铁路发展史上一件非常有影响的大事，受到社会各界关注。为了确保大提速的安全，铁道部以第29号令颁布了新版的《铁路技术管理规程》，于2007年4月1日起施行，新制定了既有线时速200～250 km的技术条件，颁布实施了《时速200公里～250公里既有线技术管理暂行办法》，修订和完善了相关的标准制度办法150多项，从规章制度上保证了上下衔接、协调一致、科学严谨、规范有效。《铁路技术管理规程》以下简称《技规》。

6.《电气化铁路有关人员电气安全规则》

为保证人民生命财产安全，适应电气化铁路发展，满足新建电气化线路送电通车的安全宣

传要求,铁道部于1979年4月26日以(79)铁机字654号文发布实施了《电气化铁路有关人员电气安全规则》,要求对通往电气化区段的乘务人员、押运人员及电气化铁路沿线路内外职工、城乡广大人民群众组织传达学习和广为宣传,以有效地预防触电伤亡事故发生,保证铁路运输安全。

7.《铁路牵引供电调度规则》

为了适应电气化铁路发展和运输生产的需要,加强牵引供电系统的运行调度管理,制定了《铁路牵引供电调度规则》。

8.《牵引供电工作评比办法》

为了更好地开展牵引供电系统全面质量管理活动,铁道部于1985年5月17日以(85)铁机字110号文(现场又简称110文件)公布了《牵引供电工作评比办法》。要求供电段每年对牵引供电工作在按季、年全面质量管理的基础上,实行"三定"、"四化"记名检修,对安全生产和主要指标五个方面检查内容进行评比,依据"一切用数据说话"的原则来确保供电质量。

9.《牵引供电设备故障跳闸统计办法》和《弓网故障统计办法》

主要加强牵引供电故障跳闸及弓网故障的分析管理,以便于现场的运行管理。

10.《铁道电气化区段防止刮弓网措施》和《铁路电气化区段合理安排接触网维修"天窗"措施》

为保证电气化铁路的安全运行,适应扩能和运输需要,尽可能减少和杜绝弓网事故的发生,制定《铁道电气化区段防止刮弓网措施》。电气化供电技术设备良好的技术状态是铁路运输安全正点运行的保障,而保证设备良好状态所需的检修时间必然要占用运输时间。接触网"天窗"问题实际上是铁路运输效率与安全生产之间的矛盾,如"天窗"兑现时间,停电时间、封锁时间不相对应,接触网施工时间定额的制定及在"天窗"兑现中的体现等。《铁路电气化区段合理安排接触网维修"天窗"措施》的制定主要是为了更合理安排天窗完成检修计划,如计划的提报、审批、兑现、隐患处理、临时的"天窗"计划的管理等。

二、铁路局公布实施的供电技术管理规章制度

1.《行车组织规则》

《行车组织规则》(简称《行规》)是铁路局根据铁道部《技规》的规定及上级有关文件,结合各铁路局技术设备状况,管理实践经验及生产力布局调整,对《技规》条文的细化和补充,是把《技规》中有关规定落实到管理层和执行层的具体体现,是铁路局行车组织的基本法规。

2.《电气化区段"天窗"管理办法》

1988年,铁道部以铁机(1988)312号部令正式公布《提高电化区段"天窗"兑现率保证安全供电和正常运输的通知》,原郑州铁路局很快以郑铁机(1988)290号局文转发并随文附发了结合本局的具体情况制定的《郑州铁路局电化区段"天窗"管理办法》,使接触网"天窗"兑现率低的局面得到初步改善。但问题并没有得到彻底解决,兑现率长期在60%～70%间徘徊。后来,原郑州分局开展了"综合天窗"试验,取得很好的效果,工务、电务和供电部门综合利用同一"天窗"进行检修,既保证了检修,又有利于运输组织,该做法要求在全路推广该经验。

3.《严禁机车闯接触网无电区的通知》

该通知主要目的是防止电力机车闯入接触网停电作业区,将高压电带入有人作业区,导致设备和人身的伤亡事故。

4.《红线管理规则》

《红线管理规则》主要是针对电气化区段超限货物运输和行车安全而制定的管理规则。

5.《复线电气化区段 V 形"天窗"接触网作业安全工作暂行规定》

在复线电化区段上、下行接触网分别停电的开天窗的工作方式称为"V 形天窗",该规定主要制定了"V 形天窗"作业时安全作业的相关措施。

三、机务处公布实施的牵引供电文件

1.《牵引供电工作评比办法执行细则》

2.《牵引供电跳闸统计的规定》

第二章

接触网安全工作规程

第一节 总 则

第 1 条 在接触网运行和检修工作中，为确保人身、行车和设备安全，特制定本规程。

本规程适用于既有线工频、单相、25 kV 交流及提速 200～250 km/h接触网的运行和检修。

第 2 条 牵引供电各单位(包括牵引供电设备管理、维修单位和从事既有线电气化牵引供电施工单位，下同)在接触网作业中要贯彻"施工不行车，行车不施工"的原则；经常进行安全技术教育，组织有关人员认真学习和熟悉本规程，不断提高安全技术管理水平，切实贯彻执行本规程的规定。

第 3 条 各级管理部门要认真建立健全各级岗位责任制，抓好各项基础工作，依靠科技进步，积极采用新技术、新工艺、新材料，不断提高和改善接触网的安全工作和装备水平，提高接触网运行与检修管理工作质量，确保人身和设备安全。

各铁路局可根据本规程规定的原则和要求，结合具体情况制定细则，报部核备。

岗位工作指导

一、我国铁路第六次大提速后，列车运行速度由原来的 160 km/h 提高到了 200～250 km/h，为保证提速后铁路安全，铁道部建立健全了六大安全保障体系：科学的检测监控体系、科学的设备维修体系、完善的规章制度体系、应急预案体系、严密的治安防控体系，以及建设了安全防护体系。原来的接触网安规(铁运[1999]102 号部令)已经不能适应新形势的需要，为此铁道部组织有关部门重新对原有规程进行了修订。

二、我国电气化铁路常规管理模式

目前我国电气化铁路普遍采用的管理机构是：铁道部——铁路局——供电段(维管段)三级管理模式，实行"统一领导、分级管理"的管理原则。

铁道部负责统一制定全路电气化铁路牵引供电设备的运行和检修工作原则，制定有关的规章制度，调查研究、督促检查、总结推广先进经验，审批部管的基建、科研、改造计划，并组织验收和鉴定。日常的运行管理由运输局装备部负责。

铁路局负责贯彻执行铁道部有关规章和命令，组织制定本局有关细则、办法和工艺；审批局管的基建、大修和科研、改造计划，并组织验收和鉴定；督促检查管内牵引供电设备的运行和检修工作。日常的运行管理由机务处负责。

供电段(维管段)是电气化铁路牵引供电设备运行管理的基层单位，负责贯彻上级下达的各项规章命令，制定有关办法、制度和措施；制定电气设备的中、小修计划，编制大修改造和科研计划；段内设有检修车间，负责完成各项检修任务，供电段下设供电车间(领工区)，管辖范围为 80～100 km。供电车间(领工区)下设牵引变电所、接触网工区，负责日常的运行管理，以保证牵引供电设备安全可靠的供电。

接触网工区是接触网运营管理的最基层组织，直接负责接触网设备的日常维修以及事故抢修工作。其主要任务有：根据段、领工区下达的检修计划和检修任务，制定日常检修作业计划，按时完成管内接触网的检修任务，随时接受上级领导部门的质量检查和安全监督；建立管内设备台账、技术履历簿，管内所有设备的检修巡查记录和部分设备的实验记录；良好保存接触网设备移交接管后的所有技术资料，如接触网平面图、装配图、安装曲线、竣工报告、轨道电路以及设备的出厂说明书等。

第二节　一般规定

第4条　所有的接触网设备，自第一次受电开始即认定为带电设备。之后，接触网上的一切作业，均必须按本规程的规定严格执行。

侵入建筑限界的接触网作业，必须在封锁的线路上进行。

第5条　从事接触网作业的有关人员，必须实行安全等级制度。经过考试评定安全等级，取得安全合格证之后(安全合格证格式和安全等级的规定，分别见表2－1和表2－2)，方准参加与所取得的安全等级相适应的接触网运行和检修工作。每年定期按表2－3进行年度安全考试和签发安全合格证。

表2－1　电气化铁道安全合格证书格式

电气化铁道

安　全　合　格　证

×××　铁路局

单　　位：____________

专　　业：____________

姓　　名：____________

职　　称：____________

发证日期：____________

发证单位：____________（盖章）

合 格 证 号　码 ____________

日期	考试原因	职称	安全等级	评分	主考人(签章)

注　意　事　项

1. 执行工作时，要随身携带本证。
2. 本证只限本人使用，不得转让或借给他人。
3. 无考试成绩、无主考人签章者，本证无效。
4. 本证如有丢失，补发时必须重新考试。

表 2—2　接触网工作人员安全等级

等级	允许担当的工作	必须具备的条件
一级	地面简单的工作(如推扶车梯、拉绳、整修基础帽等)。	1. 新工人经过教育和学习,初步了解电气化铁道安全作业的基本知识; 2. 了解接触网地面作业的规定和要求。
二级	1. 各种地面上的作业; 2. 不拆卸零件的高空作业(如清扫绝缘子、支柱涂漆、涂号码牌、验电、装设接地线等)。	1. 参加接触网运行和检修工作 3 个月以上; 2. 掌握接触网高空作业一般安全知识和技能; 3. 掌握接触网停电作业接地线的规定和要求,熟悉作业区防护信号的显示方法。
三级	1. 各种高空作业和停电作业; 2. 一般带电作业; 3. 隔离开关倒闸作业; 4. 防护人员的工作; 5. 单独进行巡视; 6. 倒闸作业、停电作业、验电接地监护人。	1. 参加接触网运行和检修工作 1 年以上,具有技工学校或相当于技工学校及以上学历(供电专业)的人员可以适当缩短; 2. 熟悉接触网停电和带电作业的有关规定; 3. 具有接触网高空作业的技能,能正确使用检修接触网用的工具、材料和零部件; 4. 具有列车运行的基本知识,熟悉作业区防护的规定及信联闭知识; 5. 能进行触电急救。
四级	1. 各种停电和一般带电作业的工作票签发人、工作领导人及监护人; 2. 间接带电作业的要令人、操作人; 3. 工长。	1. 担当三级工作 1 年以上; 2. 熟悉本规程; 3. 能领导作业组进行各种停电和一般带电作业。
五级	1. 车间主任、供电调度员; 2. 技术科长(主任)、副科长(副主任)、接触网技术人员; 3. 段长、副段长、总工程师、副总工程师。	1. 担当四级工作 1 年以上。对技术人员及正副段长具有中等专业学校(或相当于中等专业学校)及以上的学历(供电专业)可不受此限; 2. 熟悉本规程、接触网运行检修规程以及接触网主要的检修工艺; 3. 能领导作业组进行各种停电和带电作业。

表 2—3　年度安全考试相关人员和部门

应试人员	主持考试单位和签发安全合格证部门	考试委员会成员
单位的主管负责人和专业负责人	各单位上级业务主管部门	主管负责人
其他从事接触网工作人员	各单位	单位的主管负责人

第 6 条　各单位除按第 5 条规定组织从事接触网运行和检修工作的有关现职人员每年进行一次安全等级考试外,对属于下列情况的人员,还应在上岗前进行安全等级考试:

1. 开始参加接触网工作的人员;
2. 开始参加接触网间接带电工作的人员;
3. 接触网供电方式改变时的检修工作人员;
4. 接触网停电检修方式改变时的检修工作人员;
5. 安全等级变更,仍从事接触网运行和检修工作的人员;
6. 中断工作连续 6 个月以上仍继续担任接触网运行和检修工作的人员。

第 7 条　参加接触网作业人员应符合下列条件:

1. 作业人员每两年进行一次身体检查,符合作业所要求的身体条件;
2. 受过接触网作业培训,考试合格并取得相应的安全等级;
3. 熟悉触电急救方法。

第8条 雷电时(在作业地点可见闪电或可闻雷声)禁止在接触网上进行作业。

遇有雨、雪、雾或风力在5级及以上恶劣天气时,一般不进行V形天窗作业。若必须利用V形天窗进行检修和故障处理或事故抢修时,应增设接地线,并在加强监护的情况下方准作业。

第9条 在接触网上进行作业时,除按规定开据工作票外,还必须有值班供电调度员批准的作业命令。

除遇有危及人身或设备安全的紧急情况,供电调度发布的倒闸命令可以没有命令编号和批准时间外,接触网所有的作业命令,均必须有命令编号和批准时间。

第10条 在进行接触网作业时,作业组全体成员须按规定穿戴工作服、安全帽。作业组有关人员应携带通讯工具并确保联系畅通。

所有的工具和安全用具,在使用前均须进行检查并记录,符合要求方准使用。

第11条 接触网的步行巡视工作要求:

1. 巡视不少于两人,其中一人的安全等级不低于三级。

2. 巡视人员应戴安全帽,穿防护服,携带望远镜和通讯工具,夜间巡视还要有照明用具。

3. 任何情况下巡视,对接触网都必须以有电对待,巡视人员不得攀登支柱并时刻注意避让列车。

4. 在160~200 km/h区段巡视时,应事先告知供电调度,并在车站设置驻站联络员进行行车防护;在200 km/h以上区段,一般不进行步行巡视,必须进行巡视时,各铁路局制定具体办法;在160~200 km/h区段长大桥梁、隧道巡视时,比照200 km/h以上区段巡视办理。

第12条 新研制及经过重大改进的作业工具应由铁路局及以上部门鉴定通过,批准后方准使用。

第13条 在有轨道电路的区段作业时,不得使长大金属物体(长度大于或等于轨距)将线路两根钢轨短接。

第14条 夜间进行接触网作业时,必须有足够的照明灯具。

岗位工作指导

一、接触网运行和检修的所有人员要符合下列条件:

1. 必须受过接触网作业培训,并经过考试取得相应的安全等级,方准从事与安全等级相对应的工作。

2. 每两年进行一次身体检查,符合作业所要求的身体条件,一旦发现异常,要及时调整岗位。

3. 熟悉触电急救的一般方法。

二、本细则中雷电时指在作业地点可见闪电或可闻雷声。

三、作业组工作领导人、安全员、监护人、防护员、驻站联络员要分别佩带醒目的标志。

四、通讯工具要有专人保管,每次作业前人员要提前进行试验,确保联络畅通。

五、160 km/h以下线路巡视,按规定执行,每十天为一个周期。

六、在200 km/h及以上区段,原则上不进行步行巡视,若必须进行巡视时,人员不得进入铁路护栏。

第三节　作业制度

作业分类

第 15 条　接触网的检修作业分为三种：

1. 停电作业——在接触网停电设备上进行的作业；
2. 间接带电作业——借助绝缘工具间接在接触网带电设备上进行的作业；
3. 远离作业——在距接触网带电部分 1 m 以外的附近设备上进行的作业。

工作票

第 16 条　工作票是进行接触网作业的书面依据，填写时要字迹清楚、正确，需填写的内容不得涂改和用铅笔书写。

工作票填写 1 式 2 份，1 份由发票人保管，1 份交给工作领导人。

事故抢修和遇有危及人身或设备安全的紧急情况，作业时可以不开工作票，但必须有供电调度命令。

第 17 条　根据作业性质的不同，工作票分为三种：

1. 接触网第一种工作票（格式见表 2—4），用于停电作业；
2. 接触网第二种工作票（格式见表 2—5），用于间接带电作业；
3. 接触网第三种工作票（格式见表 2—6），用于远离作业即距带电部分 1 m 及其以外的高空作业、较复杂的地面作业（如安装或更换火花间隙和地线、补偿装置、开挖和爆破支柱基坑、未接触带电设备的测量等）。

表 2—4　接触网第一种工作票

__________接触网工区　　　　　　　　　　　　　　　　　　　　　　第___号

作业地点			发票人	
作业内容			发票日期	
工作票有效期	自　年　月　日　时　分至　年　月　日　时　分止			
工作领导人	姓名：	安全等级：		
作业组成员姓名及安全等级（安全等级写在括号内）	（　）	（　）	（　）	（　）
	（　）	（　）	（　）	（　）
	（　）	（　）	（　）	（　）
	（　）	（　）	（　）	（　）
				共计　人
需停电的设备				
装设接地线的位置				
作业区防护措施				
其他安全措施				
变更作业组成员记录				
工作票结束时间	年　月　日　时　分			
工作领导人（签字）			发票人（签字）	

说明：本票用白色纸印绿色格和字，规格：A4。

表 2-5　接触网第二种工作票

______接触网工区　　　　　　　　　　　　　　　　　第___号

作 业 地 点			发 票 人	
作 业 内 容			发 票 日 期	
工作票有效期	自　年　月　日　时　分至　年　月　日　时　分止			
工作领导人	姓名：	安全等级：		
作业组成员姓名及安全等级(安全等级填在括号内)	(　)	(　)	(　)	(　)
	(　)	(　)	(　)	(　)
	(　)	(　)	(　)	(　)
	(　)	(　)	(　)	(　)
				共计　人
绝缘工具状态				
安全距离				
作业区防护措施				
其他安全措施				
变更作业组成员记录				
工作票结束时间	年　月　日　时　分			
工作领导人(签字)			发票人(签字)	

说明：本票用白色纸印红色格和字，规格：A4。

表 2-6　接触网第三种工作票

______接触网工区　　　　　　　　　　　　　　　　　第___号

作 业 地 点			发 票 人	
作 业 内 容			发 票 日 期	
工作票有效期	自　年　月　日　时　分至　年　月　日　时　分止			
工作领导人	姓名：	安全等级：		
作业组成员姓名及安全等级(安全等级填在括号内)	(　)	(　)	(　)	(　)
	(　)	(　)	(　)	(　)
	(　)	(　)	(　)	(　)
	(　)	(　)	(　)	(　)
				共计　人
安全措施				
变更作业组成员记录				
工作票结束时间	年　月　日　时　分			
工作领导人(签字)			发票人(签字)	

说明：本票用白色纸印黑色格和字，规格为 A4。

第 18 条　第一、三种工作票有效期不得超过 3 个工作日。第二种工作票有效期不得超过 2 个工作日。

作业结束后，工作领导人要将工作票和相应命令票(格式见表 2—7 和表 2—8)交工区统一保管。在工作票有效期内没有执行的工作票，须在右上角盖“作废”印记交回工区保管。所有工作票保存时间不少于 12 个月。

表 2—7　接触网停电作业命令票

＿＿＿＿＿＿接触网工区　　　　　　　　　　　　　　　　　第＿＿号

命令编号：	
批准时间：　　　　年　　月　　日　　时　　分	
命令内容：	
要求完成时间：　　　　年　　月　　日　　时　　分	
发令人：	受令人：
消令时间：　　　　年　　月　　日　　时　　分	
消令人：	供电调度员：

说明：本票用白色纸印红色格和字，规格：半幅 A4。

表 2—8　接触网间接带电作业命令票

＿＿＿＿＿＿接触网工区　　　　　　　　　　　　　　　　　第＿＿号

命令编号：	
批准时间：　　　　年　　月　　日　　时　　分	
命令内容：	
要求完成时间：　　　　年　　月　　日　　时　　分	
发令人：	受令人：
消令时间：　　　　年　　月　　日　　时　　分	
消令人：	供电调度员：

说明：本票用白色纸印绿色格和字，规格：半幅 A4。

第 19 条　工作票签发人和工作领导人安全等级不低于四级。同一张工作票的签发人和工作领导人必须由两人分别担当。

第 20 条　发票人一般应在工作的前一天将工作票交给工作领导人，使之有足够的时间熟悉工作票中的内容并做好准备工作。工作领导人对工作票内容有不同意见时，要向发票人提出，经认真分析，确认无误后，签字确认。

每次作业一名工作领导人同时只能接受一张工作票。一张工作票只能发给一名工作领导人。

第 21 条　工作票中规定的作业组成员一般不应更换。若必须更换时，应由发票人签认；若发票人不在可由工作领导人签认。工作领导人更换时，必须由发票人签认。

当变更作业方式、内容、地点时，必须废除原工作票，签发新的工作票。

第 22 条 作业前，工作领导人应组织作业组成员列队点名，宣讲工作票并进行分工。分工时要将本次作业任务和安全措施逐项分解落实到人，然后方准作业。

第 23 条 对接触网的巡视、较简单的地面作业（如支柱培土、清扫基础帽等）可以不开工作票，由工区负责人向工作领导人布置任务和安全防护措施，说明作业的时间、地点、内容，并记入值班日志中。

第 24 条 V 形天窗接触网检修作业使用的工作票右上角应加盖“上行”或“下行”印记。工作票中要有针对 V 形天窗接触网检修作业的特殊性提出的安全措施。主要是：

1. 写明上行（下行）停电，下行（上行）有电，人员机具不得侵入下行（上行）限界。
2. 防止误触有电设备的安全措施。
3. 防止感应电伤害的安全措施。
4. 防止穿越电流伤害的安全措施。
5. 防止电力机车将电带入作业区段的安全措施。

在设备较复杂的区段作业，应附页画出作业区段简图，标明停电作业范围、接地线位置，并用红色标记带电设备。

作业人员的职责

第 25 条 工作票签发人在安排工作时，要做好下列事项：

1. 所安排的作业项目是必要和可能的；
2. 所采取的安全措施是正确和完备的；
3. 所配备的工作领导人和作业组成员的人数和条件符合规定。

第 26 条 工作领导人在安排工作时，要做好下列事项：

1. 确认作业内容、地点、时间、作业组成员等均符合工作票提出的要求；
2. 确认作业采取的安全措施正确而完备；
3. 时刻在场监督作业组成员的作业安全；
4. 检查落实工具、材料准备，与安全员（安全监护人）共同检查作业组成员着装、工具、劳保用品齐全合格。

第 27 条 作业组成员要服从工作领导人的指挥、调动，遵章守纪。对不安全和有疑问的命令，要及时果断地提出，坚持安全作业。

岗位工作指导

一、接触网的作业制度

接触网是高空、高压设备，接触网作业具有一定的危险性，为保证接触网工作人员和设备的安全，接触网有一系列强制性的作业制度。

1. 工作票制度

工作票是接触网作业的书面依据，接触网的所有作业都必须有工作票。工作票有第一种工作票、第二种工作票、第三种工作票三种。第一种工作票是白底绿色字体和表格，用于接触网停电检修作业；第二种工作票是白底红字和表格，用于接触网间接带电作业，主要包括用接触式测杆带电测量接触网几何参数、带电处理网上异物和除冰（依据各铁路局的规定会有所不同），禁止直接带电作业；第三种工作票是白底黑字和表格，用于距带电体 1 m 以上的高空作业和较复杂的地面作业。

工作票一般由工长或技术业务较强、安全等级符合要求的工作人员签发。工作票的签发必须字迹清晰正确，不得涂改或用铅笔书写。工作票一式两份，一份于前一天交与工作领导人，一份由发票人自己保管，便于查对和分析。作业完成后，发票人和工作领导人必须在工作票上签字，然后交给工区保管 12 个月以上。对于事故抢修，可不开工作票，但应在电力调度的命令下做好安全措施。

2. 交接班制度

每天早上上班前，工长应召集工区前日和当日的工作领导人、值班员、安全员、材料员等工区负责人开一个简短的交接班会议，讨论当日工作及安全情况，总结前日工作情况，解决存在的问题，安排布置好当日的工作，检查值班情况、设备运行情况、各项记录及各工具材料的使用和保养情况、传达上级有关文件等。

3. 要令与消令制度

接触网作业必须在开工前向电力调度申请作业命令，必须在作业结束后向电力调度消除作业命令，这就是要令和消令。要令人必须是由工作领导人指定的安全等级符合要求的口齿清晰的一名作业组成员，消令人与要领人必须是同一人。

4. 开工收工制度

接触网作业在开工前工作领导人应宣读工作票，分配作业任务，检查作业工具和材料。当接到电力调度命令后，工作领导人应再次检查作业准备工作和安全措施，一切就绪方可宣布开工，发出开工信号，并通知作业组所有成员。收工时，工作领导人确认作业任务全部完成，现场清理就绪，不影响行车时才能发出收工信号。收工命令要及时通知座台防护人员和行车防护人员。

5. 作业防护制度

接触网作业的防护主要有座台防护和作业区的防护。座台防护一般设在能控制列车运行与作业组信号联系比较方便的车站运转室或信号楼，作业区的防护设在作业组工作区的两端。防护人员与作业组之间可以利用广播、信号旗、对讲机、区间电话等工具进行信号传递，信号传递必须准确及时，双方确认无误。防护人员要精力集中，不准擅离职守，随时与作业组保持良好的联系。

6. 验电接地制度

验电接地是接触网停电作业必须进行的一项工作。验电接地位置必须设在作业区两端可能来电的接触网设备上，才能保护停电作业人员的安全。当作业组接到停电作业命令后，工作领导人通知验电接地人员进行验电和接挂地线工作，当接地线挂好后才能进行网上作业。验电接地必须有 2 人进行，一人操作一人监护，其安全等级分别不低于 2 级和 3 级。验电接地必须先验电，当验明线路停电后，才能接挂地线。

7. 倒闸作业制度

接触网停电至少是一条供电臂，为减少停电范围，通常都要根据接触网的供电分段进行隔离开关倒闸作业，另外，吸流变压器的投入与撤除，某些危及人身或设备安全的紧急状况等都要进行接触网倒闸作业。

8. 作业自检互检制度

在接触网设备的检修作业中，为保证设备的检修质量，工区制定了接触网作业的自检互检制度，把设备分段包保到个人或作业组的责任范围内。在检修时尽量由负责人承担起检修任务，自行检查质量。然后工作领导人、工长、领工员及技术员对其质量进行检查并签字。如果作业组在非定管设备上作业时，应由定管该设备的作业组对其检修质量进行检查并做好记录，整个检修或施工任务完成后，应按有关规定进行检查验收。

接触网的作业制度除了以上所提到的迹象外，还有许多制度有待于进一步完善和改进，提高管理水平和设备质量，减少事故发生率，更好地为铁路运输生产服务。

二、接触网工作票填写标准

(一)第一种工作票填写标准

1. 工作票编号：按月、日、行别(上行、下行、垂直、单线)、数量进行编号。

如“03－05－(02、01、03、04)－01”表示：3月5日签发的上行(下行、垂直、单线)第一张工作票(机务段、折返段、联络线按单线确定)。

2. 作业地点：

要写清楚干线名称、区间或站场名称、上(下)行线别、作业地点两端起止公里标、作业范围的接触网支柱杆号。

如在站场作业还应说明股道和道岔号，可不写公里标。

3. 作业内容：

(1)全面检查。

(2)单项维修按铁运[2007]69号《检规》所列内容填写。

(3)处理设备缺陷(填写缺陷具体内容)。

4. 工作票中的年、月、日、时、分，除年份用4位数表示外，其余均按2位数填写。

5. 工作票有效期：有效期必须能够涵盖全部作业时间。

如：自2008年07月07日00时00分至2008年07月07日24时00分止。

6. 作业组成员：

如超过30人(含工作领导人)可另页附作业组人员的姓名和安全等级。若发票人参加作业时，其姓名、安全等级也列该项内。

7. 需停电的设备：

写明牵引变电所全称、停电的馈线号(或断开的隔离开关号)、作业地点两端具体杆号。

8. 装设接地线的位置：

应写明装设接地线的杆号、共几根，有AF线、PW线等其他线需挂接地线时也要写明具体杆号，接地线的范围应大于作业范围。

9. 作业区的防护措施：

(1)应写明驻站防护员防护和要令的处所。

(2)所封锁的线路、站场作业所占用的股道和有关道岔；

(3)禁止电力机车通过的有关车站上下行渡线；“禁止电力机车通过的有关车站上、下行渡线”为与停电检修的设备在同一供电臂上的所有站场上、下行渡线。

(4)作业组两端设置行车防护的距离要求。

(5)应按规定在车站《行车设备检查登记簿》(运统－46)办理登记和销除手续。

10. 其他安全措施：

根据作业的不同特点，应针对性地提出关键措施，充分体现出作业范围、环境、气候、人员技术素质等特点。如：

(1)防止误触有电设备的安全措施；

(2)防止感应、穿越电流电伤人的安全措施；

(3)防止作业延点的安全措施;

(4)防止列车碰撞的安全措施;

(5)防止影响其他行车设备正常工作的安全措施等。

11. 变更作业组成员记录:

作业组成员原则上不准变更,如有特殊情况必须变更,应注明变更人员及安全等级,由发票人签字确认。当发票人不在场时,由工作领导人签字确认。

但更换工作领导人时,必须由发票人签字确认。

12. 工作票结束时间:

工作领导人确认人员机具全部撤至安全地带,具备送电、行车条件,已拆除全部接地线,工作领导人宣布作业全部结束,通知要令人按命令号向供电调度销除停电作业命令。人员全部集中并且回到工区或出发地,召开收工会完毕的时间为工作票结束时间。

13. 工作票安全措施及以上所有各栏必须复写,作业组变更栏及以下栏不得复写。

14."接触网停电作业命令票"、"接触网作业分工单"、"安全预想及收工会记录"的编号,作业地点、作业内容等必须与工作票相符,其他各项应根据要求进行填写,

15. 停电作业命令票内要令时间栏及以下栏由要令人在现场填写,如工作票作废,则其不得填写任何内容。备注栏填写要令时需要明确或记录的其他要求。

16."安全预想及收工会记录"的填写:班前预想栏填写作业中需要强调明确的安全措施(该安全措施是对工作票安全措施的补充)和作业组织措施。收工会记录栏作业完成情况要求填写任务来源和完成的具体情况,即具体到杆号、数量,所检修设备的具体技术参数。安全情况栏填写作业过程中的人身、工具、设备所出现的问题和存在问题的倾向。

17. 停电作业命令票内要令时间栏及以下栏由要令人在现场填写,如工作票作废,则其不得填写任何内容。备注栏填写要令时需要明确或记录的其他要求。

18. 停电范围要大于接地线范围,接地线范围要大于作业范围,安全等级应用1位阿拉伯数字准确填写,且必须与安全合格证上的安全等级相符。

19. 工作票开好应加盖印章。

如:"上行"或"下行"(上行为红色、矩形;下行为蓝色、菱形)于工作票右上角(垂直"天窗"同时加盖"上行"和"下行"),若工作票没有发生作用,则在工作票右上角加盖"作废"印章(红色、矩形),在单线(或经确定的单线属别)作业的工作票不加盖印章。

20. 工作票签发完毕,发票人认真审核各栏无误后签字,方可交给工作领导人。

(二)第二种工作票填写标准

1. 间接带电作业工作票编号为"05",即"07－07－05－01"表示7月7日签发的"间接带电作业"的第一张工作票。

2. 作业区防护措施栏:①是否占用,如占用,必须注明占用的股道;②防护距离;③座台防护地点;④撤除重合闸的区间、馈线号。

3. 绝缘工具状态,应填写所使用绝缘工具是否超周期、作业前的绝缘测量情况(如绝缘杆摇测绝缘电阻150 MΩ/2 cm)。其他安全措施要具有针对性。

4. 其他填写参照第一种工作票填写。

5. 有效期的工作日:以北京时间为准,实行24小时制,从00:01—24:00为一个工作日。

6. 全体作业组成员:包括轨道车司助人员和配合作业的汽车司机。

三、三种工作票的填写参考格式如：表2－9、2－10、2－11所示。

表2－9　接触网第一种工作票填写参考表

五里堡接触网工区　　　　　　第4－1号　下行(章)

作业地点	五小区间下行13号～33号		发票人	A
作业内容	综合检修		发票日期	2005－4－4
工作票有效期	自2005年4月5日8时00分至2005年4月8日18时00分止			
工作领导人	姓名：B		安全等级：4	
作业组成员姓名及安全等级(安全等级填在括号内)	×××(4)	×××(3)	×××(2)	×××(1)
	×××(3)	×××(3)	×××(2)	(　)
	×××(3)	×××(2)	×××(1)	(　)
	×××(3)	×××(2)	×××(1)	(　)
	共计14人			
需停电的设备	薛店变电所1号馈线			
装设接地线的位置	五小区间11号及35号柱各接地线一组；11号及35号支柱上AF、PW线			
作业区防护措施	五里堡车站信号楼派人座台防护、要令填写运统17，封锁五小区间下行，严禁电力机车通过小李庄车站、谢庄车站、薛店车站上、下行渡线；作业组两端各设1 000 m行车防护(防护距离根据线路运行速度决定)。			
其他安全措施	(1)工作领导人分工明确、作业组全体人员各负其责，坚守岗位； (2)验电接地按程序，严禁臆测行事挂接地线； (3)高空作业人员扎好安全带，短接线、检修按工艺； (4)推车梯人员，思想集中，扶稳车梯、上下呼唤应答； (5)作业完毕、清理现场，确认无误及时消令，勿晚消令。			
变更作业组成员记录				
工作票结束时间	2005年4月7日12时00分			
工作领导人(签字)	B		发票人(签字)	A

说明：本票用白色纸印绿色格和字。

表2－10　接触网第二种工作票填写参考表

五里堡接触网工区　　　　　　第4－6号　下行(章)

作业地点	五小区间		发票人	Y
作业内容	带电测量		发票日期	2005－4－7
工作票有效期	自2005年4月8日8时00分至2005年4月9日18时00分止			
工作领导人	姓名：B		安全等级：4。	
作业组成员姓名及安全等级(安全等级填在括号内)	A(4)	F(3)	(　)	(　)
	C(3)	(　)	(　)	(　)
	D(3)	(　)	(　)	(　)
	E(3)	(　)	(　)	(　)
	共计6人			
绝缘工具状态	绝缘工具状态应良好，分段测量有效绝缘部分绝缘电阻应不得小于100 MΩ，整个有效绝缘部分绝缘电阻应不低于1 0000 MΩ			

续上表

作　业　地　点	五小区间	发票人	Y
安全距离	绝缘杆件最小有效绝缘长度应不小于 1 000 mm，空气最小绝缘间隙不得小于 600 mm		
作业区防护措施	测量时，向电力调度申请撤除薛店变电所 1 号、2 号馈线重合闸，作业组两端各设 800 m 行车防护。（防护距离根据线路运行速度决定）		
其他安全措施	(1)测量前按规定对绝缘工具进行检查，检查合格方可使用； (2)作业中严禁攀登支柱，并时刻注意避让列车； (3)作业完毕及时向电调消除重合闸撤除命令。		
变更作业组成员记录			
工作票结束时间	2005 年 4 月 9 日 18 时 00 分		
工作领导人（签字）	B	发票人（签字）	Y

说明：本票用白色纸印红色格和字，规格：A4。

表 2—11　接触网第三种工作票填写参考表

许昌接触网工区　　　　第 4—3 号　上行（章）

作　业　地　点	许昌车站 38 号支柱		发票人	Y
作　业　内　容	更换火花间隙		发票日期	2005—4—10
工作票有效期	自 2005 年 4 月 11 日 8 时 00 分至 2005 年 4 月 11 日 18 时 00 分止			
工作领导人	姓名：B		安全等级：4	
作业组成员姓名及安全等级（安全等级填在括号内）	A(3)	(　)	(　)	(　)
	C(3)	(　)	(　)	(　)
	D(2)	(　)	(　)	(　)
	E(1)	(　)	(　)	(　)
	（共计 5 人）			
安全措施	(1)工作领导人分工明确，全组人员听从指挥，按章作业； (2)带齐所用工具、材料，检查合格，更换设备按工艺； (3)作业地点设专人监视来往机车，及时通知全组作业人员； (4)更换火花间隙前，用同等截面短接线将两端短接牢固； (5)作业人员、工具、材料不得侵入限界，做好检修记录。			
变更作业组成员记录				
工作票结束时间	2005 年 4 月 11 日 16 时 20 分			
工作领导人（签字）	B		发票人（签字）	Y

说明：本票用白色纸印黑色格和字。规格：A4。

作业票有不同的有效期，工作票中发票人、工作领导人不能同时由一个人担任。V 形天窗作业属于第一种工作票，在填写工作票的时候要求在工作票的右上角加盖“上行”或“下行”印记。其他安全措施栏中要求填写内容应根据工作票中的作业内容，制定针对性的安全措施。工作领导人作业前要按照作业要求对每名作业组成员进行分工，作业时作业组成员各负其责，相互配合。

由于上网作业前事先都要求进行一些准备工作，这就需要受力工具和绝缘工具。本章第四节对这些工具提出了专门的规定，包括什么情况下要对绝缘工具进行试验，及试验中的一些技术要求，同时还规定对这些工具使用前工作人员应该进行检查，在不用的时候要进行保管。

第四节　受力工具和绝缘工具

第 28 条　各种受力工具和绝缘工具应有合格证并定期进行试验，作好记录，禁止使用试验不合格或超过试验周期的工具。

第 29 条　各单位应制定受力工具和绝缘工具管理办法，专人负责进行编号、登记、整理，并监督按规定试验和正确使用。

与试验记录对应的受力工具和绝缘用具上应有统一制定的编号标记（试验标准见表 2－12 和表 2－13，试验记录格式见表 2－14 和表 2－15）。

表 2－12　常用工具机械试验标准

顺号	名　　称	试验周期(月)	额定负荷(kg)	试验负荷(kg)	试验时间(min)	合格标准
1	车梯： (1)工作台 (2)工作台栏杆 (3)每一级梯蹬	12	200 100 100	300 200 200	5 5 5	无裂损和永久变形
2	梯子：每一级梯蹬	12	100	200	5	无裂损和永久变形
3	绳子（尼龙、棕、麻绳）钢丝绳	12	P_H	$2P_H$	10	无破损和断股
4	安全带	12	100	225	5	无破损
5	金属工具	12	P_H	$2.5P_H$	10	无破损和永久变形
6	非金属工具	12	P_H	$2P_H$	10	
7	起重工具	12	P_H	$1.2P_H$	10	

注：P_H 为额定负荷。

表 2－13　常用绝缘工具电气试验标准

顺号	名　　称	试验周期(月)	额定电压(kV)	试验电压(kV)	试验时间(min)	合格标准
1	绝缘车梯	6	25	120	5	无发热、击穿和变形
2	绝缘硬挂梯	6	25	120	5	
3	绝缘棒、杆	6	25	120	5	
4	绝缘挡板	6	25	80	5	
5	绝缘绳、线	6	25	105/0.5 m	5	
6	验电器	6	25	105	5	
7	绝缘手套	6	辅助	8	1	
8	绝缘靴	6	辅助	15	1	
9	接地用的绝缘杆	6	25	90	5	
10	专用除冰杆	12(入冬前)	25	120	5	

表 2－14 受力工具机械试验记录

班组：________

名称：		规格、型号：		编号：				
试验日期（年月日）	试验周期（月）	额定负荷（kg、kN）	试验负荷（kg、kN）	试验时间（min）	结论	试验人	审核人	保管人

说明：本记录用白色纸印黑色格和字，双面印制，规格为半幅 A4。

表 2－15 绝缘工具电气试验记录

班组：________

名称：	规格、型号：		编号：				
试验日期（年月日）	试验周期（月）	试验电压（kV）	试验时间（min）	结论	试验人	审核人	保管人

说明：本记录用白色纸印黑色格和字，双面印制。规格：半幅 A4。

第 30 条 绝缘工具应具有良好的绝缘性、绝缘稳定性和足够的机械强度，轻便灵活，便于搬运。

第 31 条 绝缘工具应按下列要求进行试验：

1. 新购、制作（或大修）后，在第一次投人使用前进行机械和电气强度试验。
2. 使用中的绝缘工具要定期进行试验。
3. 绝缘工具的机、电性能发生损伤或对其怀疑时，进行相应的试验。

绝缘工具的机械强度试验应在组装状态下进行。间接带电作业用的绝缘工具一般不做机械强度试验。绝缘工具的电气强度试验一般在机械强度试验合格后进行。

第 32 条 绝缘工具材质的电气强度不得小于 3 kV/cm，间接带电作业的绝缘杆等其有效长度大于 1 000 mm。

第 33 条 绝缘工具每次使用前，须认真检查有无损坏，并用清洁干燥的抹布擦拭有效绝缘部分后，再用 2 500 V 兆欧表分段测量（电极宽 2 cm，极间距 2 cm）有效绝缘部分的绝缘电阻，不得低于 100 MΩ，或测量整个有效绝缘部分的绝缘电阻不低于 10 000 MΩ。

第 34 条 绝缘工具要放在专用的工具室内；室内要保持清洁、干燥、通风良好。对绝缘工具要有防潮措施。

第 35 条 绝缘工具在运输和使用中要经常保持清洁干燥，切勿损伤。使用管材制作的绝缘工具，其管口要密封。

第五节　高空作业

一般规定

第 36 条　凡在距离地面 3 m 以上的处所进行的作业均称为高空作业。

第 37 条　高空作业必须设有专人监护，其监护要求如下：

1. 间接带电作业时，每个作业地点均要设有专人监护，其安全等级不低于四级。

2. 停电作业时，每个监护人的监护范围不超过 2 个跨距，在同一组软（硬）横跨上作业时不超过 4 条股道，在相邻线路同时作业时，要分别派监护人各自监护；当停电成批清扫绝缘子时，可视具体情况设置监护人员。监护人员的安全等级不低于三级。

第 38 条　高空作业使用的小型工具、材料应放置在工具材料袋内。作业中应使用专门的用具传递工具、零部件和材料，不得抛掷传递。

第 39 条　高空作业人员作业时必须将安全带系在安全可靠的地方。

第 40 条　进行高空作业时，人员不宜位于线索受力方向的反侧，并采取防止线索滑脱的措施。在曲线区段进行接触网悬挂的调整工作时，要有防止线索滑跑的后备保护措施。

第 41 条　冰、雪、霜、雨等天气条件下，接触网作业用的车梯、梯子以及检修车应有防滑措施。

攀杆作业

第 42 条　攀登支柱前要检查支柱状态，观察支柱上有无其他设备，选好攀登方向和条件。

第 43 条　攀登支柱时要手把牢靠，脚踏稳准，尽量避开设备并与带电设备保持规定的安全距离。用脚扣和踏板攀登时，要卡牢和系紧，严防滑落。

登梯作业

第 44 条　接触网作业用的车梯和梯子必须符合下列要求：

1. 结实、轻便、稳固。

2. 在有轨道电路的区段上，车梯的车轮必须采取可靠的绝缘措施。

3. 按表 2—12 和表 2—13 的规定进行试验。

第 45 条　用车梯进行作业时，应指定车梯负责人，工作台上的人员不得超过两名。所有的零件、工具等均不得放置在工作台的台面上。

第 46 条　作业中推动车梯应服从工作台上人员的指挥。当车梯工作台面上有人时，推动车梯的速度不得超过 5 km/h，并不得发生冲击和急剧起、停。工作台上人员和车梯负责人要呼唤应答，配合妥当。

第 47 条　工作领导人和推车梯人员要时刻注意和保持车梯的稳定状态。当车梯在曲线上或遇大风时，对车梯要采取防止倾倒的措施；当车梯在大坡道上时，要采取防止滑移的措施；当车梯放在道床、路肩上或作业人员超出工作台范围作业时，作业人员要将安全带系在接触网上，不得系在车梯工作台框架上；车梯在地面上推动时，工作台上不得有人停留。

第 48 条　为避让列车需将车梯暂时移至建筑限界以外时，要采取防止车梯倾倒的措施。当作业结束，车梯需要就地存放时，须稳固在建筑限界以外不影响瞭望信号的地方。

第 49 条　当用梯子作业时，作业人员要先检查梯子是否牢靠；要有专人扶梯，梯脚要放稳固，严防滑移；梯子上只准有 1 人作业（硬梯比照上述有关规定执行）。

检修作业车作业

第 50 条　接触网检修作业车出车前，司机应认真检查车辆和行车安全装备，确保状态良好，并与作业人员检查通讯工具，确保联络畅通。

第 51 条　作业平台不得超载。工作领导人必须确认地线接好后，方可允许作业人员登上检修作业车作业平台。

第 52 条　检修作业车移动或作业平台升降、转向时，严禁人员上、下。人员上、下作业平台应征得作业平台操作人或监护人同意。所有人员禁止从未封锁线路侧上、下作业车辆。

第 53 条　检修作业车工作平台防护门关闭时应有闭锁装置。作业时须关好作业平台的防护门。

第 54 条　作业人员在作业平台防护栅外作业时，必须将安全带系在牢固可靠部位。

第 55 条　司机和学习司机须精力集中、密切配合，在移动车辆前应注意检修作业车及作业平台周围的环境、设备、人员和机具等情况，与附近的设备保持规定的安全距离，以保证人员、设备安全。作业平台上的作业人员在车辆移动中应注意防止接触网设备碰刮伤人。

第 56 条　作业平台上有人作业时，检修作业车移动的速度不得超过 10 km/h，且不得急剧起、停车。

第 57 条　作业人员与司机之间的信息传递应及时、准确、清楚、呼唤应答。作业中检修作业车的移动应听从作业平台上操作人员的指挥。

第 58 条　为防止检修作业车作业平台侵入未封锁线路的限界，作业平台严禁向未封锁的线路侧旋转。

第 59 条　160 km/h 及以上区段应采用检修作业车作业。当邻线有 160 km/h 及以上运行列车通过时，作业人员应提前停止作业，并在作业平台远离邻线侧避让，列车通过后方可继续进行作业。

岗位工作指导

一、安全带是进行高空作业保证人身安全的重要用品。它一般由尼龙编织成带状，长约 1.6 m。安全带的使用和保管要注意以下事项：

1. 高挂低用。

2. 每次使用前应进行外观检查，尼龙带状部分不得有严重破损；保险锁扣不良不准使用，并不准打结使用。

3. 安全带应放置于干燥、通风的仓库内，不准接触明火、高温、强酸和尖锐物件；不准长期暴晒。

4. 安全带应定期做负荷试验，接触网用安全带试验周期为 12 个月，变电所用安全带试验周期为 6 个月。

二、高空作业使用的工具材料应用绳索上下传递，严禁抛掷，防止伤人。

三、攀登支柱时，一定要避开妨碍攀登的设备并与带电设备保持规定的安全距离，严防触电。

第六节　停电作业

一般规定

第 60 条　双线电化区段，接触网停电作业按停电天窗方式分为垂直天窗作业和 V 形天窗作业。

垂直天窗作业——双线电化区段，上、下行接触网同时停电进行的接触网作业。

V形天窗作业——双线电化区段，上、下行接触网一行停电进行的接触网作业。

第61条 停电作业时，作业人员（包括所持的机具、材料、零部件等）与周围带电设备的距离不得小于下列规定：220 kV为3 000 mm；110 kV为1 500 mm；25 kV和35 kV为1 000 mm；10 kV及以下为700 mm。

V形天窗作业

第62条 进行V形天窗作业应具备的条件：

1. 上、下行接触网带电设备间的距离大于2 m，困难时不小于1.6 m。

2. 上、下行接触网带电设备距下、上行电力机车受电弓瞬时距离大于2 m，困难时不小于1.6 m。

3. 距上、下行或由不同馈线供电的设备间的分段绝缘器其主绝缘爬电距离不小于1.2 m。

4. 所有上、下行线间横向分段绝缘子串，爬电距离必须保证在1.2 m及以上，污染严重的区段要达到1.6 m。

5. 同一支柱上的设备由同一馈线供电。

不能采用V形天窗进行的停电检修作业，须在垂直天窗内进行，其地点应在接触网平面图上用红线框出，并注明禁止V形天窗作业字样。

第63条 利用V形天窗停电作业时，应遵守下列要求：

1. 接触网停电作业前，必须撤除向邻线供电馈线的重合闸，相应所、亭可能向作业线路送电的开关应断开。

2. 作业人员作业前，工作领导人（监护人员）应向作业人员指明停、带电设备的范围，加强监护，并提醒作业人员保持与带电部分的安全距离，确保人员、机具不侵入邻线限界。

3. 为防止电力机车将电带入停电区段，有关车站应确认禁止电力机车通过的限制要求。

4. 利用V形天窗在断开导电线索前，应事先采取旁路措施。更换长度超过5 m的长大导体时，应先等电位后接触，拆除时应先脱离接触再撤除等电位。

5. V形天窗检修吸上线、回流线（含架空地线与回流线并用区段）时不得开路，如必须进行断开回路的作业，则必须在断开前使用不小于25 mm^2铜质短接线先行短接后，方可进行作业。

在变电所、分区亭、AT所处进行吸上线检修时必须利用垂直天窗。

吸上线与扼流变中性点连接点的检修，不得进行拆卸，防止造成回流回路开路。确需拆卸处理时，必须采取旁路措施，必要时请电务部门配合。

6. V形天窗更换火花间隙、检修支柱下部地线，可在不停电情况下进行，执行第三种工作票并做好行车防护，不得侵入限界；开路作业时要使用短接线先行短接后，方可进行作业。

雷、雨、雪、雾天气时，不得进行更换火花间隙和检修支柱地线的作业。

7. 检修隔离开关、电分段锚段关节、关节式分相和分段绝缘器等作业时，应用不小于25 mm^2的等位线先连接等位后再进行作业。

第64条 160 km/h以上区段且线间距小于6.5 m时，一般不进行车梯作业。必须进行车梯作业时，若邻线有160 km/h以上列车通过，车梯和人员必须提前下道避让。

第65条 V形天窗停电作业接地线设置还应执行以下要求：

1. 两接地线间距大于 1 000 m 时，需增设接地线。

2. 一般情况下，接触悬挂和附加导线及同杆架设的其他供电线路均需停电并接地。但若只在接触悬挂部分作业，不侵入附加导线及同杆架设的其他供电线路的安全距离时，附加悬挂及同杆架设的其他供电线路可不接地。

3. 在电分段、软横跨等处作业，中性区及一旦断开开关有可能成为中性区的停电设备上均应接地线，但当中性区长度小于 10 m 时，在与接地设备等电位后可不接地线。

4. 接地线应可靠安装，不得侵入限界，并有防风摆措施。

命 令 程 序

第 66 条　每个作业组在停电作业前由工作领导人指定一名安全等级不低于三级的作业组成员作为要令人员，向供电调度申请停电命令，并说明停电作业的范围、内容、时间、安全和防护措施等。

几个作业组同时作业时，每一个作业组必须分别设置安全防护措施，分别向供电调度申请停电命令。

第 67 条　供电调度员在发布停电作业命令前，要做好下列工作：

1. 将所有的停电作业申请进行综合安排，审查作业内容和安全防护措施，确定停电的区段。

2. 通过列车调度员办理停电作业的手续，对可能通过受电弓导通电流的分段绝缘部位采取封闭措施，防止从各方面来电的可能。

3. 确认有关馈电线断路器、开关及接触网开关均已断开，作业区段的接触网已经停电，方可发布停电作业命令。

第 68 条　供电调度员发布停电作业命令时，受令人认真复诵，经确认无误后，方可给命令编号和批准时间。在发、受停电命令时，发令人要将命令内容等记入"作业命令记录"(格式见表 2－16)中，受令人要填写"接触网停电作业命令票"。

表 2－16　作业命令记录　　　　年____

命令号	月　日	命令内容	发令人	受令人	要求完成时间	批准时间	消令时间	消令人	供电调度员

说明：本表应装订成册。用白色纸印黑色格和字，规格：A4。

验 电 接 地

第 69 条　作业组在接到停电作业命令后须先验电接地，然后方可作业。

第 70 条 使用抛线法验电时按下列顺序进行：

1. 检查所用抛线的技术状态，抛线须用截面积 6～8 mm² 的裸铜软纹线做成。

2. 接好接地端。

3. 抛线时要使之不可能触及其他带电设备，抛线抛出后人体随即离开抛线，抛出的抛线不得短接钢轨。

4. 抛线的位置应在作业区两端接地线的范围内。

5. 接地线装设完毕后，方准拆除抛线。

第 71 条 使用验电器验电的有关规定：

1. 验电器的电压等级为 25 kV。

2. 验电器具有自检和抗干扰功能。自检时具有声、光等信号显示。

3. 验电前自检良好后，先在同等电压等级有电设备检查其性能，确认声、光信号显示正常，然后方可在停电设备上验电。

4. 在运输和使用过程中，应确保验电器良好。

第 72 条 接地线应使用截面积不小于 25 mm² 的裸铜绞线制成并有透明护套保护。接地线不得有断股、散股和接头。

第 73 条 在有轨道电路的区段作业时，两组地线应接在同一侧钢轨上，且不应跨接在钢轨绝缘两侧。必须跨接在钢轨绝缘两侧时，应封闭线路。地线穿越钢轨时，必须采取绝缘措施。

第 74 条 当验明确已停电后，须立即在作业地点的两端和与作业地点相连、可能来电的停电设备上装设接地线；如作业区段附近有其他带电设备时，按本规程第 61 条规定，在需要停电的设备上也装设接地线。

在装设接地线时，将接地线的一端先行接地；再将另一端与被停电的导体相连。拆除接地线时，其顺序相反。接地线要连接牢固，接触良好。

装设接地线时，人体不得触及接地线，接好的接地线不得侵入建筑接近限界。连接或拆除接地线时，操作人要借助于绝缘杆进行。绝缘杆要保持清洁、干燥。

第 75 条 验电和装设、拆除接地线必须由两人进行，一人操作，一人监护。

第 76 条 在停电作业的接触网附近有平行带电的电线路或接触网时，为防止感应危险电压，除按规定装设接地线外，还要增设接地线。

第 77 条 关节式分相检修时，除在作业区两端工作支接地线外，还应在中性区导线上加挂一组地线，并将两断口进行短接封线。

作 业 结 束

第 78 条 工作票中规定的作业任务完成后，由工作领导人确认具备送电、行车条件，将作业人员、机具、材料撤至安全地带，拆除接地线，宣布作业结束，通知要令人向供电调度请求消除停电作业命令；座台要令人员向行车调度请求消除线路封闭命令。停电命令和行车封锁命令消除后，人员、机具不得再次上网和侵入建筑限界。

几个作业组同时作业，当作业结束时，每个作业组要分别向供电调度申请消除停电作业命令。

第 79 条 当供电调度送电时须按下列顺序进行：

1. 确认整个供电臂所有作业组均已消除停电作业命令。

2. 按照规定进行倒闸作业。

3. 通知列车调度员接触网已送电，可以开行列车。

岗位工作指导

一、供电段(维管段)应将辖区内各车站禁止电力机车通过的道岔及渡线资料进行汇总,复核后报路局组织制定"V 形"天窗行车限制办法。

各车站接到列车调度命令后,应立即按规定采取相应措施,禁止电力机车通过相应的道岔及渡线。

二、接地线连接钢轨时,钢轨接触处要进行除锈打磨,确保接触良好;若使用接地极时,接地极埋深不少于 600 mm。

三、在软横跨上、下行相邻股道间的接触网设备上作业时,工作领导人应向作业人员指明停电、带电设备的范围,并加强监护,确保人员、机具不得侵入邻线限界。

四、在上、下行曲线内侧进行"V"停作业,必须有防止悬挂滑跑的措施。

五、站场软横跨或渡线上、下行隔断绝缘子处均应装设警告标志;不同供电臂供电的特殊支柱,应装设"V"停禁止攀登警告牌。

六、若上、下行需要转场作业时,作业组成员不得私自行动,必须听从工作领导人统一指挥,在确认无列车通过时,集中转场,确保人员安全。

七、停电作业标准化程序

1. 停电作业计划的提报:

各接触网工区根据检修任务、临时任务、当日作业完成情况等,合理安排次日工作计划,并向供电调度申报次日停电作业计划。

提报计划的的时间为一般为当日 18:00 前,特殊情况等候供电调度的通知。

2. 工作票的签发:

(1)工作票一般在工作前一天签发,发票人根据计划填写后将工作票交给工作领导人,工作领导人确认并签字后生效。

(2)工作票签发一式两份,一份发票人保存,一份交工作领导人使用,作业完毕后两份工作票全部交工区专人保管不少于 12 个月(整月保存)。

(3)工作票签发实行一天一票制度,工作票签发时应按照要求填发。

3. 工作票的审核和接收:

(1)供电调度按照行车对作业组织的要求对作业相关内容进行审核。

(2)工作领导人在作业前一天接收并审查工作票的作业项目、停电范围、作业地点、地线位置、时间、作业成员符合规定,并与图纸校对正确无误。

(3)工作票是在接触网上进行作业的书面依据,要字迹清楚、正确,不得涂改和用铅笔书写。

(4)工作领导人检查、确认作业现场所采取的安全措施是正确的和完备的。

(5)一个工作领导人在同一时间只能执行一张工作票。

4. 宣读工作票

(1)工区组织作业组成员列队宣读工作票并布置相关安全措施,在确保路程用时的前提下作业组必须携带作业工作票按"天窗修"要求的时间到达作业地点。

(2)作业组全体成员要着工作服(座台人员着装整齐),戴安全帽,穿劳保鞋,个人工具佩戴齐全,列队听读。

(3)工作领导人宣读工作票人员姓名时,该人员均应答到确认。

(4)安全措施逐条分解布置。

(5)工作领导人抽查作业组成员对各自任务和有关安全措施是否明确。

5. 乘车

(1)司机对车辆进行全部检查,保证状态良好,提前发动车辆。

(2)司机必须等工具材料、人员全部上车后方可鸣笛动车。

(3)作业组成员必须站、坐在安全可靠的位置,不准坐车帮,不准坐轨道车非操纵端的司机座位,不准在车辆上打闹,大声喧哗。

(4)监护人员始终监护好自己的监护对象,被监护人不准擅自远离监护人。

(5)车辆未停稳,作业组成员不准上下车辆;不得在两线间上下作业车。

(6)工作领导人应检查停电前的准备工作(包括建立通讯联系,防护人员及接地线到达岗位,工具材料的到位情况、作业环境观察和完成的安全措施)。

(7)工作领导人未宣布开工前,作业人员不准上道和登杆。

6. 申请、接受停电作业命令

(1)座台人员负责座台防护和填写运统－46(结合铁路局《接触网停电作业行车限制办法》)、《天窗使用登记簿》;要令人员向供电调度申请停电。受令人向供电调度员通报所属工区及姓名,说明要求停电的范围和作业内容,需停电的时间,回答供电调度提出的疑问。

座台防护人标准用语(运统－46 填写完毕,车站值班员签认后,座台防护人员立即通知工作领导人):×××(工作领导人),我是×××(座台防护人),运统－46 已填签,值班员已签认。

工作领导人:×××(座台防护人),运统－46 已填签,值班员已签认,×××(工作领导人)明白。

要令人标准用语:

① 要令人员到达要令地点后,要立即与供电调度取得联系。

要令人:××站,我是××工区要令人×××,现已到达××站。

② 按照命令票内容向供电调度申请停电命令。

③ 如利用接触网隔离(负荷)开关倒闸作业进行接触网停电作业时标准用语:

要令人标准用语:××工区,我是要令人×××,要求停电范围:×××(作业范围)接触网停电。

供电调度标准用语:×××(供电调度)明白。

行车防护人员标准用语:

① 当作业组到达现场后,行车防护人员向工作领导人通报防护到位后,才可开始进行作业准备工作。

防护人:×××,我是×××,××号行车防护已经到位。

工作领导人:×××,××号行车防护已经到位,×××明白。

工作领导人确认所有接地线装设完毕和行车防护全部到位后,向作业组发布开工命令。

② 当有列车通过时,座台防护人员要及时向工作领导人通报:

座台防护人:×××,我是×××,×(上、下)行有列车通过(站场×道通过或停车),注意作业安全。

工作领导人:×××,×行有列车通过(站场×道通过或停车),×××明白。

③ 两端行车防护人员当看见列车时,要立即向工作领导人通报:

防护人：×××，我是×××，×行列车已开过来，注意作业安全（立即下道避车）。

工作领导人：×××，×行有列车通过，×××明白。

当作业地点有车通过及临线有特快列车通过时，工作领导人宣布停止作业，下道避车。

(2)受令人接受供电调度员下达的停电作业命令，并填写停电作业命令票。

(3)受令人向供电调度员复述停电作业命令，确认无误后，请求供电调度员给予命令编号和批准时间，填入停电作业命令票。

(4)受令人接受供电调度员下达的停电命令后，立即向作业组工作领导人传递。由工作领导人向验电接地监护人传递。

(5)受令人向工作领导人传递命令和工作领导人复诵命令时，必须使用标准用语：

受令人：×××（工作领导人）、×××（作业范围）已经停电，停电时间为××时××分至××时××分，命令编号×××××。

工作领导人：×××（要令人）、×××（作业范围）已经停电，停电时间为××时××分至××时××分，命令编号×××××，×××（工作领导人）明白。

7. 验电接地

(1)接地线人员停电前，监护人监护操作人检查地线状态，先接好接地端，做好验电、接地准备（地线不得侵入限界），确认良好后并向工作领导人汇报。接地线监护人员：×××，我是×××，现在××号接地线已经准备完毕，验电器状态良好。

工作领导人：×××，现在××号接地线已经准备完毕，验电器状态良好，×××明白。

(2)接到工作领导人的通知后，进行验电，确认该设备停电，并向工作领导人汇报：×××，我是×××，现在××号验电无电。

(3)工作领导人收到至少两处验电无电汇报后，通知接地线监护人接挂地线。

(4)监护人要认真监护操作的全过程及安全带扎系的正确性，避免接地线影响行车信号。监护人监护操作人按规定接挂地线。

(5)接地线安设完毕，应尽快通知工作领导人。

(6)接地作业标准用语

① 工作领导人通知接地线监护人接挂地线时用语：

工作领导人："×××（接地线监护人）、我是×××、×××（作业范围）已停电，××柱现在可以接挂地线。"

接地线监护人："×××（工作领导人），×××（作业范围）已经停电，××柱现在可以接挂地线，×××明白"。

② 接地线监护人通知接地线人员开始接挂地线。

③ 地线接好后，监护人通知工作领导人用语。

接地线监护人："×××（工作领导人）、我是×××，××号地线已接挂完毕"。工作领导人："×××（接地线监护人）、×××号地线已接挂完毕，×××（工作领导人）明白"。

8. 检修作业

(1)工作领导人确认地线全部接好，行车防护已设置妥善后，立即组织开始检修作业。

(2)工作领导人将停电起止时间传到每一个作业组监护人。安全监护人员或工作领导人在作业过程中，要认真检查安全措施的贯彻，监护作业人员的操作，发现影响安全的情况立即采取措施。

(3)作业组成员完成作业任务，工作领导人和质量检查人检查验收作业质量符合标准，确认设备状态良好。

(4)检修作业标准用语：

① 工作领导人确认作业区两端地线全部接好后要及时通知检修人员开始作业。

工作领导人：我是×××、×××(小组负责人)，地线已接好，可以开工作业了“。

② 利用车梯进行接触网作业时，指定一人为车梯负责人。作业中车梯上作业人员要与车梯负责人进行呼唤应答。

检修人员：“×××(车梯负责人)、车梯向××××方向推动”。车梯负责人：“车梯向××××方向推动。”

③ 作业结束：

作业结束前工作领导人与检修人员要检查确认作业现场情况，确认人员、工具、器械、材料全部撤离到安全限界之外，具备送电、行车条件。工作领导人通知接地线人员撤除接地线，防护人员撤除行车防护

9. 地线撤除

(1)接地线监护人接到工作领导人撤除接地线的命令后，应监护地线操作人迅速将接地线挂钩从停电设备上取下，再撤除接地线的接地端。

(2)完成撤接地线工作后，立即通知工作领导人。

(3)撤除接地线标准用语：

工作领导人：“×××(接地线监护人)，我是×××，现在作业完毕，可以撤除××号支柱接地线了”。接地线监护人：“可以撤除××号支柱接地线了，×××(接地线监护人)明白”。

接地线监护人：“×××(接地线人)，现在撤除××号支柱接地线”。接地线人：“×××(接地线人)明白”。

接地线人：“×××(接地线监护人)、××号支柱接地线已撤除”。接地线监护人：“明白”。

接地线监护人：“×××(工作领导人)、我是×××，××号支柱接地线已全部撤除”。工作领导人：“×××(接地线监护人)、××号支柱接地线已全部撤除，×××(工作领导人)明白”。

10. 消除停电命令

(1)受令人获知作业结束，全部接地线撤除完毕后，应及时向供电调度请求消除停电作业命令。

(2)供电调度员给予消除停电命令的时间，填入停电作业命令票，停电作业即全部结束。

(3)消除停电命令标准用语：

① 工作领导人：“×××(要令人)、我是×××(工作领导人)，现在全部作业已结束，可以消除×××××号停电作业命令了”。要令人：“×××，现在作业完毕，可以消令，×××(要令人)明白”。

② 当要令人员接到工作领导人消令的命令后，向电调消令。

要令人：我是××工区要令人×××，现在×××命令完成，人员、料具、全部撤至安全地带，具备送电行车条件，请求消令。

③ 认真确认电调消令内容，按要求填写命令票，并通知工作领导人作业命令已消除。

要令人：“×××(工作领导人)、我是×××，×××××号停电作业命令已消除，消令时间为××时××分”。工作领导人：“×××××号停电作业命令已消除，消令时间为××时××分，×××(工作领导人)明白，可以消记、撤除座台防护”。

要令人在运统－46 上消记和撤除座台防护。

11. 返回

工作领导人、监护人召集作业组成员乘车返回工区，中途任何人不准离开作业组。按 5 条"从工区乘车到达作业地点"要求执行。

12. 收工会

(1)作业组成员到达工区后，由工作领导人召开收工会。

(2)工作领导人，各监护人按照停电作业标准逐项对照，对作业情况进行评定并填写记录。

(3)有关人员填写本次作业的收工记录和有关台账。

13. 其他

(1)安全距离：在进行停电作业时，作业人员(包括所持机具、材料、零部件等)与周围带电设备的距离不得小于：110 kV 为 1 500 mm；27.5 kV 为 1 000 mm；10 kV 及以下为 700 mm。

(2)装设接地线时，人体不得触及接地线，接好的接地线不得侵入邻线建筑接近限界，连接或拆除接地线时，操作人要借助于绝缘杆，绝缘杆要保持清洁、干燥。接地线要用截面积不小于 25 平方毫米的裸铜软绞线做成，并不得有断股、散股和接头。

(3)在停电作业的接触网附近有平行带电的电线路或接触网时，为防止感应危险电压，除按上述规定装设接地线外，还要根据需要增设接地线。

(4)验电和装设拆除每组接地线必须由 2 人及以上进行，1 人监护，1 人操作(地线操作人可根据实际情况增加)。

(5)验电和装设及拆除地线，1 人监护 1 人操作；条件允许时，1 人可监护 2 组及以上地线，但必须保证操作人同在监护人监护范围内(横向 4 股道，纵向 2 跨距)并不得同时操作。

第七节　间接带电作业

一 般 规 定

第 80 条　遇有雨、雪、雾、气温在－15～7 ℃之外、风力在 5 级及以上等恶劣天气或相对湿度大于 85%时，不得进行间接带电作业。

第 81 条　间接带电作业人员在接触工具的绝缘部分时应戴干净的手套，不得赤手接触或使用脏污手套。

第 82 条　间接带电作业时，作业人员(包括其所携带的非绝缘工具、材料)与带电体之间须保持的最小距离不得小于 1 000 mm，当受限制时不得小于 600 mm。

命 令 程 序

第 83 条　每个作业组作业前，由工作领导人指定安全等级不低于四级的作业组成员作为要令人员向供电调度申请作业命令。在申请间接带电作业命令时，要说明间接带电作业的范围、内容、时间和安全防护措施。

几个作业组同时作业时，每一个作业组必须分别设置安全防护措施，分别向供电调度申请作业命令。

第 84 条　供电调度在发布间接带电作业命令前，要做好下列工作：

1. 将所有的间接带电作业申请进行综合安排，审查作业内容和安全防护措施，确定作业地点、范围和安全防护措施。

2. 在作业过程中如果发现馈电线的断路器跳闸，供电调度员在未弄清作业组情况前不得送电。作业组如果发现接触网无电时，要立即向供电调度员报告。

3. 供电调度员在发布间接带电作业命令时，受令人要认真复诵，经确认无误后，方可给命令编号和批准时间。每次间接带电作业，发令人将命令内容填写在“作业命令记录”中，受令人要填写“接触网间接带电作业命令票”。

作 业 结 束

第 85 条 工作票中规定的作业任务完成，全部作业人员、机具、材料撤至安全地带后，由工作领导人宣布结束作业，通知要令人向供电调度申请消除间接带电作业命令。

几个作业组同时作业时，要分别向供电调度申请消除间接带电作业命令。

第 86 条 供电调度员确认作业组已经结束作业，不妨碍正常供电和行车后，给予消除作业命令时间，双方均记入记录中，整个间接带电作业方告结束。

供电调度员确认供电臂内所有的作业组均已消除间接带电作业命令，方能恢复接触网正常的分段状态和有关馈电线重合闸。

第 87 条 无论停电与否，作业组开展间接带电作业时均应按间接带电作业程序及要求进行作业。

安全技术措施

第 88 条 间接带电作业工作领导人不得直接参加操作，必须在现场不间断地进行监护。

第 89 条 工作领导人在作业前检查工具良好，确认座台要令人和行车防护人员已全部就位，通讯联络工具状态良好，间接带电作业命令程序办理完毕，所采取的安全及防护措施全部落实后，方能向作业组下达作业开始的命令。

第 90 条 间接带电作业项目的具体要求由各铁路局制定。

岗位工作指导

一、间接带电作业主要是指使用绝缘测杆进行带电测量、使用绝缘杆带电除冰、使用绝缘感清理网上杂物以及使用水冲洗设备清洗绝缘子。随各铁路局的规定会有所不同。

二、气象条件对带电作业有重要关系，特别是直接带电作业（目前已经禁止），对间接带电作业而言，超出规定的气象条件安全性就降低，因此，要在满足条件的情况下才能进行间接带电作业。

三、使用绝缘测杆进行带电测量注意事项：

1. 使用绝缘测杆进行带电测量（测量导高、拉出值等）必须开具工作票，并在作业前和作业结束后告知供电调度，作业区段的长度可不受限制。供电调度员应记录作业地点和内容。作业过程中可不撤除有关馈线断路器的自动重合闸。

2. 作业前应摇测绝缘测杆及线索的绝缘电阻。

3. 挂绝缘测杆时，手扶点距杆端挂钩应保持 2 m 以上的有效绝缘距离，测量过程中也必须保持该距离。

4. 绝缘测杆上端的金属挂钩长度不应超过 200 mm。

5. 转移测量地点时，应防止杆身及线索着地。如绝缘部分脏污，应用清洁干燥的抹布擦拭后再进行测量。

6. 进行带电测量(含用激光测试仪测量),作业组应有人负责行车防护瞭望 。瞭望条件不良的地段,应增派行车防护人员;超过 140 km/h 区段必须到车站进行防护,随时通报列车运行情况。200 km/h 及以上区段不得进行带电测量作业。

7. 进行带电测量,必须设专人负责行车防护,以便在列车到达之前 有足够的时间使作业组人员及工具撤到安全地点。

四、使用绝缘杆带电除冰注意事项:

1. 接触网除冰工作,应根据本地区的气候情况和隧道内(跨线桥)结冰速度合理安排除冰班次,确保运行安全。200 km/h 及以上区段除冰时应封锁线路。

2. 在地点和人员不变的情况下,工作票有效期不得超过 2 个工作日。

3. 使用除冰工具要求:

(1)除冰应使用专门除冰工具(绝缘打冰杆),不得使用木棍、石块等可能损坏设备或造成接触网短路的物件除冰。

(2)除冰杆在保管使用过程中不得有脏污,要及时将除冰杆上的脏物、冰水、粉尘等擦拭干净,确保其绝缘性能良好。

(3)每次使用前必须进行摇测,符合规定方准使用,有关数据记录到除冰记录中。

4. 除冰工作的要求:

(1)除冰作业人数不得少于 3 人,一人操作,一人监护,一人防护。

(2)进入隧道前应先检查所有的照明用具状态良好。

(3)行走时按前后顺序行走,注意地面结冰,防止滑倒,长大多粉尘的隧道内作业要戴防尘口罩。防护人员注意瞭望,来车时及时通知并就近避车,同时注意车上绳索、侵限物体或散落物品伤人,所有工具、材料不得侵入铁路建筑接近限界。

(4)除冰时应由带电侧向外敲打,接触网有电部分 500 mm 以内及其上方和有可能侵入受电弓工作范围 400 mm 以内的冰均必须清除,防止冰短接带电体,不得敲击绝缘子等接触网设备。

(5)除冰工作要戴好安全帽,防止落下的冰块伤人,对可能落下损坏接触网设备及电力、建筑线路的较大冰块,要做好防护措施。

五、带电水冲绝缘子时要求(水冲绝缘子设备有要求时按规定办理):

1. 喷嘴和绝缘子间必须保持 200 mm 以上的距离;

2. 水泵(压水装置)应良好接地;

3. 水电阻率要求不低于 1 000 Ω · cm(用低压仪表或者用电流电压法测量水电阻率)。

水电阻率计算式:

$$\rho=RS/L(\Omega\cdot\text{cm})$$

式中　R——水柱电阻,Ω;

S——玻璃管内径截面积,cm^2;

L——两电极间距离,cm;

ρ——电阻率,Ω · cm。

第五节、第六节、第七节分别介绍了高空作业、停电作业和间接带电作业,使读者熟悉工作程序。接触网作业大部分都为高空作业,同时高空作业基本上都包含在停电作业中。高空作业人员应该在验电接地人员验电接地检查都符合要求后进行高空作业。高空作业要借助于支柱、车梯、梯子或者检修作业车，具体各种情况下应注意的事项及要求见《安规》第42～59条。停电作业中普遍的是V形天窗作业，本《安规》较前几版相比，专门对V形天窗作业进行说明：包含了该作业应具备的条件、作业时的要求以及接地线时的要求（见《安规》第62～65条）。停电作业时要求接地验电，作业完成之后应拆除地线。

举例：每月初各网工区向供电段上报本月任务。根据安排某天对××到××区间进行接触网停电检修作业。

1. 工作票（见表2－17）由发票人提前一天交给工作领导人，工作领导人对工作票进行审核，并计划好作业人员分工。

2. 提前一天指定专人向供电调度提报检修计划。

表2－17　接触网第一种工作票填写参考表

五里堡接触网工区　　　　第4－1号

作　业　地　点	五小区间下行13号～33号		发票人	A
作　业　内　容	综合检修		发票日期	2005年4月4日
工作票有效期	自2005年4月5日8时00分至2005年4月8日18时00分止			
工作领导人	姓名：B　　安全等级：四级			
作业组成员姓名及安全等级（安全等级填在括号内）	A(4)	F(3)	J(2)	N(1)
	C(3)	G(3)	K(2)	(　)
	D(3)	H(2)	L(1)	(　)
	E(3)	I(2)	M(1)	(　)
	共计14人			
需停电的设备	薛店变电所1号馈线五小区间9号～37号			
装设接地线的位置	五小区间11号～35号柱及相应两支柱上AF、PW线			
作业区防护措施	五里堡车站信号楼派人座台防护、要令填写运统17，封锁五小区间下行，严禁电力机车通过小李庄车站、谢庄车站、薛店车站上、下行渡线；作业组两端各设800 m行车防护。			
其他安全措施	(1)工作领导人分工明确、作业组全体人员各负其责，坚守岗位； (2)验电接地按程序，严禁臆测行事挂接地线； (3)高空作业人员扎好安全带，短接线、检修按工艺； (4)推车梯人员，思想集中，扶稳车梯、上下呼唤应答； (5)作业完毕、清理现场，确认无误及时消令，勿晚消令。			
变更作业组成员记录				
工作票结束时间	2005年4月7日12时00分			
工作领导人(签字)	B		发票人(签字)	A

说明：本票用白色纸印绿色格和字。

3. 工作当日集合点名。

4. 工作领导人向作业组成员宣读工作票，进行工作分工（座台人、防护员、验电人员、高空作业人员），布置安全措施（分工时应满足规程第22条规定，要将本次任务和安全措施逐项分解落实到人）。派遣证和工作分工单分别如表2－18和表2－19所示。

表 2—18　派　遣　证

派　遣　证(各单位规定)

五里堡车站：　　　　　　　　　　　　　　　　No：

兹委供电段××车间(项目部)××工区 C 同志为驻站防护员，到你站行车室联系工作，请予接洽。其联系工作内容：

1. 工作项目：＿＿＿＿＿＿＿＿＿＿

2. 作业地点：＿＿＿＿＿＿＿＿＿＿3. 需要时间＿＿＿＿＿＿

施工负责人(签名) B ＿年＿月＿日＿时＿分

车站值班员(签名)＿＿＿＿ ＿年＿月＿日＿时＿分

施工单位(盖章)

驻站防护员必须遵守以下规定：

1. 必须凭单位填发的派遣证进入行车室，按《技规》、《行规》的有关规定在《行车设备检查登记簿》中登记；

2. 恪守职责，密切注视列车运行状态，加强与现场作业人员、车站值班员的联系；

3. 遵守纪律，不得大声喧哗影响其他人员作业；

4. 施工维修人员对控制台等设备进行维修、调试时，未得到车站值班员的同意，不得擅自操纵控制台。

5. 搞好班组和现场作业的自控、互控、他控，确保施工安全。

表 2—19　工 作 分 工 单

编号：＿＿＿＿＿＿　　　　　　　　　　＿＿＿年＿＿月＿＿日

作业地点及内容	五小区间下行 13 号～33 号	工作领导人	B
	综合检修		

要令地点		要令人	E	座台地点	五里堡车站信号楼	座台人员	D

验电接地	接地杆号	操作人	监护人	接地杆号	操作人	监护人	接地杆号	操作人	监护人
	11 号	H	F	35 号	I	G			

行车防护	防护地点	防护员	防护地点	防护员	防护地点	防护员	防护地点	防护员
		C						

第一作业组	作业范围			
	监护人			
	高空作业人			
	记录人		测量人	
	梯车人员			
	辅助人员			

第二作业组	作业范围			
	监护人			
	高空作业人			
	记录人		测量人	
	梯车人员			
	辅助人员			

续上表

作业地点及内容		五小区间下行13号～33号 综合检修	工作领导人	B
第三作业组	作业范围			
	监护人			
	其他作业人员分工			
轨道车	司机		助手(副司机)	
联系方式				
备注				

5. 对本作业所需要的工具和材料进行准备(各种受力工具和绝缘工具应该按照《接触网安全工作规程》(以下简称《安规》)第28～35条的规定进行检验和存放)。

6. 作业组成员到作业现场(需提前一天填写轨道车作业计划单,见表2－20)。

表2－20　轨道车作业计划单

工区：　　　　　　　　　　　　　　　　　　　　　　　　　　　时间：　　年　　月　　日

出乘车辆	动力车车号		对应司机名字	
	平车车号		挂靠动力车号	
作业内容			运行范围	
			中途停车地点	
安全注意事项				

7. 要令。由工作领导人指定的座台人(安全等级不低于3级)在停电时间开始前40 min到车站先登记作业内容并和调度核对作业票。到停电时间供电调度员发停电命令给座台人(发布命令时应按照《安规》第68条规定受令人认真复诵,经确认无误后供电调度员给出命令编号和批准时间,调度员将命令内容等记入"作业命令记录"(见表2－21)中,座台人填写"接触网停电作业命令票",见表2－22),座台人通知领导人,领导人通知防护员。

表2－21　作业命令记录

2005年

命令号	月日	命令内容	发令人	受令人	要求完成时间	批准时间	消令时间	消令人	供电调度员
57520	4.5	允许五小区间下行接触网设备综合检修,注意下行分相,分相以北以及上行接触网设备有电,保持安全距离	Y	D	10:30	9:30	10:28	D	Y

表 2—22　接触网停电作业命令票

五里堡接触网工区　　　　　　　　　　　　　　　　　　　　　第4—1—2号

命令编号:57520	
批准时间:2005 年 4 月 5 日 9 时 30 分	
命令内容:允许五小区间下行接触网设备综合检修,注意下行分相,分相以北以及上行接触网设备有电,保持安全距离	
要求完成时间:2005 年 4 月 5 日 10 时 30 分	
发令人:Y	受令人:D
消令时间:2005 年 4 月 5 日 10 时 28 分	
消令人:D	供电调度员:Y

说明:本票用白色纸印绿色格和字。

8. 上岗防护。根据《安规》中第 100 条规定,在线路上进行接触网检修作业可能影响列车正常运行时,除对有关区间、车站办理封锁手续外,还要对作业区采取防护措施。其设置要求必须按照《安规》中第 101～104 条的规定,对行车防护人员的要求必须按照《安规》中第 105～106 条的规定。

9. 电力调度发布停电命令后立即进行验电接地。由工作领导人通知验电接地人员进行验电接地。

10. 开工作业(接触网检修大部分都为高空作业)。工作领导人在验电人员验电接地之后通知高空作业人员进行高空作业。高空作业用车梯时应符合《安规》中第 45～49 条的规定,检修作业车时应符合《安规》中第 50～59 条的规定。

11. 作业结束,清理作业现场。按照工作票中的规定完成作业任务之后,由工作领导人确认具备送电、行车条件,将作业人员、机具、材料撤至安全地带。

12. 拆除地线。

13. 消令。工作领导人宣布作业结束,通知要令人向供电调度请求消除停电作业命令,坐台要令人员向行车调度请求消除线路封闭命令。供电调度送电顺序按照《安规》中第 79 条规定。

14. 收工。

15. 召开收工会,工作领导人对作业进行简单总结,各作业组成员汇报作业存在问题或今后作业应改进的事项。

16. 当日 16 时至 18 时由工作领导人向生产调度汇报生产任务完成情况、各种生产信息及车辆状态。

各个路局对具体的工作程序有不同的规定,视各局情况而定。

间接带电作业属于带电作业中的一种,直接带电作业由于其危险性已被取消,目前间接带电作业主要用于接触网测量。

第八节　倒 闸 作 业

第 91 条　接触网作业人员进行隔离开关、负荷开关倒闸时,必须有供电调度的命令;对车站、机务段或路外厂矿等单位有权操作的隔离开关,在向供电调度申请倒闸命令之前,要令人须向该站、段、厂、矿等单位主管负责人办理倒闸手续。

从事隔离开关倒闸作业人员按要求每年进行考试，其安全等级不得低于三级。对车站、机务段或路外厂矿等单位有权操作的隔离开关的人员应经供电段培训、考试合格，发给合格证后方可担任此项工作。

第 92 条 在申请倒闸命令时，先由安全等级不低于三级的要令人向供电调度提出申请，供电调度员审查后，发布倒闸命令；要令人受令复诵，供电调度员确认无误后，方可给命令编号和批准时间；每次倒闸作业，发令人要将命令内容等记入"倒闸操作命令记录"（格式见表 2—23）中，受令人要填写"隔离开关倒闸命令票"（格式见表 2—24）。

表 2—23 倒闸作业命令记录 ______年

命令号	月日	命令内容	发令人	受令人	操作卡片	批准时间	完成时间	报告人	倒闸完成报告单	供电调度员

说明：本表应装订成册，使用白色纸印黑色格和字。规格：A4。

表 2—24 隔离开关倒闸命令票

隔离开关倒闸命令票

第______号

1. 把______车站（或区间）第______号隔离开关______闭合或断开。
2. 再将______车站（或区间）第______号隔离开关______闭合或断开。

发令人：______________ 受令人：______________

批准时间：______时______分 日期：______年______月______日

说明：本票用白纸印黑色格和字，规格：半幅 A4。

第 93 条 倒闸人员接到倒闸命令后，必须先确认开关位置和开合状态无误后，再迅速进行倒闸。倒闸时操作人必须戴好安全帽和绝缘手套，穿绝缘靴，操作准确迅速，一次开闭到位，中途不得停留和发生冲击。

第 94 条 倒闸作业完成后，确认开关开合状态无误后，操作人向要令人通报倒闸结束，由要令人向供电调度员申请消除倒闸作业命令。供电调度员要及时发布完成时间和编号并记入"倒闸操作命令记录"中，要令人填写"隔离开关倒闸完成报告单"（格式见表 2—25），至此倒闸作业方告结束。

第 95 条 遇有危及人身和设备安全的紧急情况，可以不经供电调度批准，先行断开断路器或有条件断开的负荷开关、隔离开关，并立即报告供电调度。但再闭合时必须有供电调度员的命令。

第 96 条 严禁带负荷进行隔离开关倒闸作业。隔离开关可以开、合不超过 10km(延长公里)线路的空载电流,超过时,应经过试验,报铁路局批准。

第 97 条 要加强对带接地闸刀的隔离开关使用管理的检查,其主闸刀应经常处于闭合状态,因工作需要断开时,工作完毕须及时闭合主闸刀和接地闸刀分别操作的隔离开关,其断开、闭合必须按下列顺序进行:

1. 闭合时要先断开接地闸刀,后闭合主闸刀。
2. 断开时要先断开主闸刀,后闭合接地闸刀。

表 2—25 隔离开关倒闸完成报告单

隔离开关倒闸完成报告单
第_____号
根据第　　　　号倒闸命令,已完成下列倒闸:
1. _____车站(或_____区间)第_____号隔离开关已于_____时_____分闭合或断开。
2. _____车站(或_____区间)第_____号隔离开关已于_____时_____分闭合或断开。
倒闸操作人:__________　　供电调度员:________
完成时间:_____时_____分　　日期:_____年_____月_____日

说明:本票用白纸印黑色格和字。规格:半幅 A4。

第 98 条 各隔离开关的传动机构必须加锁。钥匙不得相互通用并有标签注明开关号码,存放于固定地点由专人保管。

第 99 条 电动隔离开关、负荷开关倒闸作业的具体办法由各铁路局根据具体情况制定。

岗位工作指导

一、电动隔离开关、电动负荷开关倒闸作业的有关规定:

1. 线路上的电动隔离开关、电动负荷开关必须有供电调度员的命令方可进行操作;
2. 线路上的电动隔离开关、电动负荷开关正常情况下应为远动操作,远动设备故障时,方可进行当地或手动操作;
3. 线路上的电动隔离开关、电动负荷开关,其开合位置的确认应以远动信号为准,必要时由供电调度派接触网工现场确认。

电动隔离、负荷开关一般都是远程控制,需就地操作或确认时,须有供电调度命令。

二、无需工作票,不过要求要令人先提出申请,在供电调度员审查之后发布倒闸命令,填写倒闸作业命令记录(见表 2—26)和隔离开关倒闸命令票(见表 2—27),倒闸完成之后填写隔离开关倒闸完成报告单(见表 2—28)。

表 2—26 倒闸作业命令记录填写参考表

命令号	月日	命令内容	发令人	受令人	操作卡片	批准时间	完成时间	报告人	倒闸完成报告单	供电调度员
57099	9.9	允许五里堡车站 5 号、10 号隔离开关倒闸作业	A	B	/	10:26	10:29	B	57199	A

表 2－27　隔离开关倒闸命令票填写参考表

隔离开关倒闸命令票

第57099号

1. 把五里堡车站第5号隔离开关断开。
2. 再将五里堡车站第10号隔离开关断开。

发令人：A　　受令人：B

批准时间：10时26分　　日期：2005年9月9日

说明：本票用白纸印黑色格和字。

表 2－28　隔离开关倒闸完成报告单填写参考表

隔离开关倒闸完成报告单

第57199号

根据第57099号倒闸命令，已完成下列倒闸：

1. 五里堡车站第5号隔离开关已于10时27分断开。
2. 五里堡车站第10号隔离开关已于10时28分断开。

倒闸操作人：C，供电调度员：A

完成时间：10时29分　　日期：2005年9月9日

说明：本票用白纸印黑色格和字。

无论何种作业，都要求对现场进行防护。因此本章最后一节专门提出作业区的防护。对区间作业、车站作业、复线区段V形天窗作业以及160 km/h及以上区段间接带电作业的防护都提出了设置要求和对防护人员的要求（《安规》第101～106条）。接触网作业时，为了随时掌握列车运行情况，及时通知作业组，使其适时避让列车，在车站运转室（或信号楼）设置座台防护人员。座台防护人员除了监视运转室电气集中控制台掌握列车运行情况，还应负责办理填写“运统17”手续。在监视电气集中控制台时，除了监视列车运行情况，还应监视电气集中控制台可能涉及的作业组出现的异常状态，减少因工作组出现的红光带影响列车运行时间。列车设备检查登记表填写参考表如表2－29所示。

表 2－29　列车设备检查登记表填写参考表

到达时间			消除不良及破损的时间及盖章		
月日	时分	该段的工作人员到达后盖章	月日	时分	破损及不良的原因，采取何种办法进行修理的，工作人员及车站值班员盖章
4月5月	8时50分	C	4月5月	10:28	五小区间下行接触网设备综合检修完毕，检修后设备合格，符合行车条件 座台防护人员：C1995.4.5 10时28分 车站值班员：P1995.4.5 10时29分

月日	时分	检查试验结果，所发现的不良及破损程度	通知时间		
			月日	时分	通知的方法用电报、电话书面或口头
4月5月	9:00	五小区间下行接触网设备停电综合检修，禁止列车（含调车机）进入五小区间下行线路；允许五一小区间下行接触网设备综合检修，注意下行分相，分相以北及上行接触网设备有电，保持安全距离。 命令编号：57520 座台防护人员：C　1995.4.5　9:32 车站值班员：P　1995.4.5　9:32			

续上表

到达时间			消除不良及破损的时间及盖章		
月 日	时 分	该段的工作人员到达后盖章	月 日	时 分	破损及不良的原因，采取何种办法进行修理的，工作人员及车站值班员盖章
4月 8月	16:38	五小区间上行38号支柱定位脱落车站值班员:Q	4月 8月 4月 8月 4月 8月	16时38分 16时39分 16时40分	电话通知行车调度员 电话通知电力调度员 电话通知五里堡接触网工区

第九节　作业区防护

第100条　在线路上进行接触网检修作业可能影响列车正常运行时，除对有关区间、车站办理封锁手续外，还要对作业区采取防护措施。

第101条　凡从事可能影响列车正常运行的作业，除在车站设置驻站联络员外，作业组两端必须根据作业内容按《铁路技术管理规程》(以后简称《技规》)的规定设置现场防护员。行车防护人员安全等级不低于三级。其设置要求如下：

1. 区间作业时，驻站联络员设在能控制列车运行相邻车站的运转室(或信号楼)；车站作业时，驻站联络员设在该站运转室(或信号楼)。

2. 作业时，每个作业组在作业区段两端，必须按规定距离设置行车防护人员，并不得侵入建筑限界。

第102条　在复线区段进行V形天窗作业时，现场防护员除按规定做好本线行车防护外，还应监视邻线列车运行情况并及时报告工作领导人。

第103条　在160km/h及以上区段间接带电作业时，必须在车站行车室及作业现场分别设置行车防护人员。邻线有160km/h及以上的列车时，现场防护人员、作业人员和机具应提前下道避让。

第104条　不同作业组分别作业时，不准共用行车防护人员。在未设好行车防护前不得开始作业，在人员、机具未撤至安全地点前不准撤除行车防护。

第105条　行车防护人员在执行任务时，要坚守岗位、思想集中，要与作业组保持联系，认真、及时、准确地进行联系和显示各种信号，一旦中断联系，须立即通知工作领导人，必要时停止作业撤离现场。

第106条　行车防护人员须做到：

1. 熟悉有关行车防护知识，驻站联络员还应熟悉运转室的有关设备显示。

2. 熟悉有关防护及通讯工具的使用方法及各种防护信号的显示方法，每次出工前应检查通讯工具是否良好。

3. 及时、准确、清晰地传递行车信息和信号。

4. 认真负责、坚持呼唤应答和复诵制度。

5. 不得影响其他线路上列车的正常运行。

第三章

接触网运行检修规程

第一节　总　　则

第1条　接触网是电气化铁路重要行车设备。为保证接触网运行安全可靠，特制订本规程。

第2条　牵引供电各单位（包括牵引供电设备管理、维修单位和从事既有线电气化牵引供电施工单位，下同）要建立健全各项规章制度，切实贯彻本规程的规定。各单位要结合具体情况制定实施细则，报上级业务主管部门和业主单位核备。

第3条　接触网的运行与维修，坚持"预防为主、修养并重"的方针，按照"周期检测、状态维修、寿命管理"的原则，遵循精细化、机械化、集约化的检修方式，依靠科技进步，积极采用接触网自动化检测手段和机械化维修手段，提升接触网维修技术参数的精准度，不断提高接触网运行品质和安全可靠性。

第4条　本规程的技术标准作为接触网运行与检修的质量验收依据。

第5条　本规程适用于既有线工频、单相、25 kV 交流及提速 200～250 km/h 接触网的运行和检修。

岗位工作指导

一、牵引供电各单位（包括牵引供电设备管理、维修单位和从事既有线电气化牵引供电施工单位，下同）实际情况，应建立详细的《管理细则》。《管理细则》是各项管理工作的重要依据，一般分为三大类：《管理标准》、《技术标准》、《工作标准》。每年进行一次修订、补充完善。

1.《工作标准》包含单位各岗位工种的岗位职责和各部门的职责范围、工作程序。所制定的工作标准条款要符合现有部门和工作岗位的实际工作性质。

2.《管理标准》应涵盖单位各行政部门和党群部门在日常工作中所使用的各种管理性规章制度，并保证适用性和有效性。

3.《技术标准》是单位管内各车间、班组及各工种在各种施工作业中所使用的技术安全依据。安全、技术部门对现场检修施工作业有技术、安全指导性的标准（作业指导书）。

二、《管理细则》要求文字规范，无错别字或病句。用语严谨，条理清楚，详略适当；应用规章概念、名词术语准确、完整，并保持前后内容的一致性和相关内容的通用性。

三、"预防为主、修养并重"就是计划性检测，科学的分析，标准化评价，预防为主，针对性维修并行。

四、"周期检测、状态维修、寿命管理"就是按照设备运行的周期进行检测、状态进行检修，寿命进行管理。通过周期监测，只要设备运行状态值在规定的限度值以内，就一律不修；当达到或超出限度值时，按照规定的工艺进行维修，使其恢复到标准值继续运行。当设备达到有效寿命时，应及时予以更换。这样既经济合理地利用设备的使用寿命，有针对性、适时地组织维修，既能保证设备安全运行，又能最大限度地减少工作量，达到科学管理，经济运行，更好地为铁路运输生产服务。

五、"精细化、机械化、集约化"就是实现精检细修、采用先进的机械、集中人力物力节约化进行检修。

第二节　运行与管理

统一领导和分级管理

第6条　接触网运行检修工作遵循统一领导、分级管理的原则，充分发挥各级组织的作用。

铁道部：负责全路接触网运行管理工作，统一指导、统一规划，监督、检查；制定有关规章。

铁路局：贯彻执行铁道部有关规章、命令和标准，组织制定本局有关细则、办法和工艺；制定牵引供电设备管理单位的管理职责和范围；监督、检查、指导、协调全局的接触网运营管理工作；审批局管的新产品试运行和重要的设备变更；适时地安排好大修改造工程，增强供电能力，改善设备的技术状态，适应运输发展的需要。

供电(维管)段：贯彻执行上级的有关规章、制度和标准；补充制定相关的管理标准、工作标准和技术标准；制定各部门、车间的管理职责和范围。下达接触网工作计划并组织实施，组织好日常维修和大修改造工程；定期检查分析设备运行状态，制定改进措施，组织检查、评比和考核；组织技术革新和职工培训，提高设备运行质量，保证安全可靠地供电。督促施工单位按相关规定签订安全施工协议。

接管和运行

第7条　电气化铁路工程开通运行前，应按规定进行检查验收，接触网验收应进行动态检测，符合下列条件方可接管运行：

1. 牵引变电所、接触网经过验收，具备供电条件。

2. 牵引变电所具备双电源，并能自动投切。

3. 各级调度、供电(维管)段及沿线所亭、工区的房屋(包括抢修值班人员宿舍)和水、电、通信、路(段部及工区的专用线、段部及所亭的公路)已竣工，并能交付使用。

4. 牵引供电设备管理单位、沿线工区及所亭的检修和检测所需的机具、交通工具、通讯工具和安全用具，检修及抢修材料、配件、备品及消防用具配齐、到位，并能交付使用。

每个接触网工区应配备充足的夜间照明用具及接触网几何参数激光测量装置，照明用具应满足夜间 200 m 范围内照明充足，4 个小时内连续使用。

160 km/h 及以上干线的接触网工区应配备 2 台接触网快速多功能综合检修作业车。

200 km/h 及以上区段的接触网工区应配备适用于高速电气化铁路检修的接触网接续、矫正机具。

铁路局应按管内接触网检修工作量集中配备接触网恒张力放线车和绝缘子水冲洗车。

5. 铁路局、牵引供电设备管理单位收到开通必须的竣工文件和图纸。

第8条　在接触网工程交接的同时，施工单位应向运营部门交付下列电子版(1、2、3 项)和书面竣工资料：

1. 竣工工程数量表。

2. 接触网供电分段示意图。

3. 接触网车站、区间平面布置竣工图。

4. 接触网装配图、设备零件图及安装曲线，接触线磨耗换算表。

5. 工程施工记录(含隐蔽工程记录和确认后的轨面标准线、侧面限界、外轨超高记录)。

6. 设备试验报告。

7. 主要设备、零部件、金具、器材的技术规格、合格证、出厂试验记录、使用说明书；对在产品上显示不出工厂标志的器材(例如各种线索)，应按生产厂家列出具体安装地点。

8. 设计变更通知书。

9. 跨越接触网的架空线路(主要包括架空线路位置、电压等级、导线高度、规格型号、产权单位及联系方式等)和跨线桥(主要包括跨线桥位置、最近的桥墩距线路中心的距离，跨线桥净高、接触网带电部分距跨线桥最小距离、产权单位及联系方式等)有关资料。

第 9 条　接触网投入运行前，接管部门要做好运行准备工作，配齐并培训运行检修人员，组织学习有关规章制度，熟悉即将接管的设备；配合有关部门共同做好电气化铁路安全知识的宣传教育工作。

第 10 条　在接触网投入运行时，牵引供电设备管理单位要建立起正常的生产秩序，制定各项制度并具体落实；备齐技术文件和资料；建立各项原始记录和报表，并按时填报。牵引供电设备管理单位技术主管部门应有下列技术文件和资料：

1. 第 6 条规定的竣工资料。

2. 承力索、接触线的技术规格和接触线磨耗换算表。

3. 接触网零部件的技术条件、试验方法及图册。

4. 接触网有关标准(部标和国标)。

5. 部、局颁发的有关规章和牵引供电设备管理单位自定的有关制度、办法和措施。

6. 与相关单位的设备分界协议。

7. 管内各车间、工区之间的设备分界及设备中各工种分工的规定。

8. 轨面标准线(俗称“红线”)测量记录。

9. 管内设备大修设计文件、设计审查意见及竣工报告。

10. 本单位设备技术履历簿。

第 11 条　为保证接触网与线路的相对位置，在接触网支柱的线路侧或隧道一侧的边墙上标出轨面标准线，并在其上方依次标注设计的线路超高、设计的接触网导线高度，在其下方标注设计的侧面限界。

实际轨面标准线与标明的轨面标准线高差不得大于 30 mm；实际侧面限界与标明的侧面限界之差不得大于 30 mm，且实际侧面限界不得小于《技规》规定的最小值；实际超高和标明的超高之差不得大于 7 mm。以此作为线路和接触网维修时共同遵守的标准。

工务线路大修、改造必须变更轨面标高、超高以及侧面限界者，大修、改造的设计文件必须经铁路局批准。施工前供电和工务部门应共同按批准文件测量复核，竣工后供电和工务部门共同重新测定，测量资料经双方签认各持一份，长期保存。

新建电气化铁路，由施工单位标出轨面标准线及相关参数，开通前由供电、工务部门共同确认。牵引供电设备管理单位负责轨面标准线的日常管理，保持其清晰醒目。牵引供电设备管理单位每年与工务部门共同对轨面标准线复核一次，轨面标准线、侧面限界、外轨超高每次测量后应填写《轨面标准线测量记录》(格式各铁路局自定)，共同签认。

第 12 条　每个接触网工区要有安全等级不低于三级的接触网工昼夜值班。值班人员应及时传达和执行供电调度的命令和要求，每天按规定时间向供电调度报告次日工作计划，认真填写《接触网工区值班日志》(格式见表 3－1)。

表 3－1　接触网工区值班日志

天气：__________　　　　　　　　　　　　　　　　　　　　　　　　　　　____月____日

<table>
<tr><td rowspan="2">作业类别</td><td colspan="3">作业时间</td><td rowspan="2">工作票编号</td><td rowspan="2">工作领导人</td><td rowspan="2">作业组成员数</td><td colspan="2">作业地点</td><td colspan="2">作业内容</td><td>考　勤</td></tr>
<tr><td>起</td><td>止</td><td>作业时间</td><td>区间、车站、隧道</td><td>支柱号</td><td>作业项目</td><td>完成数量</td><td rowspan="4">现员：人　病假：人
事假：人　出差：人
调休：人　其他：人
上网：人　出勤率：%
出工率：%
上网率：%</td></tr>
<tr><td></td><td></td><td></td><td></td><td></td><td></td><td></td><td></td><td></td><td></td><td></td></tr>
<tr><td></td><td></td><td></td><td></td><td></td><td></td><td></td><td></td><td></td><td></td><td></td></tr>
<tr><td></td><td></td><td></td><td></td><td></td><td></td><td></td><td></td><td></td><td></td><td></td></tr>
<tr><td colspan="7">记　事</td><td colspan="4">次日工作计划</td><td>交通、检修机具</td></tr>
<tr><td colspan="7" rowspan="4"></td><td>作业地点</td><td>作业内容</td><td colspan="2">工作领导人</td><td rowspan="4">类别：
车号：
停留地点：
状态：</td></tr>
<tr><td></td><td></td><td colspan="2"></td></tr>
<tr><td></td><td></td><td colspan="2"></td></tr>
<tr><td></td><td></td><td colspan="2"></td></tr>
</table>

值班者：__________　　　　　　　　　　　　　　　　　　　　　　　　　　　工长：__________

规格：A4

第 13 条　值班人员要按时做好交接班工作。交班人员要向接班人员说明值班期间设备的运行、天窗兑现、检修任务完成情况和其他有关事项。接班人员要认真审阅值班日志，明确上一班的情况并在值班日志上签字后，交班人方能下班。

工长要每天确认工具、备品、安全用具、抢修机具是否完备，认真审阅值班日志并签字。因特殊情况工长不能履行上述职责者，由工长指定的负责人完成。

第 14 条　供电车间、接触网工区应备有下列技术资料：

1. 全段的供电分段示意图。
2. 管辖范围内的接触网平面布置图、装配图、安装曲线、接触线磨耗换算表。
3. 电分段、电分相结构图。
4. 管内跨越接触网的架空线路、跨线桥有关资料(具体内容同第 8 条第 9 款)。
5. 隔离(负荷)开关、避雷装置、绝缘器等设备的安装调试、使用说明等。
6. 有关的隐蔽工程记录。
7. 设备和工具的试验记录。
8. 管内设备大修、改造情况记录(包括时间、地点、大修改造内容、质量评定等)。
9. 管内的设备技术履历。

第 15 条　为保证电气化区段的可靠供电，禁止由供电线、正馈线和区间接触网上引接非牵引负荷。对当地车站无电源，只能利用接触网供电者，经铁路局批准可允许由车站接触网引接少量的非牵引负荷，牵引供电设备管理单位与使用单位应明确分界，各自对分管设备加强管理，认真维护保养，确保接触网的正常供电。

第 16 条　运行中的接触网有变更者，应按以下规定逐级报批：

1. 属下列情况之一者，由铁路局报部审批：

(1)由于接触网变化而降低带电或停电通过超限货物列车的高度和宽度；

(2)变更接触网局界。

2. 属下列情况之一者，由牵引供电设备管理单位报铁路局审批：

(1)正线变更悬挂类型；

(2)变更接触线、承力索材质；

(3)拆除或长期停用接触网；

(4)变更附加导线材质和截面；

(5)变更绝缘水平或侧线变更悬挂类型；

(6)变更接触网分段(相)位置和开关的操作方式；

(7)非铁路产权专用线架设接触网的供电和开通方案；

(8)改变供电方式。

第 17 条 对位于轨道侧的回流装置，其设备维修分工规定如下：

吸上线与扼流变压器连接时，连接钣属电务段，连接钣上的螺栓和吸上线属牵引供电设备管理单位。

吸上线与钢轨相连接时，吸上线及其与钢轨连接的附件属牵引供电设备管理单位。牵引供电设备管理单位作业时，必要时工务、电务部门要派人配合。

新产品试运行

第 18 条 凡需在运营的接触网上安装新产品进行试运行时，研制单位应事先提出书面申请，按第 19 条规定的权限报有关部门，经批准并与承接试运行任务的牵引供电设备管理单位签订协议后方可安装。

第 19 条 试运行的申请报告应报送铁路局、牵引供电设备管理单位，属铁道部审批者还应报部。新产品试运行的申请报告应包括下列内容：

1. 产品的生产及管理条件。

2. 产品的研制报告。

3. 产品的技术条件及型式试验报告。

4. 安装维修及使用说明。

5. 拟安装的地点、试运行期限，以及在试运行中需检查监测的内容。

第 20 条 新产品试运行期一般不少于 1 年。

第 21 条 承力索、接触线的试运行由铁道部审批，其余设备及零部件由铁路局审批。

第 22 条 牵引供电设备管理单位承接试运行任务后，应及时安装，试运行期间要按规定进行维修，加强检查监测，认真记录和定期分析运行情况，注意积累资料，试运行期满后写出运行报告。

牵引供电设备管理单位出具的试运行报告需经铁路局审批后，方能交给研制单位，未经铁路局审批的运行报告无效。

第 23 条 新产品安装后，一般不应轻易拆除。遇有产品质量缺陷危及安全时必须立即拆除，同时做好记录报铁路局备查，并通知研制单位。对暂时拆除的试运行产品，由承接试运行任务的牵引供电设备管理单位妥善保管。

第 24 条 新产品试运行期满后，应抓紧组织鉴定。

岗位工作指导

一、接触网运营开通前的工作：

1. 接触网运营开通前组织相关人员依照《铁路牵引供电工程施工质量验收标准》，按照检验批、分项工程、分部工程和单元工程程序进行施工质量验收。

2. 验收合格后，组织相关单位和人员进行冷滑实验，即在接触网不受电的情况下，对接触网进行动态实验检查，检查接触网的机械适应性能否满足运行需要。冷滑实验采用人工观测方法：驾驶室内重点观察接触网走向、终端线岔、锚段关节、导线接头、特殊定位、分相分段绝缘器等关键部位的异常情况；作业台上主要观察导线拉出值、各种线夹安装是否正确，导线面是否正直，有无不允许的硬点或打弓现象，观察受电弓带电体的距离。

3. 冷滑试验程序：第一次冷滑速度不超过 25 km/h，然后处理缺陷；第二次按照列车运行速度，然后处理缺陷；第三次按照设计规定速度，然后处理缺陷，冷滑顺序一般先区间后站场，先正线后侧线。

4. 冷滑试验，缺陷处理完毕，对接触网送电开通。开通后 24 h 内无事故，可以办理正式交接手续。

二、供电（维管）段同样实行段、车间、工区（班组）三级管理体制，确保全段安全、设备、经营管理等各项工作有序开展：

车间（领工区）是供电（维管）段下属的一级生产组织，执行供电（维管）段行车安全、生产、各项规定和措施，是安全生产的落实主体；服从设备运行检修生产统一指挥，完成运行检修生产任务；保证运行检修标准，提高设备质量。

工区（班组）是最基本的生产组织，落实上级行车安全、生产、各项规定和措施。合理安排劳动力，按定额组织生产，按时完成运行检修生产任务；执行运行检修标准，保证设备安全可靠运行。

三、轨面标准线管理

1. 一般为每年 10 月份，牵引供电设备管理单位与工务部门共同对轨面标准线共同测量、复核一次，并填写《轨面标准线测量记录》。

2.《轨面标准线测量记录》一般一式 6 份，双方签字完毕后，供电、工务工区、车间及段各保存一份。

3.《轨面标准线测量记录》格式由各个铁路局自己定制，一般格式见表 3－2。

四、供电车间（领工区）、接触网工区除了应具备上面的资料外，一般还应有以下资料：

1. 有关轨道电路资料。

2. 故标指示对照表。

3. 导线接头位置表。

4. 设备分工分界协议文件。

5. 车间管内及相邻工区的机动车进入铁路简图。（道路的路宽、路面、可过车辆类型，到达地点的接触网支柱号、公里标，进入路口的显著标志等）

6. 车间（领工区）下达的月度生产计划、班组的生产月报、设备质量分析及任务维修书等。

五、工区值班员一般要求：

1. 熟悉管内设备装配及运行情况；

2. 能够快速查看各种设备资料，如接触网平面布置图、装配图、安装曲线、接触线磨耗换算；

3. 熟练使用计算机（电脑），能够使用 Word、Excel、Outlook 等办公软件以及 ACDsee 图片编辑及 AutoCAD 制图软件。

4. 能认真正确的填写《接触网工区值班日志》。

表 3—2　轨面标准线测量记录

站场(区间)：__________　　　　测量日期：__________

支柱(或隧道悬挂点)号	曲线半径(m)	侧面限界(mm)		外轨超高(mm)		接触线高度(mm)	轨面标准线与实际轨面高差(mm)	备　注
		标准值	实测值	标准值	实测值			

供电部门　　　　负责人：________　　　　工务部门　　　　负责人：________

　　　　　　　　测量人：________　　　　　　　　　　　　测量人：________

侧面限界超 30mm 以内：__________处，占__________%，超 30 mm 以上__________处，占__________%。

实测值低于 2 440 mm__________处，占__________%，其中最小__________mm。

外轨超高超 7mm：__________处，占__________%，其中最大超__________mm。

轨面标准线超 30 mm 以内__________处，占__________%，超 30 mm 以上__________处，占__________%，其中最大__________mm。

规格：A4

六、《接触网工区值班日志》填写标准：(见表 3—1)

1. 天气：当天的实际情况。如晴、阴、(小、中、大、暴)雨、(小、中、大、暴)雪、(小、中、大、暴)雾、风、大风(风力八级以上)、阴转小雨、阴转晴等。

2. 月 日：按照两位数填写交接班的日期。

3. 作业类别：当天开展作业的方式，如：停电、带电、远离、巡视等。

4. 作业时间

(1)"起"：该项作业当日命令票的批准时间或巡视作业的开始时间，如 08:15。紧接第二行填写停电作业的行调签封开始时间。

(2)"止"：该项作业当日命令票的消令时间或巡视作业的结束时间，如 08:45。紧接第二行填写停电作业的行调签封结束时间。

(3)"作业时间"：该项作业命令票的批准时间至消令时间或巡视开始到结束时间(分钟)。紧接第二行填写停电作业的行调签封持续时间。

5. 工作票编号：该项作业对应的工作票编号。

6. 工作领导人：对应工作票的工作领导人或巡视负责人。

7. 作业组成员数：对应工作票的人数或巡视人数。

8. 作业地点

(1)区间、车站、隧道：对应作业票的具体位置。如："××～××区间：K×××+×××～K×××+×××"；站场作业可不写公里标范围，但必须写明股道号；巡视时，写清起止区间(站场)及公里标范围。

(2)支柱号：对应作业票中的接触网支柱号或隧道定位(悬挂)点号。如："××号～××号"；巡视时填写"全部"。

9. 作业内容

(1)作业项目:对应作业工作票中的具体项目(作业项目必须符合《接触网运行检修工作规程》中规定的具体项目);巡视填写昼间步行、夜间步行、乘车。

(2)完成数量:对应工作票实际完成或巡视的工作量。填写的内容要言简意赅,如:车梯巡检×××米(××号～××号);处理定位偏移3处:××号、××号、××号;巡视××个区间××个站场。

10. 考勤

(1)现员:当天班组的所有人员。接触网组织集中修期间,应加上(或减去)参加集中修的人员。

(2)病假:由指定医院开具的休假证明,并经工长(或车间主任)同意的休假人员人数。

(3)事假:有事并经工长(或车间主任)同意的休假人员人数。

(4)出差:经工长(或车间主任)同意的出差人员人数。

(5)调休:经工长同意的正常休假人员人数。

(6)其他:除差、病假、事假以外的非上网人员人数。如:助勤人员、学习培训人员等。炊事人员、锅炉工、值班员不在此列。

(7)出勤人数:工区现员人数－(病假人数＋事假人数)。

(8)出工人数:工区现员人数－(病假人数＋事假人数＋调休人数＋出差人数＋其他)。

(9)上网人数:当天作业人员数,应包括巡视、配合施工人数(以工作票或值班日志"记事"栏为准)、汽车、轨道车司助人员及其他参与作业的相关人员(如包保干部),不重复累计。

(10)出勤率:(出勤人数/工区现员数)×100%。

(11)出工率:(出工人数/出勤人数)×100%。

(12)上网率:(上网人数/出工人数)×100%。

11. 记事栏:其他人员的具体情况、当日上级部门传达及其他单位的有关事宜、管内设备出现的重大问题:如线夹断裂等(含发现时间、地点及处理人、时间、具体措施)、跳闸记录、其他有关情况及交接班情况。

12. 次日工作计划(向供电调度申请的次日天窗作业计划)

(1)作业地点:填写次日作业的具体地点。

(2)作业内容:填写次日作业工作票中对应的具体项目。

(3)工作领导人:次日作业工作领导人的姓名。巡视作业,填写巡视小组负责人的姓名。

13. 交通、检修机具

(1)类别:汽车、轨道车或作业车。

(2)车号:汽车、轨道车或作业车的车号。

(3)停留地点:汽车、轨道车或作业车停放具体地点。如:轨道车(汽车)车库,××站避难线(牵出线、××道)等。

(4)状态:上述车辆的状态。如:良好、待修或故障等。

14. 值班者:填写值班者姓名。

15. 工长:当天所有工作结束后,工长检查签字确认。

第三节　设备监测和质量鉴定

设备监测

第 25 条　为贯彻“预防为主、修养并重”的方针，使检修具有针对性，必须按规定周期对接触网进行监测。监测分巡视、检测、全面检查和非常规检查 4 个部分。

第 26 条　巡视是对接触网外观及电力机车的取流情况进行检查，其周期和主要内容如下：

1. 步行巡视

(1)昼间：每 10 天不少于 1 次。观察的主要内容：

① 有无侵入限界、妨碍机车车辆运行的障碍；

② 各种线索(包括供电线、回流线、正馈线、保护线、加强线、吸上线和软横跨的线索等)、零部件等有无烧伤和损坏；

③ 补偿装置有无损坏，动作是否灵活；

④ 绝缘部件(包括避雷器)有无破损和闪络；

⑤吸上线及下部地线的连接是否良好；

⑥支柱有无破损或变形；

⑦限界门、安全挡板或网栅、各种标志是否齐全、完整；

⑧有无因塌方、落石、山洪水害、爆破作业及其他周边环境等危及接触网供电和行车安全的现象；

⑨电力机车自动过分相装置的地面传感器有无缺损、破裂或丢失。

(2)夜间：每季不少于 1 次。观察的主要内容：零部件有无过热变色、绝缘件有无闪络放电现象以及电力机车受电弓运行情况。

(3) 200 km/h 及以上区段一般不进行步行巡视。每月应利用检修作业车进行一次巡视，运行速度不高于 40 km/h。

2. 登乘机车巡视：每月不少于 1 次。观察的主要内容：接触悬挂及其支撑装置和定位装置的状态。

遇有大风、大雨、大雪、大雾等恶劣天气时，要适当地增加步行和登乘机车巡视次数。

3. 全面检查：每年 1 次。

全面检查具有巡视检查和保养维护的双重职能。巡视检查的内容包括无法或不易通过间接测量手段掌握设备运行状态的所有项目，如接触悬挂、附加悬挂、支撑装置的内在质量，螺栓是否紧固等；保养维护的内容主要是巡视过程中必要的防腐处理、注油和零部件的紧固、更换等。全面检查可以在轨道作业车的作业平台上、车梯或支柱上进行。

第 27 条　接触网的巡视检查应由安全等级不低于三级的人员进行。车间主任每半年对管内所有设备至少巡视检查 1 次，供电(维管)段长每年对管内的关键设备至少巡视检查 1 次。

第 28 条　对巡视检查中发现的危及安全的缺陷，应及时安排处理；对一般性缺陷要纳入月度检修计划。

每次巡视检查发现的缺陷及处理情况，均应认真填入“接触网巡视检查记录”(格式见表 3—3)中。

表 3-3　接触网巡视检查记录

站场(区间)__________

巡视检查日期	巡视检查方式	缺陷地点	缺陷内容	要求完成时间	巡视检查人	工长	处理措施	处理结果	处理缺陷领导人	处理缺陷操作者	处理日期	备注

负责人:__________；　规格:A4

第 29 条　接触网检测包括静态检测和动态检测两部分。

静态检测:用测量仪器和工具等手段,在静止状态下测量接触网的技术状态。

动态检测:用接触网检测车、巡检车、机车弓网动态检测装置等手段,在运行中测量接触网的技术状态。

第 30 条　接触网静态检测的周期和项目:

1. 半年检测 1 次的项目

(1)补偿装置;

(2)线岔;

(3)锚段关节及关节式分相;

(4)分段、器件式分相绝缘器;

(5)常动隔离开关。

2. 1 年 1 次的检测项目

(1)接触线的位置(定位点拉出值和曲线处跨中偏移值,悬挂点及跨中距轨面的高度);

(2)接触悬挂、支撑定位装置及附加导线(通过全面检查方式进行);

(3)避雷装置(雷雨季节前);

(4)非常动隔离开关;

(5)接触线重点磨耗测量;

(6)对有怀疑的重点部位弹性测量(必要时)。

3. 3 年 1 次的检测项目

(1)承力索相对于线路中心的位置;

(2)软(硬)横跨;

(3)接触线全面磨耗测量;

(4)接地电阻。

上述未明确的设备和项目,均纳入巡视检查的内容。接触网静态检测后,应及时将检测结果填入相应的记录(具体格式由各铁路局自定)。实际检测周期不应超过规定时间的 30%(按天计算)。

第 31 条　铁路局每季对接触网质量进行不少于一次的动态检测。200 km/h 及以上区段每月进行一次动态检测,并在检测后 1 周内将检测结果反馈到牵引供电设备管理单位。对危及安全的缺陷立即通知所在牵引供电设备管理单位处理。处理结果填写相应记录并按规定时间报铁路局机务处。

接触网动态检测主要包括以下项目：

1. 接触线高度、坡度。

2. 接触线拉出值、跨中偏移值。

3. 冲击力(硬点)。

4. 接触压力。

5. 接触网电压。

第 32 条 非常规检查是指在特殊情况下所进行的状态检查。一般用于接触网发生故障后或在自然灾害(暴风、洪水、火灾、冰凌、极限温度等)出现后对相应接触网设备的状态变化、损伤、损坏情况进行检查。非常规检查的范围和手段根据检查的目的确定。

第 33 条 根据监测结果，对设备的运行状态用三种量值来界定。

标准值：该值一般根据设计规定的技术条件及本规程规定的标准值来确定。

安全值：该值一般根据技术条件规定的允许偏差范围来确定。

限界值：该值为一临界值，当设备运行状态超过安全值，但仍在限界值内运行时，其出故障的概率应小于事先规定的值。在没有充分依据的条件下，该值一般由运行实践来确定。

质 量 鉴 定

第 34 条 为全面掌握设备运行状态，牵引供电设备管理单位应于每年 10 月底前对设备进行一次整体质量鉴定并报铁路局。

第 35 条 鉴定的范围应包括所有的接触网设备。但下列设备可不作鉴定：

1. 已封存的设备；

2. 本年度新建或已列入当年大修计划的设备。

对本年度新建或大修的设备，其质量状况可按工程竣工验收质量评定结果统计。

第 36 条 鉴定后的质量等级分为以下三种：

1. 优良：绝缘部件(含空气绝缘间隙)、接触线几何参数和主导电回路的设备状态达到安全值者。

2. 合格：设备状态超过安全值，但在限界值以内者。

3. 不合格：设备状态超过限界值者。

优良率、不合格率、合格率分别按下列公式计算：

$$\text{优良率}=\frac{\text{优良设备数量(换算条·公里)}}{\text{设备鉴定总数量(换算条·公里)}}\times 100\%$$

$$\text{不合格率}=\frac{\text{不合格设备数量(换算条·公里)}}{\text{设备鉴定总数量(换算条·公里)}}\times 100\%$$

$$\text{合格率}=1-\text{不合格率}$$

第 37 条 质量等级的评定按单项设备和整体设备分别进行。接触悬挂、附加导线以条·公里为单位；隔离(负荷)开关、避雷器等以台为单位；线岔、绝缘器(含关节式分相)等以组为单位；限界门等以架为单位；整体设备以换算条·公里为单位。

换算条·公里数量＝∑(设备鉴定数量×换算系数)。各设备及部件的换算系数为：

1. 正、站线悬挂　　　1.00

2. 隧道内悬挂　　1.30
3. 附加导线　　0.40
4. 限界门　　0.15
5. 线岔　　0.12
6. 隔离(负荷)开关　　0.12
7. 绝缘器　　0.12
8. 避雷器　　0.05
9. 软(硬)横跨　　0.13

接触悬挂以跨距为鉴定单元。若在被鉴定的跨距内有一处不合格，即视为该跨距不合格(在悬挂点及定位点处，跨距长度按相邻跨距的平均值计算)。

对一个锚段的接触线、承力索、附加导线等，当接头及补强数量超过规定值后，该锚段即视为不合格设备。

第 38 条　鉴定结果应详细记录，并以整体设备质量评定结果作为当年的设备质量运行状态填入牵引供电履历簿。牵引供电设备管理单位要针对鉴定存在的问题进行分析总结，提出整改措施并组织实施。

第 39 条　鉴定中发现的设备缺陷，在鉴定期间将缺陷处理者，可按整修后的质量状态进行评定。

岗位工作指导

一、为了保证接触网的正常运行，本章的第一节就指出接触网的运行和维修坚持“预防为主、修养并重”的方针。第二节接触网的运行和管理对接触网开通运行前进行验收到运行中的各级管理都给出详细的说明(包括新产品的试运行)，接触网运行检修工作遵循统一领导、分级管理的原则，每一级都有自己相应的作用，大至铁道部，小到各个供电段(见《检规》第 6 条)。电气化铁路在施工之后开通运行前应先进行检查验收(检查验收的内容见《检规》第 7 条)，只有在验收合格之后才能投入运行。投入运行后，各级部门开始履行自己的职责，确保电气化铁路的正常运行。如京郑线郑州段管内黄郑段铁路电气化工程交接时运营和施工单位之间要交接的图纸、记录、说明书，如表 3－4 所示。

表 3－4　京郑线黄郑段电气化工程竣工资料移交清单

顺号	图名或文件编号	名　称	张次(份)	备　注
1	平面图	黄河南岸—广武区间接触网竣工平面图	2	京郑网竣—176
2	平面图	广武车站—接触网竣工平面图	2	京郑网竣—177
3	平面图	广武—东双桥区间接触网竣工平面图	2	京郑网竣—178
4	平面图	东双桥车站接触网竣工平面图	2	京郑网竣—179
5	平面图	东双桥—南阳寨区间竣工平面图	2	京郑网竣—180
6	平面图	南阳寨车站接触网竣工平面图	2	京郑网竣—181
7	平面图	南阳寨—海棠寺区间接触网竣工平面图	2	京郑网竣—182
8	平面图	海棠寺车站接触网竣工平面图	2	京郑网竣—183
9	平面图	海棠寺—郑客区间接触网竣工平面图	2	京郑网竣—184
10	平面图	南阳寨—郑北上发场区间接触网竣工平面图	2	京郑网竣—185

续上表

顺号	图名或文件编号	名　　称	张次(份)	备　注
11	平面图	东双桥—郑北下到场区间接触网竣工平面图	2	京郑网竣—186
12	平面图	海棠寺—郑北枢纽南北发线区间接触网竣工平面图	2	京郑网竣—189—1
13	平面图	郑北下发场电化引入改造接触网竣工平面图	2	京郑网竣—189—2
14	平面图	京广线铁路电气化郑黄段开通示意图	2	
15	平面图	郑北开闭所供电线竣工平面图	2	
16	平面图	郑北上发场接触网竣工平面图	2	
17	平面图	广武牵引变电所供电线竣工平面图	2	
18	平面图	郑州车站改造接触网竣工平面图	2	
19	平面图	黄河南岸(不含)至郑州段负荷开关竣工平面图	2	
20	分段示意图	黄河南岸(不含)至郑州供电分段竣工平面图	2	
21	安装图	桥与下挡墙上钢柱安装图(电化 1501)	1套	共 37 页
22	安装图	供电线安装图(京郑施化网—103)	1套	共 24 页
23	安装图	限界门安装图(京郑施化网—110)	1套	共 11 页
24	安装图	回流线及架空地线安装图(京郑施化网—102)	1套	共 16 页
25	安装图	接触悬挂特殊安装图(京郑施化网—102)	1套	共 72 页
26	安装图	接触网支柱基础图(电化 1603)	1套	共 21 页
27	安装图	附加导线安装曲线(京郑施化网—109)	1套	共 113 页
28	安装图	青铜绞线吊弦图	1	共 40 页
29	隐蔽记录	广武站隐蔽工程记录	1	共 12 页
30	隐蔽记录	广武—东双桥区间隐蔽工程记录	1	共 7 页
31	隐蔽记录	东双桥站隐蔽工程记录	1	共 7 页
32	隐蔽记录	东双桥—南阳寨区间隐蔽工程记录	1	共 7 页
33	隐蔽记录	南阳寨站隐蔽工程记录	1	共 8 页
34	隐蔽记录	南阳寨隐蔽工程记录	1	共 7 页
35	隐蔽记录	海棠寺站隐蔽工程记录	1	共 9 页
36	隐蔽记录	海棠寺—郑客区间隐蔽工程记录	1	共 4 页
37	隐蔽记录	郑客站隐蔽工程记录	1	共 1 页
38	隐蔽记录	黄北发线隐蔽工程记录	1	共 3 页
39	隐蔽记录	北北发线隐蔽工程记录	1	共 3 页
40	隐蔽记录	北到线(东双桥—下到场)隐蔽工程记录	1	共 8 页
41	隐蔽记录	郑北开闭所供电线隐蔽工程记录	1	共 4 页
42	隐蔽记录	郑北上发场隐蔽工程记录	1	共 4 页
43	隐蔽记录	郑北下发场隐蔽工程记录	1	共 2 页
44	隐蔽记录	广武变电所隐蔽工程记录	1	共 2 页
45	隐蔽记录	广武牵引变电所供电线接地极隐蔽记录	1	共 1 页
46	隐蔽记录	郑北开闭所供电线接地极隐蔽记录	1	共 5 页
47	隐蔽记录	东双桥站接地极隐蔽记录	1	共 1 页

续上表

顺号	图名或文件编号	名　　称	张次(份)	备　　注
48	隐蔽记录	南阳寨站接地极隐蔽记录	1	共2页
49	隐蔽记录	海棠寺站接地极隐蔽记录	1	共2页
50	隐蔽记录	广武站接地极隐蔽记录	1	共2页
51	检测报告	整体吊弦力学性能测试	1	共15页
52	试验报告	京郑线郑黄段电瓷试验	1	共2页
53	试验报告	郑黄段混凝土抗压强度试验报告	1	共22页
54	试验报告	郑黄段接触网绝缘件	1	共2页
55	试验报告	隔离、负荷开关	1	共9页
56	合格证	郑黄段负荷开关合格证	1	共3页
57	说明书	弹簧张力补偿器说明书	1	共54页
58	合格证	其他合格证	1	共33页
59	说明书	负荷开关安装调试说明书	1	共8页
60	安装手册	分相装置安装使用手册	1	共9页
61	安装手册	25 kV分段绝缘器安装指导书	1	共7页
62	设计变更	郑黄设计变更	1	共87页

接触网运行与检修坚持的是“预防为主、修养并重”的方针，针对这样的方针，第三节设备检测和质量鉴定中提出各车间按规定周期安排各工区对自己所管辖范围内的接触网进行检测，检测分为巡视、检测、全面检查和非常规检查4个部分(见《检规》第25～32条)；同时牵引供电设备管理单位为全面掌握设备运行状态应于每年10月底前对设备进行一次整体质量鉴定并报铁路局(质量鉴定的范围、鉴定后的质量等级及评定见《检规》第35～37条)。

二、全面检查是保证设备安全的主要检查方式。全面检查的依据是段下达的年度检测计划中，经车间细化、分解的月度计划。巡视检查的内容为：不易通过间接测量手段掌握设备运行状态的所有项目，如设备的内在质量，具体表现在设备的“松、脱、滑、移、断、裂、烧、卡”等；检修维护的内容主要为：在检查过程中对设备必要的“防腐处理、注油和零部件紧固、更换”等。接触网全面检查的项目和范围如表3—5所示。

注意：全面检查原则上不调整设备参数(但发现意外设备参数超标例外)。

表3—5　接触网全面检查的项目和范围

序号	项　目	范　　围	周期(月)	方式
1	接触悬挂	悬挂吊弦、线夹损伤，承力索和电连接线的损伤，接触线硬点及有无扭转与损伤，测量重点部位接触线残存高度，测量接触线拉出值及承力索的横向位置	48	巡检车、巡视、检测车
2	补偿装置	测量绝缘子电压分布，测量补偿装置的a、b值，棘轮安装位置，棘轮内的补偿绳圈数，坠砣块上下活动是否卡滞，棘轮棘齿与制动块间隙，其他相关部件的状态	48	巡查
3	锚段关节	电连接状态，两组悬挂线索的水平及垂直距离，转换支柱、中心支柱处定位管的偏移角度，测绝缘子串电压分布	48	巡查
4	定位装置	定位管及定位器位置是否正常，定位管坡度，线索损伤情况，变Y形弹性吊索的张力是否松弛	48	巡查

续上表

序号	项　目	范　围	周期(月)	方式
5	软、硬横跨	绝缘子状态,导向轮、连接板和定位器的位置是否正常,下部定位索与接触线距离是否符合要求,横向承力索状态,上下部定位索是否水平,吊弦是否铅锤,最短吊弦长度是否符合要求	48	巡查
6	线岔状态	交叉接触县及交叉承力索的相对位置,交叉吊弦为止,限制管位置,侧线活动间隙	48	巡查
7	分段绝缘器	绝缘子有无裂纹、闪痕现象,导流滑板及接触线有否磨损及弧闪,导轮和承力索防护套管的状态,绝缘滑条状态等	48	巡查
8	附加导线	与接触线允许距离,有无损伤和异常	48	巡查
9	隔离开关	绝缘有无异常,引弧触头、开关触头位置及损伤,连接线夹、开关引线有无损伤,离合器扭矩及开关试验有无异常	48	巡查
10	其他诸项	检查短路互感器、标志牌、防护装置以及支柱和基础状态有无异常	48	巡查

三、动态检测

1. 根据国外的相关标准及接触网参数测量结果与评价方法,总结出适合我国接触网参数静态与动态测量结果与评价方法如表 3－6 所示。

表 3－6　接触网参数监测与评价方法

试验项目	试验内容	试验方法及评价
接触网几何位置检测	几何位置空间检测	安装在维修车上的光学测量系统,用于静态几何尺寸检查; (1)接触线高度 (2)拉出值 (3)接触线坡度
	定位器坡度检测	经过计算得到,介于 1/10 和 1/15 之间
	动态包络线	在最终目检时检查。检查是否为 2 倍的抬升量
	静态弹性检测	用张力弹簧秤检查
接触网低速动态试验	几何空间位置	安装在维修车上的光学测量系统,用于静态几何尺寸检查: (1)接触线高度 (2)拉出值 (3)接触线坡度
	弓网接触压力	采用接触压力测量系统(描述见高速试验部分)
	弓头垂直加速度	采用接触压力测量系统(描述见高速试验部分)
	弹性不均匀度	采用接触压力测量系统(描述见高速试验部分)
	离线率	采用接触压力测量系统(描述见高速试验部分)
高速试验		对于高速试验,采用特殊的测量系统测量接触压力和接触线动态几何位置
接触网	接触线动态几何位置	接触线位置测量系统——测量接触线(拉出值)相对于受电弓中心线的水平位置和接触线高度; 对于抬升位置测量,需要一个带有几何尺寸刻度的受电弓; 受电弓应装备有接触线水平位置测量和检查刻度的测量系统; 在受电弓抬升力为 120N 时,测量接触线静态抬升位置

续上表

试验项目	试验内容	试验方法及评价
	弓网接触压力	采用根据 EN50317 开发的接触压力测量装置。测量设备一定要遵循下列前提条件： (1)使用内部互通列车上被认证的受电弓； (2)一定要安装接触压力测量传感器，安装滑板和受电弓框架的垂直加速度、受电弓工作高度等传感器； (3)根据 EN50317 定义受电弓的空气动力系数和动态质量系数； (4)根据 EN50317 评估平均接触压力； (5)根据 EN50317 评估统计数据； (6)精确检测沿线各位置的最小和最大接触压力； (7)数据图； (8)视频摄像记录； 遵循 EN50317 要求，保证测量系统的刻度和传输功能的精确性，测量结果不受测量传感器影响
	受电弓运行加速度	在接触压力检测装置中显示受电弓的垂直加速度
	离线率(电弧)	在接触压力检测装置中间接显示离线率
	定位器抬升(检测车)	在接触压力检测车中显示定位器抬升
	定位器抬升(地面测试)	抬升量测量装置一定要符合 EN50317 和 TSI Energy 附件的 Q. 4. 2. 3。与接触压力同时测量，并得到平均接触压力的信息。 检测系统不应当对测量的接触线偏移有任何影响。误差≤5 mm

2. 每次动态检测结束后，供电段获取检测数据后及时通知到供电车间，各车间根据检测通报要求，在三天内按照表 3－7 将复测结果上报；结合本车间生产安排，将缺陷整治工作纳入下个月生产计划。按要求时间处理完毕后按照下表上报处理结果。

表 3－7　接触网动态检测缺陷处理反馈表

单位：　　　　　　　　　　检测日期：　　　　　　　　　　报表日期：

序号	线别	行别	站区	支柱号	公里标(km)	速度(km/h)	缺陷名称	设备属性	是否重复出现	动态检测值	静态检测值	原因分析	整治结果	缺陷处理操作人	处理时间

报表人：　　　　　　　　　　　　　　　　　　　部门负责人：

四、非常规检查是指在特殊情况下所进行的状态检查。一般根据设备的运行状况、气候条件的特殊情况下安排的检查。非常规检查的范围和手段根据检查的目的确定。例如温度比较高的情况下安排的高温巡视，他的巡视重点就是设备的偏移、张力变化以及补偿装置等。

五、巡视检查的人员一般应为工区的业务骨干，通常的为工区的四级人员进行巡视。巡视可以为管内全程巡视或单个单元(每个区间或站场)进行。

六、接触网巡视检查记录填写要求(见表 3－3)

该记录以区间(站场)为单位,按月份及巡视日期顺序单独填写。记录中前 4 列、第 6 列由巡视人(或台账管理员)填写,第 5、7、8 列由工区负责人填写,9～13 列由处理缺陷的工作领导人(或台账管理员)填写。

1. 区间(车站):全称填写,如:"××～××"或"××",并在不对应的区间(车站)上划斜杠"/"。

2. 巡视检查日期:按年月日顺序填写,格式为:"07－10－30"(指二〇〇七年十月三十日)。

3. 巡视检查方式:指昼间步行、夜间步行或乘车巡视等方式,特殊天气情况下巡视在后面用括号说明雨(前、中、后)、雪(前、中、后)及当时温度。

4. 缺陷地点:指具体的支柱号,如:"××号～××号"或"××号支柱定位西××米"等。

5. 缺陷内容:巡视中能处理或概念模糊的缺陷不得填写,尽量数据量化,如:"定位顺偏约 500 mm",无缺陷填写"设备正常"。

6. 要求完成时间:根据设备缺陷危及供电的严重程度决定处理的完成时间,不得超过郑州铁路局《接触网运行检修规程》补充规定第 6 条规定的处理时限。按照年月日顺序两位数字填写,如:"07－10－31"。

7. 巡视检查人:该站场(区间)巡视人员。

8. 工长:每次巡视完成后,工长及时检查签字确认。

9. 处理措施:每次巡视后由工长及时填写具体的处理措施,如调整、更换等。

10. 处理结果:处理缺陷的具体结果,有参数的必须写参数值。

11. 处理缺陷领导人:处理缺陷对应工作票领导人姓名。

12. 处理缺陷操作者:处理缺陷的高空作业人员。

13. 处理日期:按照年月日顺序两位数字填写。如:"07－10－31"。原则上缺陷处理日期应在要求完成时间以内。

14. 备注:填写其他需要说明的情况。

15. 负责人:填写工区负责人姓名。

七、设备的运行状态值

1. 标准值:是设备的最佳运行状态值。

2. 安全值:是设备的安全运行状态值。

3. 限界值:是设备的安全运行限界值。

4. 三个运行状态值之间的关系:限界值＞安全值＞标准值。

5. 检修程序:

(1)超过限界值设备必须立即要点予以处理。

(2)超过安全值设备必须在规定的时间内要点及时处理。

(3)当设备处于安全运行值范围内时不必去专门要点处理,专门检修该处设备为不必要的劳动时间,以避免造成人力、天窗浪费。

八、为全面掌握设备运行状态,牵引供电设备管理单位应于每年 10 月底前对设备进行一次整体质量鉴定并报铁路局。质量鉴定以站场(区间或专用线)为单位填写,最后汇总。通常的格式如表 3－8 所示。

表 3—8　牵引供电接触网质量鉴定统计表

部门：________　　区段：________　　年度：________年

序号	项目	单位	总数量	鉴定数量	%	优良		合格		不合格	
						数量	%	数量	%	数量	%
1	接触悬挂(隧道外)	延长公里									
2	接触悬挂(隧道内)	延长公里									
3	附加导线	公里									
4	线岔	组									
5	隔离开关	台									
6	绝缘器	组									
7	限界门	架									
8	避雷器	台									
9	软(硬)横跨	组									
整体设备		换算公里									
备注：											

填表人：________　　负责人：________

第四节　检　修

修　程

第 40 条　接触网检修分维修和大修两种修程。

维修是指在接触网系统的实际状态与安全运行状态之间出现不允许的误差或发生事故时，对接触网系统进行的必要的修复，以重新建立接触网系统的正常功能。

维修分为维持性修理和故障修复。维持性修理主要是处理定期监测发现后未处理的缺陷，保持接触网的正常技术状态。维持性修理可以按计划进行。故障修就是对导致接触网功能障碍的故障立即进行修复，或采取临时替代措施。故障修是一种须立即投入施工的、无事先计划的维修方式。

大修系恢复性的彻底修理。主要是整锚段的更换接触网(含附加导线)，并通过新设备、新技术的采用，改善接触网的技术状态，增强供电能力，适应运输发展的需要。

第 41 条　故障修范围：

1. 材质缺陷。
2. 安装缺陷。
3. 铁路运营事故。
4. 异物影响。
5. 天气影响。
6. 由其他部门进行工作引起的损坏。
7. 其他原因或不明原因对接触网设备的损坏。

检修计划及实施

第 42 条 接触网检修计划分年度监测计划和月度维修计划两部分。年度监测计划由牵引供电设备管理单位于前一年的 11 月底以前下达到车间和班组，同时报铁路局。月度维修计划下达方式各局自定。鉴于各地区的设备性能及运行条件不尽相同，铁路局可根据实际情况，调整监测的项目、周期和范围，并报部核备。

第 43 条 对定期监测和巡视发现的设备缺陷，要求在规定的期限内处理。根据设备缺陷性质，对超过限界值的缺陷应立即组织处理；对超过安全值和一般性缺陷处理时间各局自定。

第 44 条 接触网整体大修周期一般为 20～25 年。对繁忙干线和腐蚀严重的区段，根据接触线磨耗和锈蚀情况，可适当缩短。具体时间由实际的设备质量鉴定结果确定。

第 45 条 年度大修计划由铁路局组织编制。在编制大修计划前，铁路局要对设备认真组织鉴定，确定大修项目。对不适应当前运输需要的设备应结合大修进行改造，铁路局应在下达大修计划的同时报部核备。

第 46 条 为保证定期检查和对设备缺陷的及时处理，在列车运行图中须预留接触网检修“天窗”。

1. 单线区段不少于 60 min，双线区段不少于 90 min。

2. 对较大的车站（如枢纽、区段站等）和必须利用垂直“天窗”作业的双线区段应根据设备状况定期安排“天窗”进行停电检修。

3. 检修“天窗”的计划、申请和使用按照铁道部综合“天窗”修有关规定执行。

第 47 条 在安排日班计划时，列车调度员和供电调度员要密切配合，共同维护规定的“天窗”时间，按时组织接触网停电检修。如因运输需要必须取消“天窗”时，应按照铁道部综合“天窗”修实施办法的有关规定执行。

遇有危及安全的故障或缺陷必须立即停电检修时，供电调度员应于停电前通知列车调度员，列车调度员根据供电调度员停电通知及时发布相关行车调度命令。

第 48 条 凡可以在“天窗”时间以外进行的工作，各单位均不得占用“天窗”时间。

第 49 条 各单位要做好检修组织工作，各工区各工种（包括变电设备检修、试验等）在同一停电范围内的作业，应尽量创造条件同时进行，以免重复停电。

检 查 验 收

第 50 条 为保证检修质量，维修用料必须经过鉴定和运行实践证明是安全可靠的产品，入库前应按规定进行检验。

第 51 条 铁路局要建立接触网设备检测、检修记录，记录格式由各铁路局自定。

第 52 条 接触网维修要认真执行“记名检修”制度，保证检修质量。每次检测（修）完成后，检测（修）负责人或操作人应及时填写相应的检测（修）记录并签字。

第 53 条 工长和车间主任要每月检查 1 次检测（修）和巡视检查任务的完成情况，并在相应的记录上签字。

第 54 条 接触网大修由铁路局制定具体技术标准，审批设计文件，安排好质量监督和竣工验收。

第 55 条 每项大修竣工验收后，施工和验收单位应写出“接触网大修竣工验收报告”（格式见表 3—9)，并由验收单位将“接触网大修竣工验收报告”送交有关铁路局和牵引供电设备管理单位。

表 3—9　接触网大修竣工验收报告

编号：__________

<table>
<tr><td>项　目</td><td></td><td>任　务
依　据</td><td></td><td>设计文件
编　　号</td><td></td><td rowspan="4">检
查
验
收
情
况</td><td rowspan="4" colspan="3"></td></tr>
<tr><td>地　点</td><td></td><td>设　计
单　位</td><td></td><td>批准设计
文件编号</td><td></td></tr>
<tr><td>费用
(万元)</td><td colspan="5">材料：　　工费：　　其他：　　合计：</td></tr>
<tr><td>检修内容</td><td colspan="5"></td></tr>
<tr><td>消耗主要
材料部件
的名称和
数量</td><td colspan="5"></td><td>质
量
评
定</td><td>验收负责人
(签字)</td><td>主持验收
单位及验
收组成员</td><td></td></tr>
</table>

施工单位负责人：__________　　　　　　　　　　接收单位负责人：__________

规格：A4

第 56 条　在接触网维修和大修中，凡有更换线索、零部件、支柱者，应将更换后的设备名称、材质、型号、厂家等记入相应记录中。

绝缘部件清扫

第 57 条　在目前绝缘污秽程度尚无有效监测手段的情况下，对绝缘部件仍采用周期清扫的方式。绝缘部件清扫周期：

1. 绝缘子 6～12 月。

2. 分段、分相绝缘器 3～6 个月。

对一般污区和重污区范围(管理群)的界定，由牵引供电设备管理单位根据运行实际确定(不受原设计污区的限制)。对个别污染严重区段，要视具体情况缩短清扫周期。

第 58 条　对有机绝缘部件实行寿命管理。产品有明确规定的，按出厂规定使用年限执行；没有明确规定的，暂按有效使用寿命不超过 10 年执行。

岗位工作指导

一、本节涉及接触网检修的内容。接触网检修分为维修和大修，本章第五节介绍的是接触网维修技术标准，而第六节介绍的就是接触网大修技术标准。

接触网检修均是按照计划来进行，检修计划分为年度检测计划和月度维修计划两部分(见《检规》第 42 条)。对于定期检测和巡视发现的设备缺陷要求在规定的期限内处理(处理要求见《检规》第 43 条)。同时为了保证定期检查和对设备缺陷的及时处理，在列车运行图中须预留接触网检修“天窗”，天窗时间见《检规》第 46 条。在巡视检查中，对危及安全的缺陷要及时处理，每次巡视检查和缺陷处理的主要情况，都要及时认真填写“接触网巡视和取流检查记录”，如表 3—10 所示。

表 3—10　接触网巡视和取流检查记录填写参考表

五小区间

巡视检查日期	巡　视检查人	缺陷地点	缺陷内容	工长签字	处理措施	处理缺陷工作领导人	处理缺陷操作者	处理日期
2005.9.9	C	五小区间113＃柱	b 值小	A	检调 b 值	B	C、D	2005.9.10

为保证检修质量，维修用料必须经过鉴定和运行实践证明是安全可靠的产品，入库前应按照规定进行检验。检查验收的内容见《检规》第 51～56 条。

维修分为维持性修理和故障修复。接触网维修是必须严格执行工作票制度，但是遇到抢修可以先不开工作票。接触网维修按照本规程第五节所规定的维修技术标准进行维修。维修之后应对实际值和调整后的值进行记录填写。如接触线(承力索)高度和弛度记录，如表3－11所示。

表 3—11　接触线(承力索)高度和弛度记录填写参考表

支柱(隧道及悬挂点)号	定位点(悬挂点)处的高度(mm)			跨中的高度(mm)			弛度(mm)			接触线坡度(%)		备注
	标准	实测	调整后	标准	实测	调整后	标准	实测	调整后	实测	调整后	
153	6 000	5 950	5 985	5 970	5 850	5 970	30	110	13	0.31	0.01	

又如线岔检修记录，如表 3－12 所示。

表 3—12　线岔检修记录填写参考表

五里堡车站

线岔号	检修日期		交叉点位置、内轨距/横向(mm)	两接触线相距500 mm处的高差(mm)	锚支抬高量(mm)	间隙(mm)	限制管等零件的状态	电联接器的状态	检修人互检人	备　注
	日/月	项别								
9＃	20/9	修前	250/740	5	80	/	良好	合格		工作支/非工作支拉出值为 370/450
		修后								

现场工作举例 1：

××工区对该工区范围内的软横跨进行检修

该作业属于停电作业，所以按照《安规》的要求申请工作票、宣布工作票并进行分工、要令、验电接地、高空作业进行检修、作业结束清理作业现场、拆除地线和消令。对软横跨的技术要求按照下列要求进行调整检修：

1. 软横跨横向承力索(双承力索为其中心线)和上下部定位索应布置在同一个铅垂面内，双横承力索两条线的张力应相等，V 形连接板应垂直于横向承力索。

2. 横向承力索的弛度应符合规定，最短吊弦长度为 400 mm。允许误差－200～50 mm。上下部定位索应呈水平状态，允许有平缓的负弛度。5 股道及以下者负弛度不超过 100 mm。5 股道以上者不超过 200 mm。

3. 横向承力索和上下部定位索不得有接头，断股和补强其机械强度安全系数应不小于 4.0。

4. 下部定位索距工作支接触线的距离不得小于 250 mm。

接触网年度大修计划由各铁路局组织编制，大修项目也由各铁路局制定，由供电段下属的大修工区负责进行大修。接触网大修要按照本规程第六节所规定的大修技术标准进行彻底修理。在进行检修作业时要按照《接触网安全工作规程》中的规定，严格执行工作票制度，检修时按照本规程中第五节所规定的接触网维修技术标准进行维修。

特别强调的是《检规》要和《安规》联系起来学习，制定《安规》规范各作业程序的目的就是为了保证接触网检修作业时的安全。

现场工作举例 2：

对××到××区间的接触网进行定期检测时发现该处××号支柱定位器上的定位线夹松动，需对该处线夹进行紧固。

1. 检修日期的前一天向供电调度中心提报检修计划。

2. 提前一天由工作领导人（安全等级不低于四级）指定一名安全等级不低于三级的作业组成员作为要令人向供电调度提出申请（申请时需说明该作业放入范围、内容、时间、安全和防护措施等），由发票人（安全等级不低于四级）签发第一种工作票交工作领导人。

3. 工作当日集合点名。

4. 工作领导人向作业组成员宣读工作票，进行工作分工（座台人、防护员、验电人员、高空作业人员），布置安全措施（分工时应满足规程第 22 条规定要将本次任务和安全措施逐项分解落实到人）。

5. 对本作业所需要的工具和材料进行准备（各种受力工具和绝缘工具应该按照《安规》第 28～35 条的规定进行检验和存放）。

6. 发票人、工作领导人和工作组成员一起出发到作业现场。

7. 要令。由工作领导人指定的座台人（安全等级不低于三级）在停电时间开始前 40 min 到车站先登记作业内容并和调度核对作业票。到停电时间供电调度员发停电命令给座台人（发布命令时应按照《安规》第 68 条规定受令人认真复诵，经确认无误后供电调度员给出命令编号和批准时间，调度员将命令内容等记入“作业命令记录”中，座台人填写“接触网停电作业命令票”），座台人通知领导人，领导人通知防护员。

8. 上岗防护。根据《安规》中第 100 条规定，在线路上进行接触网检修作业可能影响列车正常运行时，除对有关区间、车站办理封锁手续外，还要对作业区采取防护措施。其设置要求必须按照《安规》中第 101～104 条的规定，对行车防护人员的要求必须按照《安规》中第 105～106 条的规定执行。

9. 验电接地。由防护员通知验电人员进行验电。一般情况下采用抛线法验电（验电顺序按照《安规》中第 70 条规定），但是在一线停电一线有电的情况下，禁止使用抛线验电法，改用音响验电器（使用验电器按照《安规》中第 71 条规定）。明确接触网已停电之后在作业地点的两端和与作业地点相连、可能来电的停电设备上装设接地线，装设接地线的顺序应按照《安规》中第 74 条规定执行。

10. 高空作业。高空工作领导人在验电人员验电接地之后通知高空作业人员进行高空作业。使用车梯进行作业。由三级及以上人员登上车梯，确定力矩为 25N（出工之前用力矩扳手调好力矩，定位器是 25N），调整好定位器位置之后对该定位器上定位线夹进行紧固。高空作业使用车梯时应符合《安规》中第 45～49 条的规定。

11. 作业结束，清理作业现场。按照工作票中的规定完成作业任务之后，由工作领导人确认具备送电、行车条件，将作业人员、机具、材料撤至安全地带。

12. 拆除地线。

13. 消令。工作领导人宣布作业结束，通知要令人向供电调度请求消除停电作业命令，座台要令人员向行车调度请求消除线路封闭命令。供电调度送电顺序按照《安规》中第 79 条规定执行。

14. 收工。

15. 当日 16 时召开收工会，安排待令人员。

16. 当日 16 时至 18 时由工作领导人向生产调度汇报生产任务完成情况、各种生产信息及车辆状态。

二、月度计划是车间依据段下达的年度检测计划中，经车间细化、分解。月度计划以车间为单位下达，于每月的 25 日前提出下月计划，经车间主任审批后方可实施，同时报供电段技术科。

三、超过安全值和一般性缺陷在规定的处理时间为超限恢复时间。超限恢复时间一般由路局或段制定。实际恢复时间不应超过规定时间的 15%(按天计算)。一般超限恢复时间如表 3—13 所示。

表 3—13　超限恢复时间

序号	项　　目	超限恢复时间(天)
1	接触线及承力索	15
2	吊弦(索)	30
3	软(硬)横跨	45
4	锚端关节及关节式分相	15
5	中心锚结	30
6	线岔	15
7	电联结器	30
8	支撑、定位装置	30
9	补偿装置	15
10	支柱与基础	90
11	隔离(负荷)开关	30
12	吸上线	15
13	附加导线	60
14	绝缘器	30
15	保安装置及标志	30
16	零件及其他	15
17	绝缘、防雷、接地	15

四、"天窗"管理

供电段(维管段)"天窗"修管理办公室工作职责:不断完善段"天窗"修的各项管理办法,建立健全台账,协调解决综合"天窗"修实施过程中出现的问题,定期向段领导小组汇报"天窗"修开展情况和上报有关资料;负责段"天窗"计划的编制和上报工作;迎接铁路局每半年进行一次的检查评比工作;定期参加大站区"天窗"修协调总结会议,及时检查指导"天窗"修的组织实施过程,严格考核"天窗"修的兑现率和利用率,提出奖惩建议;定期对管内各单位"天窗"修工作进行一次全面检查评比,并结合日常检查情况通报检查评比结果。

车间(领工区)"天窗"修领导小组工作职责:认真落实段综合"天窗"修的组织实施和考核办法,制定本单位的"天窗"修实施办法,协调解决本单位"天窗"修实施过程中存在的问题;负责车间的计划编制并按时上报(含垂直天窗和局交界口天窗计划);负责车间综合"天窗"修的统计、总结、分析和报表的上报工作,协助段调查"天窗"修实施过程中出现的各种问题;加强对工区的检查指导,协调管内各站区结合部的关系,按时参加站区月度"天窗"协调总结会并做好记录。

接触网工区指定专人负责"天窗"修工作,按时提报接触网"天窗"旬、月度计划,做好"天窗"统计分析和报表的上报工作。同时,工长(安全员、驻站联络员)为站区"天窗"修协调小组成员。其职责:每旬、月按时参加相关站区协调、总结会议。同时向站区提供编制好的旬、月度计划,经站区协调小组组长签字后组织实施。

接触网各种作业要严格执行铁道部、路局、段的"天窗"修管理办法,坚持安全作业,确保人身和设备安全。

五、技术(检修)台账(记录)一般有:

1. 轨面标准线测量记录。

2. 接触线位置检测(修)记录。

3. 全面检查记录。

4. 锚段关节检测(修)记录。

5. 补偿装置检测(修)记录。

6. 交叉线岔检测(修)记录。

7. 绝缘器检测(修)记录。

8. 隔离(负荷)开关检测(修)记录。

9. 避雷装置检测(修)记录。

10. 承力索位置检测(修)记录。

11. 接地装置检测(修)记录。

12. 接触线磨耗测量记录。

13. 寿命管理卡片。

14. 接触网动态检测(修)记录。

15. 维修任务书。

16. 接触网设备及零部件更换记录。

17. 关节式分相检测(修)记录。

各管理单位可以根据设备实际情况,如果满足不了检修项目,可以增加其他的检测(修)记录,如越级变压器检测(修)记录、测温贴片管理记录、绝缘子清扫记录、设备零部件更换记录等。

第五节 接触网维修技术标准

接触线及承力索

第 59 条 160 km/h 及以上区段正线承力索和接触线应采用恒张力架设。接触线架设张力应根据线材材质、额定张力等因素选取，且不应小于绕线张力，架设张力偏差不得大于 8%。

第 60 条 承力索和接触线的技术状态应满足下列要求：

1. 容许载流量符合运能需要，承力索和接触线应采用铜合金线材质。

2. 机械强度安全系数符合表 3－14 的规定。

3. 接触线和承力索的张力和弛度

标准值：符合安装曲线的规定。

安全值：半补偿链形悬挂和简单悬挂弛度允许误差为 15%；全补偿链形悬挂弛度允许误差为 10%。弛度误差不足 15 mm 者按 15 mm 掌握。

限界值：同安全运行值。

表 3－14 接触网线索及绝缘件机械强度安全系数

1. 铜或铜合金接触线在最大允许磨耗面积 20%的情况下，其强度安全系数不应小于 2.0。 2. 承力索的强度安全系数，铜或铜合金绞线不应小于 2.0。钢绞线不应小于 3.0；钢芯铝绞线、铝包钢和铜包钢系列绞线不应小于 2.5。 3. 软横跨横向承力索中的钢绞线安全系数不小于 4.0，定位索的强度安全系数不应小于 3.0。 4. 供电线、加强线、正馈线、回流线等接触网附加导线的强度安全系数不应小于 2.5。 5. 绝缘部件机械强度的安全系数应不小于： (1)瓷及钢化玻璃悬式绝缘子(受机电联合负载时抗拉)2.0。 (2)瓷棒式绝缘子(抗弯)2.5。 (3)针式绝缘子(抗弯)2.5。 (4)合成材料绝缘元件(抗弯)5.0。 6. 耐张的零件强度安全系数不应小于 3.0。

4. 承力索位置

标准值：半斜链形悬挂，直线区段位于线路中心的正上方；直链形悬挂，位于接触线正上方。曲线区段承力索与接触线之间的连线垂直于轨面连线。

安全值：直线区段允许误差 150 mm；曲线区段允许向曲线内侧偏移 100 mm。

限界值：标准值±200 mm。

5. 接触线之字值、拉出值(含最大风偏时跨中偏移值)

160 km/h 及以下区段：

标准值：直线区段 200～300 mm；曲线区段根据曲线半径不同在 0～350 mm 之间选用。

安全值：之字值≤400 mm；拉出值≤450 mm。

限界值：之字值 450 mm；拉出值 450 mm。

160 km/h 以上区段：

标准值：设计值。

安全值：设计值±30 mm。

限界值：同安全值。

6. 接触线高度

标准值:区段的设计采用值。

安全值:标准值±100 mm。

限界值:小于 6 500 mm;任何情况下不低于该区段允许的最低值。

当隧道间距不大于 1 000 m 时,隧道内、外的接触线可取同一高度。

7. 接触线坡度(工作支)

标准值:120 km/h 及以下区段≤3‰;120～160 km/h 区段≤2‰;200 km/h 区段≤2‰,坡度变化率不大于 1‰;200～250 km/h 区段≤1‰,坡度变化率不大于 1‰。

安全值:120 km/h 及以下区段≤5‰;120 ～160 km/h 区段≤4‰。其他同标准值。

限界值:120 km/h 及以下区段≤8‰;120～200 km/h 区段≤5‰;200 km/h 及以上区段同安全值。

160 km/h 及以上区段,定位点两侧第一根吊弦处接触线高度应相等,相对该定位点的接触线高度允许误差±10 mm,但不得出现 V 字形。

8. 接触线偏角(水平面内改变方向)

标准值:160 km/h 及以下区段≤6°;160 km/h 以上区段≤4°。

安全值:160 km/h 及以下区段≤12°;160 km/h 以上区段≤6°。

限界值:同安全值。

9. 接触线、承力索磨耗及损伤

(1)承力索、接触线磨耗和损伤后不能满足该线通过的最大电流时,若系局部磨耗和损伤,可以加电气补强线,若系普遍磨耗和损伤则应更换。

(2)承力索、接触线磨耗和损伤后不能满足规定的机械强度安全系数时,若系局部磨耗和损伤,可以加补强线或切除损坏部分重新接续,若系普遍磨耗和损伤则应更换。

(3)承力索用钢芯铝绞线或铝包钢绞线时,其钢芯若断股,必须切断重新接续。

(4)接触线接头、补强处过渡平滑。该处接触线高度不应低于相邻吊弦点,允许高于相邻吊弦点 0～10 mm,必要时加装吊弦。

10. 一个锚段内接触线和承力索接头、补强和断股的总数量应符合表 3－15 和表 3－16 的规定(不包括分段、分相及下锚接头)。

表 3－15　接触线各项规定

项目 / 运行速度(km/h)	标准值	安全值		限界值	
		锚段长度在800 m 及以下	锚短长度在800 m 以上	锚段长度在800 m 及以下	锚短长度在800 m 以上
v≤120	0	3	4	3	4
120＜v≤160	0	2	4	2	4
v＞160	0	2	4	2	4

表 3－16　承力索各项规定

项目 / 运行速度(km/h)	标准值	安全值		限界值	
		锚段长度在800 m 及以下	锚短长度在800 m 以上	锚段长度在800 m 及以下	锚短长度在800 m 以上
v≤120	0	4	5	4	5
120＜v≤160	0	3	4	3	4
v＞160	0	2	4	2	4

接头距悬挂点应不小于 2 m,同一跨距内不允许有两个接头。

11. 接触线硬点、弓网接触力的技术标准参照表 3—17。

表 3—17 接触线平顺性指标

序 号	项 目	160 km/h 等级线路			200 km/h 等级线路		
		1类	2类	3类	1类	2类	3类
1	硬点(g)	30	40	50	40	50	60
2	一跨内接触线高差(mm)	—	150	200	—	—	150

表 3—18 弓网受流性能指标

序 号	项 目	1 级	2 级
1	弓网接触力	>200N 或<40N	>250N 或≤0N
2	离线	参考项目、不作评估	

注:250 km/h 等级线路的评定标准比照 200 km/h 等级线路。

吊 线(索)

第 61 条 吊弦分环节吊弦和整体吊弦两种。其技术状态应符合下列要求:

1. 吊弦的长度要能适应在极限温度范围内接触线的伸缩和弛度的变化,否则应采用滑动吊弦。

环节吊弦:至少应由两节组成,每节的长度以不超过 500 mm 为宜。吊弦回头应均匀迂回,长度为 150~180 mm。吊弦环直径应为其线径的 5~10 倍。吊弦磨耗的面积不得超过原面积的 50%。

整体吊弦:吊弦预制长度应与计算长度相等、误差应不大于±2 mm。吊弦截面损耗不得超过 20%。

吊弦线夹在直线处应保持铅垂状态,曲线处应与接触线的倾斜度一致。

2. 吊弦偏移

标准值:在无偏移温度时处于铅垂状态。

安全运行值:在极限温度时,顺线路方向的偏移值不得大于吊弦长度的 1/3。

限界值:同安全运行值。

3. 吊弦间距

标准值:设计值。

安全运行值:160 km/h 及以下区段≤12 m;160 km/h 以上区段≤10 m。

限界值:160 km/h 及以下区段≤15 m;160 km/h 以上区段≤12 m。

4. 吊弦高差

标准值:相邻吊弦高差≤10 mm。

安全运行值:v≤120 km/h 时,相邻吊弦高差≤50 mm。

120 km/h<v≤160 km/h 时,相邻吊弦高差≤20 mm。

160 km/h<v≤250 km/h 时,相邻吊弦高差≤10 mm。

限界值:同安全运行值。

第 62 条　弹性吊弦辅助绳和简单悬挂吊索的技术状态应符合下列要求:

1. 辅助绳和吊索须用绞线制成并保持一定的张力。

2. 在无偏移温度时两端的长度应相等,允许相差不超过 400 mm。

3. 辅助绳和吊索不得有断股和接头。

4. 弹性吊弦辅助绳两端与承力索的连接符合设计规定。

软(硬)横跨

第 63 条　软横跨的技术状态应符合下列要求:

1. 软横跨横向承力索(双横承力索为其中心线)和上、下部定位索应布置在同一个铅垂面内。双横承力索两条线的张力应相等,V 形连接钣应垂直于横向承力索。

2. 横向承力索的弛度应符合规定,最短吊弦的长度为 400 mm,允许误差$^{+50}_{-200}$mm。上、下部定位索应呈水平状态,允许有平缓的负弛度,5 股道及以下者负弛度不超过 100 mm,5 股道以上者不超过 200 mm。

3. 横向承力索和上、下部定位索不得有接头、断股和补强,其机械强度安全系数应符合表 3—4 的规定。

4. 下部定位索距工作支接触线的距离不得小于 250 mm。

第 64 条　硬横跨的技术状态应符合下列要求:

1. 硬横梁的安装高度应符合设计要求,允许误差不超过＋50 mm。

2. 硬横梁呈水平状态,各段之间及其与支柱应连接牢固,螺栓紧固力矩应符合设计要求。

3. 硬横梁锈蚀面积超过 20%时应除锈涂漆。

4. 吊柱在安装后应处于竖直状态,限界满足要求。

锚段关节及关节式分相

第 65 条　电分段锚段关节及关节式分相的技术状态应符合下列要求:

1. 转换柱处两悬挂的垂直距离、水平距离:

标准值:设计值。

安全值:设计值＋50 mm。

限界值:同安全值。

2. 中心柱处两悬挂的垂直距离、水平距离:

(1)垂直距离

标准值:等高(设计值)。

安全值:20 mm(设计值＋50 mm)。

限界值:20 mm(设计值＋50 mm)。

注:括号外为接触线的值,括号内为承力索的值。

(2)水平距离:同转换柱。

(3)中心柱处接触线等高点接触线高度不应低于相邻吊弦点,允许高于相邻吊弦点 0～10 mm。

3. 两接触悬挂接触线工作支过渡处接触线调整符合运行要求。

4. 锚段关节式电分相中性区长度符合设计要求,地面传感器的纵向距离应符合设计要求,允许误差±1 m。

第 66 条 机械分段锚段关节的技术状态应符合下列要求:

1. 两悬挂各部分(包括零部件)之间的距离在设计极限温度下应保持 50 mm 以上。

2. 转换柱处两接触线的水平距离:

标准值:设计值。

安全值:50～250 mm。

限界值:50～300 mm。

3. 转换柱处两接触线的垂直距离:

标准值:设计值。

安全值:设计值±30 mm。

限界值:同安全值。

4. 中心柱处两接触线水平距离为设计值,误差不超过 30 mm;两接触线距轨面等高,误差不大于 20 mm。两接触悬挂接触线工作支过渡处接触线调整符合运行要求。

第 67 条 锚支接触线在其垂直投影与线路钢轨交叉处,应高于工作支接触线 300 mm 以上。

中 心 锚 结

第 68 条 中心锚结按其作用分为防断和防窜两种。其设置位置要使两边接触悬挂的补偿条件基本相等。

第 69 条 防断式中心锚结的技术状态应符合下列要求:

1. 承力索中心锚结绳

(1)中心锚结绳范围内承力索不得有接头和补强。

(2)中心锚结绳的弛度应等于或略高于该处承力索的弛度。

(3)中心锚结绳位置、中心锚结绳与承力索、悬挂点固定线夹的设置和间距符合设计要求。

2. 接触线中心锚结绳

(1)中心锚结所在的跨距内接触线不得有接头和补强。

(2)中心锚结绳范围内不得安装吊弦和电联结器。

(3)中心锚结绳不应松弛、不得触及弹性吊弦辅助绳,两边的长度和张力力求相等。

(4)中心锚结绳两端与承力索固定线夹的设置和间距符合设计要求。

3. 中心锚结线夹

(1)中心锚结线夹应安装牢固,在直线上应保持铅垂状态,在曲线上应与接触线的倾斜度一致。

(2)中心锚结线夹处的接触线高度比两侧吊弦点高出 0～20 mm。

第 70 条 防窜式中心锚结的技术状态应符合下列要求:

1. 防窜绳两端固定线夹的设置和间距符合设计要求。

2. 接触线中心锚结绳与防断式相同。

线 岔

第 71 条 由正线与侧线组成的交叉线岔,正线接触线位于侧线接触线的下方;由侧线和侧线组成的线岔,距中心锚结较近的接触线位于下方。

第72条　对单开和对称(双开)道岔的交叉线岔,其技术状态应符合以下要求:

1. 道岔定位支柱的位置

160 km/h 及以下区段,道岔定位支柱应位于道岔起点轨缝至线间距 700 mm 的范围内;160 km/h 以下区段,道岔定位支柱应按设计的定位支柱布置,定位支柱间跨距误差±1 m。

2. 交叉点位置

标准值:横向距两线路任一线路中心不大于 350 mm,纵向距道岔定位大于 2.5 m。

安全值:160 km/h 及以下区段,交叉点位于道岔导曲线两内轨距 630～1 085 mm 范围内的横向中间位置;160 km/h 以上区段的线岔交叉点位于道岔导曲线两内轨距 735～1 085 mm 范围内的横向中间位置。横向位置允许偏差 50 mm。

限界值:同安全值。

3. 两接触线相距 500 mm 处的高差

标准值:当两支均为工作支时,正线线岔的侧线接触线比正线接触线高 20 mm,侧线线岔两接触线等高;当一支为非工作支时,160 km/h 及以下区段的非工作支接触线比工作支接触线抬高 80 mm。160 km/h 以上区段非工作支接触线按设计要求延长一跨并适当抬高后下锚。

安全值:当两支均为工作支时,正线线岔侧线接触线比正线接触线高 10～30 mm;侧线线岔两接触线高差不大于 30 mm。当一支为非工作支时,160 km/h 及以下区段的非工作支接触线比工作支接触线抬高 50～100 mm。160 km/h 以上区段延长一跨并抬高 350～500 mm 后下锚。

限界值:同安全值。

4. 限制管

限制管长度符合设计要求,应安装牢固,并使两接触线有一定的活动间隙,保证接触线自由伸缩。

5. 始触区

160 km/h 及以下区段的线岔两工作支中任一工作支的垂直投影距另一股道线路中心 550～800 mm 的范围内,不得安装任何线夹。

160 km/h 以上区段,对于宽 1 950 mm 的受电弓,距受电弓中心 600～1 050 mm 的平面和受电弓仿真最大动态抬升高度(最大 200 mm)构成的立体空间区域为始触区范围,该区域内不得安装除吊弦线夹(必需时)外的其他线夹或零件。

6. 其他

(1)道岔定位器支座不得侵入受电弓动态包络线。否则应使定位器加长,并采用特殊弯形定位器,并保证定位器的端部不侵入其他线的受电弓限界。

(2)160 km/h 及以下区段的线岔定位拉出值不大于 450 mm。160 km/h 以上区段的线岔定位拉出值不大于 400 mm。

(3)160 km/h 以上区段的正线线岔在两工作支接触导线间距 550～600 mm 处宜设一组交叉吊弦,使两支接触导线等高。

(4)160 km/h 以上区段在始触区范围内,两支接触线位于受电弓中心同一侧。

(5)道岔开口方向上道岔定位后的第一个悬挂点设在线间距大于等于 1 220 mm 处,并应保证两线接触悬挂的任一接触线分别与相邻线路中心的距离不小于 1 220 mm。

(6)两支承力索间隙不应小于 60 mm。

第73条　对复式交分和交叉渡线道岔的线岔,其技术状态应符合下列要求:

1. 交叉点位置

标准值:复式交分道岔两接触线相交于中轴支距的中点;交叉渡线道岔两接触线相交于两渡线中心线的交点处。

安全值:交叉点的横向和纵向允许偏差为 50 mm。

限界值:同安全值。

2. 两接触线相距 500 mm 处的高差、限制管和始触区等,同单开道岔的线岔要求。

第 74 条 线岔的编号应以其所在的道岔编号命名。

第 75 条 无交叉线岔标准由各局按设计要求,根据设计文件、道岔型号及运行速度自行制定。

电联结器

第 76 条 在锚段关节处装设 2 组、线岔处装设 1 组电联结器;在链形悬挂与简单悬挂的衔接处、加强线(载流承力索)的终端、车站电力机车经常起动处所的股道之间,应装设电联结器。

其他横向电联结的设置位置和数量符合设计要求。

极限温度条件下、交叉跨越线索间距不足 200 mm 的处所应加装等位线。等位线应与被连接线索材质相同,截面积不少于 10 mm^2。

第 77 条 电联结器的技术状态应符合下列要求:

1. 电联结线

(1)电联结线均要用多股软线做成,其额定载流量不小于被连接的接触悬挂、供电线的额定载流量,且不得有接头。

(2)电联结线应留有一定的裕度,适应接触线和承力索因温度变化伸缩的要求。

(3)对于压接式的电联结线夹,电联结线不应有压伤和断股现象;对于并接式电连接线夹,电联结线应伸出线夹外 10~20 mm。

2. 电联结线夹

(1)电联结线夹的材质和规格必须与被连接线索相适应。

(2)电联结线夹与接触线、承力索、供电线之间的连接必须牢固,线夹内无杂物并涂导电介质。

(3)接触线电联结线夹在直线处应处于铅垂状态,在曲线处应与接触线的倾斜度一致。

(4)电联结线夹处接触线高度不应低于相邻吊弦点,允许高于相邻吊弦点 0~10 mm。

定位装置

第 78 条 定位装置的结构及安装状态应保证接触线工作面平行于轨面,定位点处接触线的弹性符合规定。当电力机车受电弓通过和温度变化时,接触线能上下、左右自由移动。

第 79 条 定位装置的技术状态应符合下列要求:

1. 定位器

(1)定位器坡度

标准值:160 km/h 及以下区段为 1/10~1/5;160 km/h 以上区段为设计值。

安全值:160 km/h 及以下区段为 1/10~1/5;160 km/h~200 km/h 区段 1/10~1/5。200 km/h以上区段为设计值。

限界值:160 km/h 及以下区段为 1/10～1/3;160 km/h 以上区段与安全运行值相同。

对于限位、弓形等定位器,安装应符合产品说明书及设计的要求。

(2)定位器偏移

标准值:在平均温度时垂直于线路中心线,温度变化时沿接触线纵向偏移与接触线在该点的伸缩量相一致。

安全值:标准值±10%。

限界值:极限温度时其偏移值不得大于定位器管长度的 1/3。

(3)软定位器的定位拉线调整端在定位器侧,固定端在腕臂侧。

2. 定位管及定位肩架

反定位管、定位肩架及组合定位器的定位管的状态符合设计规定。反定位器主管两侧拉线的长度张力应相等,定位管卡子距定位环应保持 100～150 mm 的距离。各管口封堵良好,定位拉线受力适当且不应有严重锈蚀。

转换支柱处两定位器能分别自由转动,不得卡滞;非工作支和工作支定位器、管之间的间隙不小于 50 mm。

3. 定位环应沿线路方向垂直安装。定位管上定位环的安装位置距定位管根部不小于 40 mm。定位装置各部件之间应连接可靠,定位钩与定位环的铰接状态良好。

4. 防风支撑

山谷口、高路堤(一般指高出自然地面 5 m)、高架桥等"风口"地段,应有防风措施(如在腕臂与定位骨之间加设定位管支撑等)。

支撑装置

第 80 条　腕臂底座、拉杆底座、压管底座应与支柱密贴。底座角钢(槽钢)应水平安装,两端高差不得大于 10 mm。

第 81 条　结构高度:

标准值:区段的设计采用值。

安全值:标准值±200 mm。

限界值:(以跨距中最短吊弦长度为依据界定)在 160 km/h 及以下运行区段,最短吊弦长度为 250 mm;在 160 km/h 以上运行区段,最短吊弦长度不小于 500 mm,困难条件下不小于 300 mm。

第 82 条　腕臂的技术状态应符合下列要求:

1. 腕臂及其安装位置

腕臂的安装位置应满足承力索悬挂点(或支撑点)距轨面的距离(即导线高度加结构高度),允许误差±200 mm;悬挂点距线路中心的水平距离符合规定。

棒式绝缘子安装时滴水孔朝下,腕臂的各部件均应组装正确,腕臂上的各部件(不包括定位装置)应与腕臂在同一垂直面内,铰接处要转动灵活。腕臂不得弯曲且无永久性变形,顶部非受力部分长度为 100～200 mm。顶端管口封堵良好。

双线路腕臂应保持水平状态,其允许仰高不超过 100 mm,无永久性变形。定位立柱应保持铅垂状态。

2. 腕臂偏移

标准值：无偏移温度时垂直于线路中心线，温度变化时腕臂顶部的偏移要和该处的承力索伸缩量相对应。

安全值：标准值±100 mm。

限界值：任何情况下不得超过腕臂垂直投影长度的1/3。

第83条 拉杆(压管)或水平腕臂的技术状态应符合下列要求：

1. 拉杆(压管)或水平腕臂的安装位置要满足承力索的悬挂需要，安装误差与腕臂相同。

2. 拉杆(压管)或水平腕臂应呈水平状态，允许悬挂点侧仰高不超过100 mm。

3. 拉杆必须处于受拉状态。

第84条 桥梁、隧道内埋入杆件的技术状态应满足下列要求：

1. 桥梁、隧道内的埋入杆件(包括立柱)应安装牢固，无断裂、变形，其填充物不得剥落和裂纹，对杆件要适时做好防腐处理。

2. 隧道内"V"形、"人"字形简单悬挂滑动环与滑动杆不卡滞。

3. 隧道立柱应保持铅垂状态，其倾斜角不得大于1°；立柱地脚螺栓必须是双螺帽，拧紧螺帽后螺栓外露长度不得大于30 mm；调整立柱用的垫片不得超过3片；立柱垂直线路的位置符合规定，允许偏差如无规定时，按50 mm执行。立柱底板与拱顶间隙的填充物符合规定。

受电弓动态包络线

第85条 受电弓动态包络线是指运行中的受电弓在最大抬升及摆动时可能达到的最大轮廓线。动态包络线范围内不得有任何障碍影响受电弓运行。

第86条 受电弓动态包络线应符合下列规定：

120 km/h及以下区段，受电弓动态抬升量为100 mm，左右摆动量为200 mm。

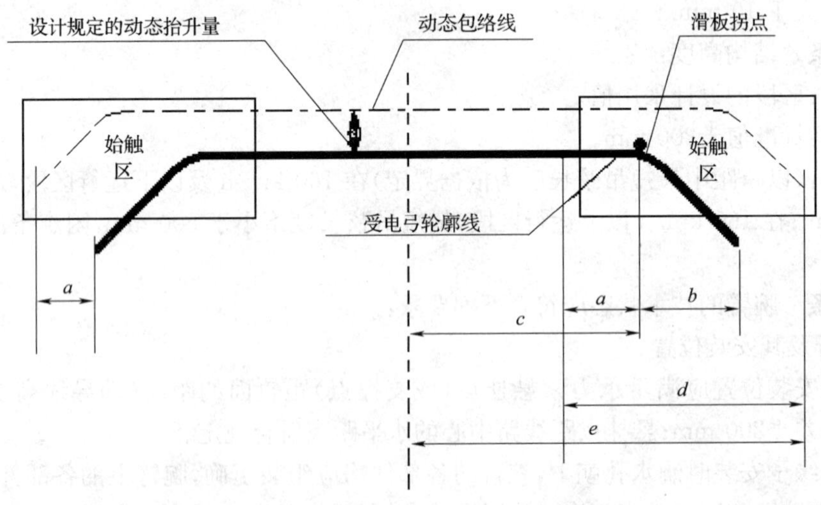

图3－1 受电弓动态包络线示意图

其中：a——设计规定的受电弓横向摆动量；

b——滑板拐点至受电弓诱导角端点的距离；

c——滑板拐点至受电弓中心线的距离；

$d=2a+b$；

$e=a+b+c$。

120～160 km/h 区段，受电弓动态抬升量为 120 mm，左右摆动量为 250 mm。

200 km/h 区段，(导线高度为 6 m 时)受电弓动态抬升量为 160 mm，左右摆动量直线区段为 250 mm，曲线区段为 300 mm。

200～250 km/h 区段，受电弓动态抬升量暂按 200 mm，左右摆动量直线区段为 250 mm，曲线区段为 350 mm。

受电弓动态包络线示意图如图 3－1 所示。

补 偿 装 置

第 87 条　补偿装置的技术状态应符合下列要求：

1. a 值(补偿绳回头末端至滑轮距离)，b 值(坠砣底部距地面距离)

标准值：符合安装曲线的要求。

安全值：安装曲线值±200 mm。

限界值：任何情况下 a、b 值均应大于 200 mm。

2. 补偿坠砣及其重量

(1)坠砣应完整，坠砣块叠码整齐其缺口相互错开 180°。

(2)坠砣串的重量(包括坠砣杆的重量)符合规定，允许误差不超过 2%。

(3)坠砣块自上而下按块编号，并标明重量。

3. 补偿滑轮组

(1)补偿滑轮完整无损、转动灵活(人力用手托动坠砣能上下自由移动)，没有卡滞现象。对需要加注润滑油的补偿滑轮，应按产品规定的期限加注润滑油，没有规定者至少 3 年一次。定滑轮槽应保持铅垂状态，动滑轮槽偏转角度不得大于 45°。同一滑轮组的两补偿滑轮的工作间距，任何情况下不小于 500 mm。

(2)补偿绳不得有松股、断股和接头，不得与其他部件、线索相摩擦。

4. 限制器及制动装置

(1)限制器的安装位置应满足坠砣升降变化要求，限制坠砣的摆动，不妨碍升降。

(2)制动装置应安装正确、作用良好。卡块式制动装置的制动角块在温度变化时，能在制动框架内上下自由移动；顶块式制动装置的制动顶块与大滑轮盘保持 3～5 mm 的间隙。

第 88 条　棘轮、弹簧及液压等其他结构形式补偿装置，其技术状态应符合产品说明书要求。

支　柱

第 89 条　接触网支柱的技术状态应符合下列要求：

1. 支柱位置

(1)支柱的侧面限界应符合规定，允许误差$^{+100}_{-60}$ mm，但最小不得小于《技规》规定的限值。

(2)每组软横跨两支柱中心的连线应垂直于正线，偏角不大于 3°；每组硬横跨两支柱中心的连线应垂直于正线，偏角不大于 2°。

(3)支柱应尽量设在侧沟限界以外，若客观条件限制必须设在侧沟中，则应留有排水通道，支柱根部应用砂浆砌石加固。支柱埋设深度应符合设计要求，允许误差±100 mm。

2. 支柱本体

(1)横腹杆式钢筋混凝土支柱表面应光洁、平整。横腹板破损应及时修补，翼缘破损和露筋不超过两根长度不大于 400 mm 应及时修补；露筋达两根以上但不超过 4 根且长度不超过 400 mm 者可以修补后降级使用；露筋超过 4 根或者露筋长度超过 400 mm 者，均应及时更换。

支柱翼缘不得有横向、斜向和纵向裂纹。支柱翼缘与横腹板结合处裂纹及横腹板裂纹宽度不超过 0.3 mm 时，要及时修补，大于 0.3 mm 时应更换。

混凝土支柱破损不露筋者，可以用水泥砂浆修补后使用。

(2)环形等径预应力混凝土支柱表面应光洁平整，合缝处不得漏浆，不应有混凝土剥落、露筋等缺陷。

横向裂纹宽度不超过 0.2 mm，长度不超过 1/3 圆周长，纵向裂纹宽度大于 0.2 mm，不超过 1 mm 的支柱要及时修补；纵向裂纹宽度大于 1 mm 的支柱应更换。支柱弯曲度不大于 2‰，杆顶封堵良好。

修补支柱破损部位的混凝土等级比支柱本身混凝土高一级。

(3)金属支柱及硬横梁各焊接部分不得有裂纹、开焊；主角钢弯曲不得超过 5‰，副角钢弯曲不得超过 2 根；锈蚀面积不得超过 10%。

整正支柱使用的垫片不得超过 3 块。每块垫片的面积不小于 50 mm×100 mm。

3. 支柱倾斜率

接触网各种支柱，均不得向线路侧和受力方向倾斜。

安装在曲线外侧及直线上的支柱，在垂直线路方向要向受力的反向倾斜。腕臂柱的外倾斜率为 0%～0.5%。软横跨支柱的倾斜率：高度 13 m 的支柱为 0.5%～1%；高度 15 m 及以上的支柱为 1%～2%。硬横跨支柱应保证垂直于地面。

曲线内侧的支柱、装设开关的支柱、双边悬挂的支柱、硬横跨支柱均应直立，允许向受力的反向倾斜，其倾斜率不超过 0.5%。

支柱在顺线路方向应保持铅垂状态，其倾斜率不超过 0.5%。锚柱应向拉线方向倾斜，其倾斜率不超过 1%。

4. 支柱基础

金属支柱基础面应高出地面(或站台面)100～200 mm。基础外露 400 mm 以上者应培土，每边培土宽度为 500 mm，培土边坡与水平面成 45°。

基础帽完整无破损，支柱根部和基础周围应保持清洁，不得有积水和杂物。

桥支柱的托架与接腿、支柱的连接应牢固可靠，螺栓应用双螺帽并涂油防护。

填方地段的支柱外缘距路基边坡的距离小于 500 mm 时应培土，其坡度应与原路基相同。高填方地段培土困难、流失严重或土质强度不够者，应采用干砌片石或砂浆砌石加固，片石应挤压紧密、堆砌整齐，砂浆应饱满、标号符合规定。

5. 杯形基础

(1)杯形基础内杯底距基础面的距离为 1 500 mm；基础垂直于线路方向的中心线与线路中心线垂直，偏差不大于 3°。

(2)杯形基础面应与路基面平齐，不得高于路基面，杯形基础面平整，外形尺寸及限界符合设计要求。

(3)杯形基础田野侧的土层不得小于 600 mm，否则需进行边坡培土或砌石；路堑地段的基础外侧与水沟外侧的间距不得小于 300 mm。

(4)杯形基础采用 C15 级混凝土。

6. 支柱防护

道口两侧、经常有机动车辆运行的场所、装卸货物站台上等易被碰撞的支柱，均应设置强度较高的防护桩。其中，道口两边支柱防护桩的高度为 2 m。

金属支柱不宜采用外围砖砌、内填石渣或砂土的封闭式防护方式，否则，应保证防护桩的防水处理质量，避免人为的防护桩内支柱锈蚀。

7. 支柱拉线

拉线应位于接触悬挂下锚支的延长线上(附加导线单独下锚时，应位于下锚支导线的延长线上)，在任何情况下不得侵入限界。拉线与地面夹角一般情况下为 45°，最大不得超过 60°。

拉线应绷紧，在同一支柱上的各拉线应受力均衡；锚板拉杆与拉线应成一条直线；拉线应采取防腐措施，埋入地下部分的地锚拉杆应涂防腐剂。拉线不得有断股、松股、接头及严重的锈蚀。UT 型线夹螺帽外露螺纹长度应有可调余量，UT 线夹不得埋入地中。各部螺栓紧固良好并涂油。拉线基础周围不得有积水。

设在挡土墙、隧道口、桥墩、坚石地带及砂浆砌石护坡上等处打孔灌注的地锚杆，其埋入深度应符合规定。受力后其周围水泥灌注部分不得有裂纹、破损及脱落现象。禁止将地锚杆设在孤石、风化石、次坚石上。

接触悬挂下锚、中心锚结下锚、附加导线下锚的拉线基础外形尺寸应符合设计要求。

拉线拉环应采用二级热浸镀锌防腐，拉线基础不得有积水。

隔离(负荷)开关

第 90 条　隔离开关的技术状态应符合下列要求：

1. 隔离开关应动作可靠、转动灵活、合闸时触头接触良好，引线和连接线的截面与开关的额定电流及所连接的接触网当量截面相适应，引线不得有接头。

2. 隔离开关的触头接触面应平整、光洁无损伤，并涂以导电介质。

3. 隔离开关的分闸角度及合闸状态应符合产品的技术要求。

4. 隔离开关操作机构应完好无损并加锁，转动部分注润滑油，操作时平稳正确无卡阻和冲击。

5. 引线及连接线应连接牢固、接触良好，无破损和烧伤。引线距接地体的距离应不小于 330 mm。引线的长度应保证当接触悬挂受温度变化偏移时有一定的活动余量并不得侵入限界，引线摆动到极限位置对接地体的距离符合规定。

6. 支持绝缘子应清洁，无破损和放电痕迹，瓷釉剥落面积不超过 300 mm^2。

7. 新安装的隔离开关在投入运行前应做交流耐压试验，运行中每年用 2 500 V 的兆欧表测量一次绝缘电阻，与前一次测量结果相比不应有显著降低。

8. 负荷开关的技术状态应符合产品说明书的相关要求。

吸　上　线

第 91 条　吸上线电缆截面应满足回流要求，外露部分电缆护管应无损伤。吸上线埋入地下时，埋深不少于 300 mm。穿过钢轨、桥台时应采取防护措施。

第 92 条　吸上线的设置和安装还应符合以下要求：

1. 吸上线型号及安装位置应符合设计要求。

2. 在有轨道电路区段，采用截面满足要求的电缆接至扼流圈中性板。吸上线必须与支柱密贴连接牢固。

3. 吸上线与回流线连接时，距离悬挂点的距离应符合设计要求。

附加导线

第93条 附加导线系指牵引网中接触悬挂以外的架空导线。包括供电线、加强线、正馈线、回流线、保护线、架空地线等。

第94条 附加导线的技术状态应符合以下规定：

1. 附加导线的材质和截面积应满足通过的最大电流和表3－4规定的机械强度安全系数。

2. 张力和弛度：

标准值：符合安装曲线的要求。

安全值：标准值±10%。

限界值：同安全值。

支柱同一侧悬挂为不同线径及材质的导线时，导线的弛度应以其中弛度较大的导线为准。

3. 接头及损伤：

（1）跨越铁路和一、二级公路以及重要的通航河流时，导线不得有接头。不同金属、不同规格、不同绞制方向的导线严禁在跨距内做接头。

（2）一个跨距内一根导线的接头不得超过1个。一个耐张段内附加导线接头、断股和补强线段的总数量不得超过下列规定，且接头距悬挂点的距离大于500 mm。

① 耐张段长度在800 m及以下者

标准值：零。

安全值：2个。

限界值：4个。

② 耐张段长度超过800 m者

标准值：零。

安全值：4个。

限界值：8个。

（3）附加导线不得跨越屋顶为易燃材料的建筑物；对耐火屋顶的建筑物也要尽量避免跨越，若必须跨越时，其距建筑物的距离要符合本款第（6）项的规定，且跨越的跨距内不得有接头、断股和补强。

（4）附加导线不得散股，安装牢固。导线采用钢芯铝绞线时，其钢芯不准折断。铝绞线和钢芯铝绞线的铝线断股、损伤截面积不得超过铝截面的7%，且截流量和机械强度能满足要求时，可将断股处磨平用同材质的绑线扎紧，绑扎长度超过缺陷部分30～50 mm；当断股损伤截面为7%～25%时，应进行补强；当断股截面超过25%时，应锯断做接头或更换。

（5）附加导线跨越或接近铁路、公路、电力线、弱电线路、河流时应符合电业部门的有关规定。

（6）附加导线对地面及相互间的距离在任何情况下不应小于表3－19的数据。

（7）绝缘距离

①供电线、加强线、正馈线带电部分距接地体的最小距离

标准值：设计值。

安全值：≥300 mm。

限界值：≥240 mm。

表 3－19　附加导线对地面及相互距离(mm)

<table>
<tr><th>序号</th><th colspan="2">有　关　情　况</th><th>供电线、正馈线、加强线</th><th>保护线、回流线、架空地线</th></tr>
<tr><td rowspan="3">1</td><td rowspan="3">导线在最大弛度时距地面高度</td><td>居民区及车站站台处</td><td>7 000</td><td>6 000</td></tr>
<tr><td>非居民区</td><td>6 000</td><td>5 000</td></tr>
<tr><td>车辆、农业机械不能到达的山坡、峭壁和岩石</td><td>5 000</td><td>4 000</td></tr>
<tr><td rowspan="2">2</td><td rowspan="2">导线距离峭壁挡土墙和岩石</td><td>无风时</td><td>1 000</td><td>5 00</td></tr>
<tr><td>计算最大风偏时</td><td>300</td><td>75</td></tr>
<tr><td rowspan="2">3</td><td rowspan="2">导线跨越铁路时</td><td>跨越非电化股道(对轨面)</td><td>7 500</td><td>7 500</td></tr>
<tr><td>跨越不同回路电化股道(对承力索或无承力索时对接触线)</td><td>3 000</td><td>2 000</td></tr>
<tr><td rowspan="2">4</td><td rowspan="2">不同相或不同供电分段两导线悬挂点间距离</td><td>水平排列</td><td>2 400</td><td>—</td></tr>
<tr><td>垂直排列,上方为供电线,下方为供电线或回流线</td><td>2 000</td><td>—</td></tr>
<tr><td rowspan="2">5</td><td rowspan="2">与建筑物间的最小距离</td><td>导线与建筑物间最小垂直距离(计算最大弛度时)</td><td>4 000</td><td>2 500</td></tr>
<tr><td>导线对建筑物最小水平距离(计算最大风速时)</td><td>3 000</td><td>1 000</td></tr>
</table>

②回流线、保护线、架空地线距接地体或桥梁及隧道壁的最小距离

标准值:设计值。

安全值:≥150 mm。

限界值:≥75 mm。

当海拔高度超过 1 000 m 时,上述距离应按规定加大。

(8)当附加导线与接触网同杆合架时,其供电线、加强线、正馈线带电部分与支柱边沿的距离应不小于 1 m;回流线、保护线、架空地线应不小于 0.8 m。当附加导线与接触网分杆架设时,应符合电业部门架空送电线路的有关规定。

(9)肩架安装位置正确、安装牢固、呈水平状态。肩架位置的误差为＋50 mm。

保安装置及标志

第 95 条　站内和行人较多的接触网每根支柱上,在距轨面 2.5 m 高的处所,以及安全挡板或细孔网栅均要有涂以白底用黑色书写“高压危险”字样和用红色画出闪电符号的警告标志。

第 96 条　在接触网分相处应装设“禁止双弓”、“断(T 断)”“合”等标志。绝缘锚段关节作为接触网电分段处宜装设“电力机车禁停”标,必要时还应根据反向行车需要设置。上述标志格式及装设位置各铁路局自定。

在接触网终端应装设“接触网终点”标。“接触网终点”标应装设于接触网锚支距受电弓中心线 400 mm 处接触线的上方。

上述标志均为白底黑框、黑字黑体,标志装设位置及规格符合《技规》、《铁路电力牵引供电施工规范》等规定。

第 97 条　牵引供电设备管理单位的抢修列车、接触网工区均应备有临时“准备降弓”、“降”(T 降)、“升”弓标。当突然发现接触网故障或故障抢修先行送电开通时,按《技规》规定在故障地点两端设置临时升、降弓标。临时“降(T 降)”、“升”弓标的规格可比照“断”、“合”电标,

“准备降弓”的规格可比照“禁止双弓”标。

第 98 条 在机动车辆、兽力车通过的平交道口处铁路两侧的公路上，应设置限界门。限界门应设在沿公路中心线距最近铁路的线路中心不小于 12 m 的地方。

在限界门至铁路之间的公路两边各装设不少于 6 根防护桩，桩距不大于 1.4 m，防护桩埋深不小于 0.8 m。

限界门的宽度不得小于平交道口处公路路面的宽度，限界门的吊板应为活动吊链，吊板要平齐，吊板下缘距地面的高度为 4.5 m，限界门框柱涂以黑白色相间的漆条，漆条宽度为 200 mm。在限界门处应按《电气化有关人员电气安全规则》的规定悬挂揭示牌。

其他型式的限界门其技术状态应符合设计要求。

第 99 条 各种标志和揭示牌应完整无损、安装牢固、字迹清晰、便于瞭望，不得侵入限界，与行车有关的标志应设于列车运行方向的左侧。

第 100 条 在桥下及桥、涵、隧道、明洞等出口处的接触网承力索和供电线上采取绝缘防护措施。

零件及其他

第 101 条 接触网零件（包括附加导线的金具，下同）应符合国家及铁道部有关标准（附加导线的金具还应符合电业部门架空线路金具相应的有关标准），对早期建设的接触网，凡不符合标准的零件应分轻重缓急，结合检修和改造尽快达标。

第 102 条 接触网零件要安装牢固，凡用螺母紧固者应有防松措施，零件上的各个螺栓均应受力均匀，其紧固力矩符合规定。各种调整螺栓的丝扣外露部分不得小于 50 mm。各种线索的紧固零件在温度变化时不应使线索往复弯曲，以防疲劳。应涂油的螺栓必须涂油。

第 103 条 当用楔形线夹连接或固定各种线索时，线索的回头长度应为 300～500 mm，并用绑线扎紧。一处绑扎时绑扎长度为 80～120 mm，两处绑扎时每处绑扎长度不得小于 20 mm。

当用钢线卡子连接钢绞线时，不得少于 4 个卡子，其间距为 100～150 mm，每边最外方钢线卡子距绞线端头 100 mm，并用绑线扎紧。

第 104 条 接触网和附加导线中用于电气连接的零件，其允许载流量不应小于被连接的导线。

第 105 条 除螺栓等标准件外，所有接触网零件均应有明确的生产厂家标志，否则视为不合格零件严禁使用。

第 106 条 各种材质的电连接线夹最高允许使用温度不得超过以下规定：

铜质为 95℃，铝合金为 90℃，铝质为 80℃，钢质及可锻铸铁为 125 ℃。

绝缘、防雷、接地

第 107 条 接触网绝缘部件的泄漏距离应符合下列规定：

一般地区（附盐密度＜0.1 mg/cm²，下同）不少于 960 mm；污秽地区（附盐密度≥0.1 mg/cm²，下同）不少于 1 200 mm。

实行“V 形”天窗的双线区段，上、下行间隔断绝缘子串的泄漏距离一般地区不少于 1 200 mm；污秽地区不少于 1 600 mm。在海拔超过 1 000 m 的地区，上述泄漏距离应按规定增大。

第 108 条　绝缘部件不得有裂纹和破损，瓷绝缘子的瓷釉剥落面积不大于 300 mm^2，连接件不松动。

第 109 条　在运输装卸和安装绝缘子时应避免发生冲撞，不得锤击与瓷体连接的铁帽和金属件，同时也不得对其进行机械加工和热处理，铁帽和金具无锈蚀。

第 110 条　绝缘子裙边距接地体的距离应不小于表 3－20 数值。

表 3－20　绝缘子裙边距接地体的距离

绝缘子类型	正常值(mm)	困难值(mm)
瓷及钢化玻璃绝缘子	≥100	≥75
棒式及有机合成材料绝缘子	≥50	

注：采用正常值确有困难时方可采用困难值。

第 111 条　接触网带电部分距固定接地物、机车车辆装载货物的空气绝缘距离及电力机车受电弓上下左右摆动到极限位置，以及接触线抬高到最高位置距接地体的瞬时空气绝缘距离应符合表 3－21 的规定。

表 3－21　其他距离规定

项　目	正常值(mm)	困难值(mm)
接触网带电部分距固定接地物	≥300	≥240
受电弓摆动到极限位置和接触线抬起到最高位置距接地体	≥200	≥160
接触线带电部分距机车车辆或装载货物	≥350	
接触网带电部分距跨线建筑物底部的静态间隙	≥500	≥300

注：1. 上表中的困难值系指在已建成的低净空隧道、跨线桥等建筑物范围内，采用正常值确有困难时方可采用，并应有相应的防雷措施；

2. 在海拔超过 1 000 m 的地区，其绝缘距离应按规定增大。

第 112 条　器件式分相绝缘器的技术状态应符合下列要求：

1. 绝缘器的主绝缘应完好，其表面放电痕迹应不超过有效绝缘长度的 20%。主绝缘严重磨损应及时更换。

2. 承力索分段绝缘子应采用重量较轻的有机绝缘子。

3. 双线区段，在列车运行方向为 1‰的上升坡度；单线区段，为 50 mm±10 mm 的负弛度。

4. 绝缘器应位于受电弓中心，一般情况下误差不超过 100 mm。

5. 绝缘器导线接头处过渡平滑。

6. 中性区的长度及断合电标的位置符合《技规》规定。

第 113 条　分段绝缘器的技术状态应符合下列要求：

1. 绝缘器的主绝缘应完好，其表面放电痕迹应不超过有效绝缘长度的 20%，主绝缘严重磨损应及时更换。

2. 绝缘器应位于受电弓中心，一般情况下误差不超过 100 mm。

3. 滑道应平行于轨面，最大误差不超过 10 mm。

4. 绝缘器相对于两侧的吊弦点具有 5～15 mm 的负弛度。

5. 绝缘器导线接头处过渡平滑。

6. 不应长时间处于对地耐压状态，尤其在雾、雨、雪等恶劣天气下，应尽量缩短其对地的耐压时间,即当作业结束后应尽快合上隔离开关,恢复正常运行。

第 114 条 实行 V 形天窗的双线区段应满足下列要求：

1. 上、下行接触网带电部分之间的距离不小于 2 000 mm,困难时不小于 1 600 mm。

2. 上、下行接触网距下、上行通过的电力机车受电弓的瞬间距离应不小于 2 000 mm,困难时不小于 1 600 mm。

第 115 条 避雷器安装牢固、无损伤,瓷套无严重放电,动作计数器完好,隔离(负荷)开关、避雷器等设备应单独设接地极。

开关、避雷器、架空地线接地电阻值不应大于 10 Ω,零散的接触网支柱接地电阻值不应大于 30 Ω。

第 116 条 避雷器的检修、试验按产品说明书的规定进行。

岗位工作指导

一、接触线安全系数

(一)接触网线索及绝缘件机械强度安全系数

1. 铜或铜合金接触线在最大允许磨耗面积 20%的情况下,其强度安全系数不应小于 2.0。

2. 承力索的强度安全系数,铜或铜合金绞线不应小于 2.0。钢绞线不应小于 3.0;钢芯铝绞线、铝包钢和铜包钢系列绞线不应小于 2.5。

3. 软横跨横向承力索中的钢绞线安全系数不小于 4.0,定位索的强度安全系数不应小于 3.0。

4. 供电线、加强线、正馈线、回流线等接触网附加导线的强度安全系数不应小于 2.5。

5. 绝缘部件机械强度的安全系数应不小于:

(1)瓷及钢化玻璃悬式绝缘子(受机电联合负载时抗拉)2.0。

(2)瓷棒式绝缘子(抗弯)2.5。

(3)针式绝缘子(抗弯)2.5。

(4)合成材料绝缘元件(抗弯)5.0。耐张的零件强度安全系数不应小于 3.0。

(二)接触线安全系数计算

接触线安全系数计算公式:

$$k=\frac{\delta\cdot S\cdot(1-\Delta S)}{T(1+\Delta T)}$$

δ——接触导线允许抗拉强度,N/mm²;

S——接触导线横截面积,mm²;

ΔS——接触导线允许磨好面积,以横截面的百分比表示;

T——导线的最大允许张力,N;

ΔT——导线张力差,以最大允许张力的百分比表示。

二、无交叉线岔检修的补充规定(《检规》第 75 条)60－1/18 可动心单开道岔(250 km/h 使用)处无交叉线岔检修标准(道岔定位支柱位于侧线侧):

(1)道岔定位支柱位于岔尾方向距理论岔心 6～7 m 处。正线采用正定位,拉出值:标准值为 350 mm,安全值为标准值±30 mm,限界值与安全值相同;侧线采用反定位,拉出值:标准值为－370 mm(接触线应位于道岔侧线中心的外方向),安全值为标准值－30 mm 或＋0 mm,限界值与安全值相同。正、侧线定位器型号及坡度符合设计的规定。

(2)在道岔定位支柱岔尾方向，第一定位点处侧线接触线高度比正线低 200 mm。

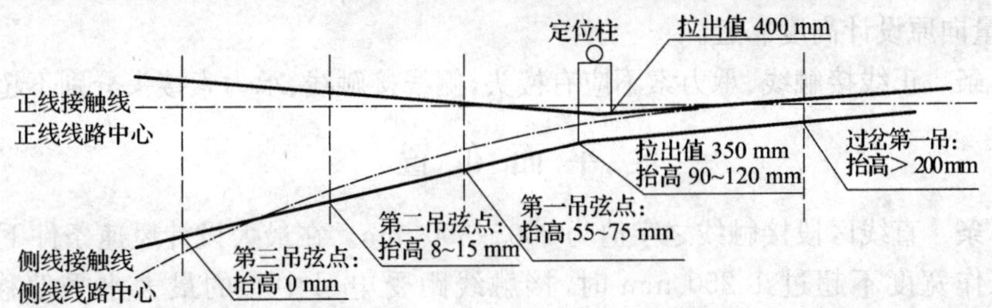

(3)正线接触线垂直投影距侧线线路中心 950 mm 处，侧线接触线比正线接触线低 100～150 mm。正线接触线垂直投影距侧线线路中心 550 mm 处，侧线接触线比正线接触线低 50～80 mm。

(4)两支接触线等高点位于正线接触线投影距侧线线路中心 400～350 mm 处。

(5)线岔定位点处侧线接触线比正线接触线高 70～80 mm。

(6)岔前侧线接触线延长一跨下锚，其中：第一吊弦处接触线抬高 80～100 mm，第二吊弦处接触线抬高 150～200 mm。

(7)线岔转换柱处非支接触线抬高 350～500 mm，非支接触悬挂投影距正线线路中心 1 000 mm。

(8)始触区内的接触线上不得安装任何线夹。

第六节　大修技术标准

一般规定

第 117 条　大修系恢复性的彻底修理，应根据日常运行中存在的问题，有针对性地采取技术先进、安全可靠的有效措施，着重解决一些薄弱环节，使大修后的接触网在供电能力、供电质量、技术水平及安全可靠性方面有较大的提高。

第 118 条　大修后的接触网要达到同时期新建工程的技术标准，至少要保证一个大修期内的正常运行。

第 119 条　接触网大修技术标准应满足本规程维修标准的要求，本规程未作规定的参照铁路电力牵引供电设计、施工规范及电业部门有关规定执行。

接触悬挂

第 120 条　接触网的悬挂类型应采用全补偿链形悬挂。受净空限制的隧道内，可采用弹性简单悬挂。采用简单悬挂时应适当增加接触线的张力，同时明确允许通过的列车速度。

第 121 条　正线接触网的综合张力和正线接触线的张力不应低于表 3－22 的数值。

表 3－22　张力规定

区段内列车运行速度(km/h)	接触网综合张力(kN)	接触线张力(kN)
<120	25	10
120～160	28	13～15
160～250	30～35	15～20

第 122 条　为保证电力机车的良好取流，应尽量减少接触线高度的变化。车站和区间的

接触线高度宜取一致。一般情况下，隧道内接触线高度不应低于大修前该隧道接触线的既有高度，并尽量向原设计高度靠近。

第 123 条 正线接触线、承力索不应有接头，侧线接触线、承力索接头分别不超过一个。

平 面 布 置

第 124 条 直线区段接触线之字值为 200～300 mm。在最大设计风速条件下，当电力机车受电弓工作宽度不超过 1 250 mm 时，接触线距受电弓中心的最大水平偏移不应大于 450 mm。

第 125 条 锚段长度不宜超过 1 600 m，最大跨距不得超过 65 m，对山口、谷口、高路堤和桥梁等风口范围内的跨距，应按设计标准选用值缩小 5～10 m，且最大跨距不宜超过 50 m。

对达到上述标准确有困难时，原则上应保持修前锚段和跨距的长度。

第 126 条 合理地布置电分段，对较大的车站应分场、分束供电，对机务段、折返段应保证不同进路的接触网能单独停电检修。

第 127 条 在双线区段，应具备实行"V 形"天窗检修的条件。

线材和部件

第 128 条 繁忙干线或腐蚀严重区段的接触线、承力索应采用铜合金线材。吊弦采用整体吊弦。

第 129 条 接触网大修时，一般情况下零部件(包括附加导线的金具，下同)应随设备本体同时更新。特殊情况的个别零部件，经铁路局鉴定确认残余使用寿命期后可以不更新。

第 130 条 接触网零部件应优先采用耐腐蚀、强度高的零部件，悬挂零件轻型化。

主要的受力件(如接头、下锚件等)不得使用可锻铸铁。

绝缘、防雷和其他

第 131 条 绝缘部件的泄漏距离一般不应小于 1 200 mm；对隧道内及附加导线中的绝缘部件泄漏距离一般不应小于 1 400 mm；双线"V 形"天窗作业区段上、下行线之间绝缘部件的泄漏距离一般不小于 1 600 mm。在海拔超过 1 000 m 的地区，上述泄漏距离应按规定增大。

第 132 条 接触网大气及操作过电压保护宜采用氧化锌避雷器。

第 133 条 应采用过渡平滑、耐弧性能好的分段、分相绝缘器。

第 134 条 补偿装置宜采用大直径的滑轮组和柔韧性好、抗疲劳强的补偿绳。

第 135 条 大修中检查支柱是否需要更新时，对金属支柱应全面打开基础帽检查和进行强度校验，需要更新时宜采用热浸镀锌钢支柱。更新的混凝土支柱容量不应低于 60 kN·m。

第 136 条 支柱、设备接地符合现行设计规范。

岗位工作指导

一、各种设备的施工标准还要符合《铁路电力牵引供电设计规范》及《铁路电力牵引供电工程施工质量验收标准》的要求，要达到同期新建工程的标准。

二、接触网常见故障

(一)线索类缺陷

1. 承力索与接触线

(1)承力索出现锈蚀、断股等现象；

(2)加强线与接触悬挂电气连接不良；

(3)承力索出现过渡的偏移；

(4)导线定位点的高度过高或者过低；

(5)导线的磨耗太大；

(6)有异常点且此异常点的磨耗值很大等。

2. 吊弦与吊索

(1)吊弦布置的数量、间距不符合要求；

(2)吊弦受力状态符合要求；

(3)吊弦有腐蚀现象、环节有卡滞现象、环节之间的磨损严重(即超过了截面的 20%)、有烧伤的痕迹；

(4)吊弦的偏移角度和方向不符合调整温度要求；

(5)吊弦线夹有裂纹,安装不正确、不牢固,有晃动现象；

(6)吊弦环出现折断现象,吊弦脱落等；

(7)吊索安装不正确、不牢固,接触线有偏磨和打弓的现象；

(8)吊索在悬挂点中心两侧布置不均,两侧受力不均衡,不能够保证接触线高度,两段长度误差超过了 100 mm；

(9)吊索座、高吊索座受力侧不正确、为反装；

(10)吊索有断股、烧伤、锈蚀现象。

3. 电连接器

(1)电连接线有烧伤现象,安装不正确,螺母不齐全且有松动现象,楔子与线夹不配套打紧,岔口有掰开、螺栓无油等现象；

(2)电连接线出现断股、散股现象,截面不符合载流要求,垂直部分有松弛现象,弹簧圈直径、间距不符合要求；

(3)电连接线安装位置、偏移不符合要求,线夹与线索不配套、接触不密贴；

(4)电连接线的预留量不满足温度变化时承力索、接触线伸缩的要求；

4. 供电线与回流线

(1)出现断股、散股、烧伤现象,绝缘子有闪络和破损现象,各导线电连接部分不牢固、接触不良好,钳接管接头有裂纹与抽脱现象；

(2)供电线、回流线与铁路、公路、电力线、弱电线路、河流、地面、树木、建筑物、山坡、峭壁、岩石、接触网及杆塔的最小距离不符合规定；

(3)供电线、回流线与接触网同杆合架时,其带电部分距支柱边缘的距离不符合要求；

(4)供电线、正馈线合架时,两线间的距离小于 1 m；

(5)回流线在支持绝缘子上绑扎的方式不正确,不牢固；

(6)回流线肩架受力时不呈水平状态,误差在－0～＋50 mm 之外；

(7)供电线、回流线采用鞍子悬吊时,在直线或曲线外测时鞍子的开口侧有靠近支柱的现象,在曲线内侧时鞍子的开口侧有背离支柱的现象；

(8)线夹(耐张线夹、鞍子等)悬吊导线时,导线的悬吊部位缠绕铝包带没有超出线夹夹持部分各 30 mm。导线接头距导线固定处(耐张线夹或鞍子等)的距离小于 500 mm,且每个跨距的接头出现超过 1 个的现象,跨越道口、铁路立交桥处有接头；

(9)供电线、回流线的弛度不符合规定。

(二)设备类缺陷

1. 绝缘部件的常见缺陷:

(1)绝缘部件发生闪络现象;

(2)运行中的绝缘子泄漏距离不符合要求,即在一般地区小于 920 mm;在污秽地区小于 1 200 mm;

(3)绝缘子出现裂纹现象,瓷体有破损、烧伤现象,其瓷釉剥落面积大于 300 mm^2;E－01 环氧树脂绝缘子有弯曲和裂纹现象,连接件松动等;

(4)绝缘子铁帽和金属件有锈蚀现象;

(5)绝缘子出现击穿(爆炸)现象;

(6)绝缘子出现机械破损情况,即棒式绝缘子自钢帽处断裂、棒式绝缘子自瓷体某部位断裂、棒式绝缘子瓷体裙不破损,悬式绝缘子瓷体破损。

2. 定位装置的常见故障:

(1)定位器不能保证接触线拉出值及工作面的正确性,定位点弹性不足;

(2)定位器坡度不符合要求;

(3)定位器、定位钩有裂纹;

(4)定位环与定位钩的相对位置不正确,定位器有烧伤现象;转动不灵活 ;

(5)定位线夹有裂纹,支持器安装方向不正确、顶丝不紧固、有滑落隐患,定位管伸出支持器长度不在 50～80 mm。

(6)隧道内定位齿座为反装;特殊情况下的反装没有采取紧固措施;

(7)定位管及定位肩架不呈水平状态。

(8)反定位主管两侧拉线的长度和张力不相等、有损伤现象;

(9)定位管在平均温度时不垂直于线路中心线,温度变化时其水平方向的偏角与接触线在该点的伸缩不相适应;

(10)防风支撑装置的安装位置及尺寸不符合要求,部件有裂纹;

(11)螺栓紧固及受力没有达到良好状态、脱扣、锈蚀、弹垫平垫不齐全;

3. 补偿装置的常见缺陷:

(1)坠砣串有卡滞现象、坠砣数量不符合要求、叠码不整齐、有缺损现象;a、b 值不符合要求;

(2)限界支架安装状态不符合要求,部件及螺栓有缺损现象;

(3)补偿绳有断股和偏磨现象;

(4)补偿滑轮有永久性变形或部件缺损现象;补偿滑轮沿垂直方向的偏斜超过了规定;与补偿滑轮连接的零件有缺损、断裂现象。

(5)补偿滑轮有卡滞或转动不灵活现象。

4. 支持装置的常见缺陷:

(1)平腕臂受力状态不良,与斜腕臂的连接角度不良;

(2)腕臂有永久性变形的现象;

(3)承力索底座位置不符合要求;

(4)隧道内埋入杆件有变形、锈蚀现象,水泥填充物状态不良。

5. 支柱及接地线

(1)H 支柱外表有裂纹、混凝土破损、露筋及变形等;G 柱生锈、裂纹、变形;

(2)H 支柱内部有放电引起的异响声音;

(3)支柱倾斜度过大;

(4)侧面限界不符合要求;

(5)支柱标志(红线标记、杆号)不符合要求;

(6)支柱地线数目不符合要求,连接状态不良;

(7)H 支柱的基础出现塌方、滑坡现象,G 柱基础出现裂纹;

(8)支柱或隧道内地线没有与其密贴;

(9)火花间隙安装不正确,有破损和放电的痕迹;

(10)地线有锈蚀现象;

6. 隔离开关的常见缺陷:

(1)隔离开关各部零件连接不牢固,铁件有锈蚀、瓷体有破损现象;

(2)支柱绝缘子外伤、硬伤等异常现象;

(3)刀闸触头、设备线夹与开关引线板接触不密贴。螺栓不紧固、无油;

(4)闭合隔离开关,有反弹现象,主刀闸触头接触压力不均匀,有烧伤、扭曲、麻点等;接地刀闸合闸状态不符合要求;

(5)双极隔离开关不同步、刀闸位置不一致;

(6)操作机构转动不灵活。

7. 避雷器的常见缺陷:

(1)避雷器出现破损、裂纹、电弧烧伤、漆层脱落、发黑等现象;

(2)闭口端的堵头不堵紧;外部放电间隙的中心线不相对,放电间隙距离不符合要求。

(3)避雷器管体及绝缘子表面出现太多污垢和漆点情况;

(4)避雷器肩架不水平,安装不牢固;

(5)避雷器引线弛度状态及引线对地面距离不符合要求。

8. 保安装置和标志的常见缺陷:

(1)限界门的吊板状态不良好;

(2)吊板距地面的高度不符合要求;

(3)各部连接件状况和螺栓的紧固情况不符合要求;

(4)安全网栅的安全档板和网栅距桥面的高度、宽度不符合要求;

(5)安全档板和网栅的安装状况不良好,网孔出现破损。

9. 吸流变压器的常见缺陷:

(1)变压器内部音响很大且很不均匀,有爆破声响;

(2)有异味、油枕或防爆管喷油等现象;

(3)吸流变压器密封垫圈老化;

(4)油色不正常(如有碳质等)、绝缘老化等现象;

(5)引线与吸流变压器或接触悬挂接触不良、破损、烧断股或开股等现象。

(三)结构类缺陷

1. 软、硬横跨的常见缺陷:

(1)横向承力索和上、下部固定绳不在同一铅垂面内;

(2)横向承力索的弛度不符合规定;

(3)直吊弦没有保持铅垂状态,其截面和长度不符合规定,最短直吊弦的长度误差大于50。

(4)横向承力索和上、下部固定绳有接头,有断股和补强;

(5)上、下部固定绳不呈水平状态,负弛度超过标准要求(5 道以下 100 mm,5 股道以上 200 mm);下部固定绳距接触线的垂直距离超过 250 mm;

(6)1、2、3、4 节点的绝缘子串,双重绝缘连接不牢固,有松动现象;

(7)下部固定绳出现断线的现象;

(8)硬横跨钢梁状态不好,有锈蚀现象;吊柱不垂直;

(9)上、下部固定绳的张力与弛度不符合要求;

(10)横向承力索,上、下部固定绳各受力杆件的状态差;横向承力索,上、下部固定绳的距离不满足要求。

(11)两支柱的中心连线与正线线路中心线不垂直。

2. 非绝缘锚段关节常见缺陷:

(1)转换柱处非工作支接触线抬高值小于 200 mm,使转换柱间两支接触线等高点偏移跨距中心位置;

(2)锚支接触线在转换柱处相对于工作支接触线的抬高值小于 200 mm;在动滑轮处相对于工作支接触线的抬高值小于 500 mm(这种现象容易引起刮弓事故);

(3)非工作支接触线上安装的线夹不端正;相应转换柱处非支抬高值不够;

(4)电连接器接触不良,使承力索烧股或烧断、烧伤或烧断接触线、烧伤或烧断吊弦及其他零件、造成定位器电气腐蚀等现象;

(5)支持装置受力不合理或定位管卡滞;

3. 跨绝缘锚段关节常见缺陷

(1)关节内吊弦、定位器、腕臂的偏移方向不正确,偏移角度不符合要求;

(2)电连接器有烧伤、断股及散股现象,线夹技术状态不符合要求。分段悬式绝缘子串有破损缺陷;

(3)两组接触悬挂的绝缘间距及非工作支接触线的抬高值不符合要求;

(4)中心柱处两支工作支接触线对轨平面不等高;中心柱与两转换柱间两支接触悬挂间的水平距离不满足要求;

(5)支持装置、非工作支接触线定位装置的技术状态不满足要求;

(6)补偿装置出现故障的现象;

(7)四跨绝缘锚段关节处接触线磨耗值超标,有烧伤及硬点情况,承力索有断股现象,各部螺栓、螺母有破损及零件有断裂、烧损、脱落等缺陷。

4. 中心锚结常见缺陷:

(1)中心锚结线夹没有保持铅垂状态,线夹螺母有松动、脱落缺陷;

(2)线夹处及其附近的接触线有局部磨损严重及损伤缺陷;

(3)中心锚结绳有断股和接头现象,中心锚结线夹两边锚结绳的张力、长度不相等,有松弛现象;

(4)钢线卡子的安装状态不符合要求,螺母有松动、脱落,锚结绳外露绑扎部位有开脱现象;

(5)中心锚结线夹处接触线高度不满足要求。

5. 线岔常见缺陷:

(1)线岔交叉点的投影位置不符合技术要求；

(2)工作支接触线和非工作支接触线抬高值不满足要求；

(3)道岔定位点处拉出值不符合要求；

(4)限制管安装位置及其管内两接触线间隙不符合要求；

(5)各部线夹及防松垫片，紧固螺栓的状态差，限制管的定位线夹有偏斜及变形现象，螺母松动或脱落、垫片缺损现象；限制管内有卡滞现象，交叉点处及其附近接触线有损伤痕迹；

(6)电连接器、交叉吊弦状态有缺陷；

(7)道岔柱、定位柱、软横跨处定位状态有缺陷；

(8)线岔所在跨距内接触线有损伤痕迹、硬点、局部磨损严重点，吊弦有松弛、磨损或烧伤及吊弦线夹被受电弓碰击或磨损现象。

第七节　附　　则

第 137 条　本规程表 3－1 至表 3－3 即"接触网工区值班日志"、"接触网巡视检查记录"、"接触网大修竣工验收报告"的格式供参考，铁路局可以根据具体情况修改格式增加项目，但不得减少本规程规定的内容。

第 138 条　本规程由铁道部运输局负责解释。

第 139 条　本规程自发布之日起执行。

第四章

牵引变电所安全工作规程

第一节　总　则

第1条　在牵引变电所(包括开闭所、分区亭、AT所、分相所,除特别指出者外以下皆同)的运行和检修工作中,为确保人身安全、行车和设备安全,特制定本规程。

本规程适用于电气化铁道牵引变电所的运行、检修和试验。

第2条　牵引变电所带电设备的一切作业,均必须按本规程的规定严格执行。

第3条　各部门要经常进行安全技术教育,组织有关人员认真学习和熟悉本规程,不断提高安全技术水平,切实贯彻执行本规程的规定。

各铁路局应根据本规程规定的原则和要求,结合实际情况制定细则、办法,并报部核备。

第二节　一 般 规 定

第4条　牵引变电所的所有电气设备,自第一次受电开始即认定为带电设备。

第5条　从事牵引变电所运行和检修工作的有关人员,必须实行安全等级制度,经过考试评定安全等级,取得安全合格证之后(安全合格证格式和安全等级的规定分别见表2-1和表4-1),方准参加牵引变电所运行和检修工作。安全合格证签发的具体办法由铁路局制定。

第6条　从事牵引变电所运行和检修工作的人员,每年定期进行1次安全考试。属于下列情况的人员,要事先进行安全考试:

一、开始参加牵引变电所运行和检修工作的人员。

二、职务或工作单位变更时,仍从事牵引变电所运行和检修工作并需提高安全等级的人员。

三、中断工作连续3个月以上仍继续担当牵引变电所运行和检修工作的人员。

第7条　对违反本规程受处分的人员,必要时降低其安全等级;需要恢复其原来的安全等级时,必须重新经过考试。

第8条　未按规定参加安全考试和取得安全合格证的人员,必须经当班的值班员准许,在安全等级不低于二级的人员监护下,方可进入牵引变电所的高压设备区。

第9条　牵引变电所的值班人员及检修工,要每2年进行1次身体检查,对不适合从事牵引变电所运行和检修作业的人员要及时调整。

第10条　雷电时禁止在室外设备以及与其有电气连接的室内设备上作业。遇有雨、雪、雾、风(风力在五级及以上)的恶劣天气时,禁止进行带电作业。

第11条　高空作业(距离地面3m以上)人员要系好安全带(安全带的试验标准见表4-3),戴好安全帽。在作业范围内的地面作业人员必须戴好安全帽。

高空作业时要使用专门的用具传递工具、零部件和材料等,不得抛掷传递。

第 12 条　作业使用的梯子要结实、轻便、稳固并按表 4－2 中的规定进行试验。

当用梯子作业时，梯子放置的位置要使梯子各部分与带电部分之间保持足够的安全距离，且有专人扶梯。登梯前作业人员要先检查梯子是否牢靠，梯脚要放稳固，严防滑移；梯子上只能有一人作业。

使用人字梯时，必须有限制开度的拉链。

第 13 条　在牵引变电所内搬动梯子、长大工具、材料、部件时，要时刻注意与带电部分保持足够的安全距离。

第 14 条　使用携带型火炉或喷灯时，不得在带电的导线、设备以及充油设备附近点火。作业时其火焰与带电部分之间的距离：电压为 10 kV 及以下者不得小于 1.5 m，电压为 10 kV 以上者不得小于 3 m。

第 15 条　每个高压分间及室外每台隔离开关的锁均应有两把钥匙，由值班员保管一把，交接班时移交下一班；另一把放在控制室内固定的地点。

各高压分间以及各隔离开关的钥匙均不得相互通用。

当有权单独巡视设备的人员或工作票中规定的设备检修人员需要进入高压分间巡视或检修时，值班员可将其保管的高压分间的钥匙交给巡视人员或作业组的工作领导人，巡视结束和每日收工时值班员要及时收回钥匙，并将上述过程记入值班日志中。

除上述情况外，高压分间的钥匙，不得交给其他人员保管或使用。

第 16 条　在全部或部分带电的盘上进行作业时，应将有作业的设备与运行设备以明显的标志隔开。

第 17 条　供电调度员下达的倒闸和作业命令除遇有危及人身及设备安全的紧急情况外，均必须有命令编号和批准时间；没有命令编号和批准时间的命令无效。

第 18 条　牵引变电所自用电变压器、额定电压为 27.5 kV 及以上的设备，其倒闸作业以及撤除或投入自动装置、远动装置和继电保护，除第 37 条规定的特殊情况外，均必须有供电调度的命令方可操作。

额定电压为 27.5 kV 以下的设备，其倒闸作业以及撤除或投入自动装置和继电保护，须经牵引变电所工长或值班员准许方可操作，并将倒闸作业(撤除或投入自动装置、远动装置和继电保护)的时间、原因、准许人的姓名记入值班日志中。对供给非牵引负荷用电的设备，在倒闸作业前还要由值班员通知用户，必要时办理停送电手续(具体办法由铁路局制定)。

第 19 条　停电的甚至是事故停电的电气设备，在断开有关电源的断路器和隔离开关并按规定做好安全措施前，任何人不得进入高压分间或防护栅内，且不得触及该设备。

第 20 条　牵引变电所发生高压(对地电压为 250 V 以上，下同)接地故障时，在切断电源之前，任何人与接地点的距离：室内不得小于 4 m；室外不得小于 8 m。

必须进入上述范围内作业时，作业人员要穿绝缘靴，接触设备外壳和构架时要戴绝缘手套。

作业人员进入电容器组围栅内或在电容器上工作时，要将电容器逐个放电并接地后方可作业。

第 21 条　牵引变电所要按规定配备消防设施和急救药箱。当电气设备发生火灾时，要立即将该设备的电源切断，然后按规定采取有效措施灭火。

在牵引变电所内作业时，严禁用棉纱(或人造纤维织品)、汽油、酒精等易燃物擦拭带电部分，以防起火。

岗位工作指导

一、总则明确规定了本规程的使用范围及规程的要求，由于各铁路局的供电设备情况有所不同，因而由铁路局、处公布实施的电气化铁路规程、规则，对本规程进行完善及补充。

二、在学习本规程的同时，注意学习本路局的相关工作条例细则及工作制度。

三、牵引变电所工作人员必须经过安全等级考试，以取得不同等级的安全资格证书，格式见表2－1，安全等级分五级，不同的安全等级所能从事的工作不相同，其具体规定如表4－1。

表4—1 牵引变电所工作人员安全等级的规定

等级	允许担当的工作	必须具备的条件
一级	进行停电检修较简单的工作	新工人经过教育和学习，初步了解在牵引变电所内安全作业的基本知识
二级	1. 助理值班员 2. 停电作业 3. 远离带电部分的作业	1. 担当一级工作半年以上。 2. 具有牵引变电所运行、检修或试验的一般知识。 3. 了解本规程。 4. 根据所担当的工作掌握电气设备的停电作业和助理值班员的工作。 5. 能处理较简单的故障。 6. 会进行紧急救护
三级	1. 值班员。 2. 停电作业和远离带电部分作业的工作领导人。 3. 进行带电作业。 4. 高压试验的工作领导人	1. 担当二级工作1年以上。 2. 掌握牵引变电所运行、检修或试验的有关规定。 3. 熟悉本规程。 4. 根据所担当的工作掌握电气设备的带电作业和值班员的工作。 5. 能领导作业组进行停电和远离带电部分的作业。 6. 会处理常见故障
四级	1. 牵引变电所工长。 2. 检修或实验工长。 3. 带电作业的工作领导人。 4. 工作票签发人	1. 担当三级工作一年以上。 2. 熟悉牵引变电所运行、检修和试验的有关规定。 3. 根据所担当的工作熟悉下列工作中的有关部分，并了解其他部分：值班员的工作，电气设备的检修和试验。 4. 能领导作业组进行高压设备的带电作业。 5. 能处理较复杂的故障
五级	1. 领工员、供电调度人员。 2. 技术主任、副主任，有关技术人员。 3. 段长、副段长、总工程师	1. 担当四级工作1年以上，技术员及以上的各级干部具有中等专业学校或相当于中等专业学校及以上的学历者(牵引供电专业)可不受此限。 2. 熟悉并会解释牵引变电所运行、检修和安全工作规程及有关检修工艺

四、外单位来所工作学习的人员，必须经过安全知识教育，并有相应记录。

五、电气工作人员应学会触电急救等必要的紧急救护知识，具备必要的消防知识。牵引变电所应具备以下安全用具：

1. 高压绝缘拉杆、绝缘夹钳；
2. 高压验电器和低压验电笔；
3. 绝缘手套、绝缘靴、鞋及绝缘台、垫；
4. 有足够数量的接地线；
5. 各种标示牌；
6. 有色护目眼镜；
7. 各种登高作业的安全用具，如安全带、绝缘绳、安全帽、梯子等；

六、常用安全用具的使用：

1. 安全帽

安全帽主要用于保护作业人员头部不受到伤害，可以防止头部不受伤害或降低头部伤害的程度。如：飞来或坠落下来的物体击向头部时；当作业人员从 3m 及以上的高处坠落下来时；当头部有可能触电时；在低矮的部位行走或作业，头部有可能碰撞到尖锐、坚硬的物体时。在上述情况下，能有效保护头部的安全。

安全帽的佩戴要符合标准，安全帽必须系好固定绳，一般应注意下列事项：

(1)戴安全帽前应将帽后调整带按自己头型调整到适合的位置，然后将帽内弹性带系牢。缓冲衬垫的松紧由带子调节，头顶和帽体内顶部的空间垂直距离一般在 25～50 mm 之间，至少不要小于 32 mm。这样才能保证当遭受到冲击时，帽体有足够的空间可供缓冲，平时也有利于头和帽体间的通风。

(2)不要将安全帽歪戴，或把帽沿戴在脑后方。这样会降低安全帽对于冲击的防护作用。

(3)安全帽体顶部除了在帽体内部安装了帽衬外，有的还设计了小孔通风。正常使用时不要为了透气而随便再行开孔。因为这样做将会使帽体的强度降低。

(4)由于安全帽在使用过程中会逐渐损坏。所以要定期检查，检查有无龟裂、下凹、裂痕和磨损等情况，发现异常现象要立即更换，不准再继续使用。任何受过重击、有裂痕的安全帽，不论有无损坏现象，均应报废。

(5)严禁使用帽内无缓冲层的安全帽。

(6)由于安全帽大部分是使用高密度低压聚乙烯塑料制成的，具有硬化和变蜕的性质，所以不宜长时间在阳光下曝晒。

(7)新领的安全帽，首先检查是否有劳动部门允许生产的证明及产品合格证，再看是否破损、薄厚不均，缓冲层及调整带和弹性带是否齐全有效。不符合规定要求的立即调换。

(8)在现场室内作业也要戴安全帽，特别是在室内带电作业时，更要认真戴好安全帽，因为安全帽不但可以防碰撞，而且还能起到绝缘作用。

(9)平时使用安全帽时应保持整洁，不能接触火源，不要任意涂刷油漆，不准当凳子坐，防止丢失。如果丢失或损坏，必须立即补发或更换。无安全帽一律不准进入施工现场。

2. 安全带

现场高处作业，重叠交叉作业非常多。为了防止作业者在某个高度和位置上可能出现的坠落，作业者在登高和高处作业时，必须系挂好安全带。安全带的使用和维护有以下几点要求：

(1)思想上必须重视安全带的作用。无数事例证明，安全带是“救命带”。可是有少数人觉得系安全带麻烦，上下行走不方便，特别是一些小活、临时活，认为“有扎安全带的时间活都干完了”。殊不知，事故发生就在一瞬间，所以高处作业必须按规定要求系好安全带。

(2)安全带使用前应检查绳带有无变质、卡环是否有裂纹，卡簧弹跳性是否良好。

(3)高处作业如安全带无固定挂处，应采用适当强度的钢丝绳或采取其他方法。禁止把安全带挂在移动或带尖锐棱角或不牢固的物件上。

(4)高挂低用。将安全带挂在高处，人在下面工作就叫高挂低用。这是一种比较安全合理的科学系挂方法。它可以使有坠落发生时的实际冲击距离减小。作业时严禁安全带低挂高用。

(5)安全带要拴挂在牢固的构件或物体上，要防止摆动或碰撞，绳子不能打结使用，钩子要挂在连接环上。

(6)安全带绳保护套要保持完好，以防绳被磨损。若发现保护套损坏或脱落，必须加上新套后再使用。

(7)安全带严禁擅自接长使用。如果使用 3m 及以上的长绳时必须要加缓冲器，各部件不得任意拆除。

(8)安全带在使用前要检查各部位是否完好无损。安全带在使用后要注意维护和保管。要经常检查安全带缝制部分和挂钩部分，必须详细检查捻线是否发生裂断和残损等。

(9)安全带不使用时要妥善保管，不可接触高温、明火、强酸、强碱或尖锐物体，不要存放在潮湿的仓库中保管。

七、在远动区段若有危及人身或设备安全的紧急情况下，可以先行倒闸处理，然后通知相关部门。

八、高压供电区域搬运长大物体，尤其是金属物体，特别要注意与高空带电线路、周围电气设备保持足够的安全距离，作业使用的梯子必须水平搬运。

九、对高压室分间及隔离开关的钥匙有严格管理，以防止使用不当造成意外。

十、变电所工作人员必须具备正确使用消防设施的能力，掌握在人员触电事故时的安全急救措施。

十一、电气失火的特点是：失火的电气设备有可能带电，灭火时注意不要触电；失火的电气设备有可能带有可燃物质，比如变压器的油箱可能会导致爆炸；带电灭火时，应使用二氧化碳灭火器、干粉灭火器等不导电的灭火器。

在电气失火的情况下，应尽快切断电源。

十二、电容设备停电后，仍有积累的电荷，所以必须逐个放电后，才允许作业。

十三、变电所的安全工具要每半年内做一次预防性试验，以保证其良好的绝缘性能，试验由试验组定期进行。试验标准如表 4－2 所示。

表 4－2　常用工具试验标准

序号	名称	周期(月)	电压等级(kV)	试验电压(kV)	负荷(N)	时间(min)	泄露电流(mA)	合格标准
1	绝缘棒	6	110	四倍相电压		5		无过热、击穿和变形
	杆		27.5	120				
	滑轮		6～10	44				
2	绝缘绳	6	高压	105		5		
				0.5 m				
3	绝缘手套	6	高压	8		1	9	
			低压	2.5			2.5	
4	绝缘靴	6	高压	15		1	7.5	
5	绝缘梯	6		2.5/cm		5		
6	验电器	6	27.5	120		5		发光电压不高于额定电压25%
			6～10	40				
7	金属梯	12			2 205	5		任一级梯蹬加负荷后不得有裂损和永久变形
	竹木梯	6			1 765			
8	绳子	6			2 205	5		无破损和断股
9	安全带	6			2 205	5		无破损

十四、高压接地故障时，电流就会通过接地体向大地作半球形散开，形成散流电场，若在接地故障点附近走动，两脚之间会出现电位差，即跨步电压 U_{step}，越靠近接地点，接地电压越大，在 20 m 之外，跨步电压逐渐为零。所以在故障电附近注意跨步电压带来的触电危害事故。在电气设备损害时，出现在身体同时触及的两个部分产生的电位差，称为接触电压 U_{tou}，如图 4－1所示。

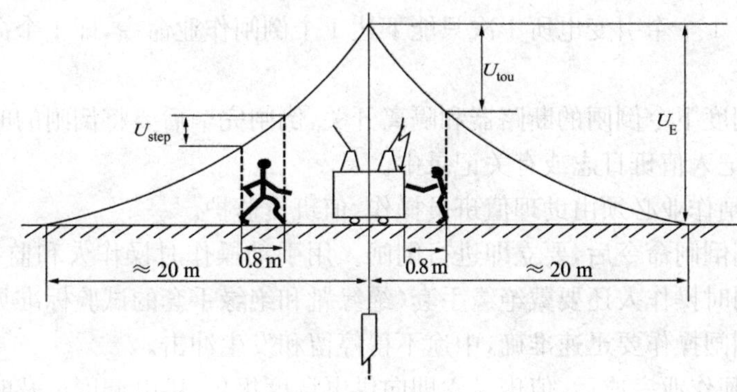

图 4－1　接触电压和跨步电压

第三节　运　　行

值　　班

第 22 条　牵引变电所值班员的安全等级不低于三级；助理值班员的安全等级不低于二级。

第 23 条　当班值班员不得签发工作票和参加检修工作；当班助理值班员可参加检修工作，但必须根据值班员的要求能随时退出检修组。助理值班员在值班期间受当班值班员的领导；当参加检修工作时，听从作业组工作领导人的指挥。

第 24 条　采用远动系统并具备无人值班条件的开闭所、分区亭、AT 所可无人值班，具体办法由铁路局制定。

巡　　视

第 25 条　除有人值班的所亭有权单独巡视的人员外，其他人员无权单独巡视。

有权单独巡视的人员是：牵引变电所值班员和工长；安全等级不低于四级的检修人员、技术人员和主管的领导干部。

第 26 条　值班员巡视时，要事先通知供电调度或助理值班员；其他人巡视时要经值班员同意。在巡视时不得进行其他工作。

当 1 人单独巡视时，禁止移开、越过高压设备的防护栅或进入高压分间。如必须移开高压设备的防护栅或进入高压分间时，要与带电部分保持足够的安全距离，并要有安全等级不低于三级的人员在场监护。

第 27 条　在有雷、雨的情况下必须巡视室外高压设备时，要穿绝缘靴、戴安全帽，并不得靠近避雷针和避雷器。

倒　闸

第 28 条　需供电调度下令倒闸的断路器和隔离开关，倒闸前要由值班员向供电调度提出申请，供电调度员审查后发布倒闸作业命令；值班员受令复诵，供电调度员确认无误后，方准给予命令编号和批准时间；每个倒闸命令，发令人和受令人双方均要填写倒闸操作命令记录(格式见表 4—3)。

供电调度员对 1 个牵引变电所 1 次只能下达 1 个倒闸作业命令，即 1 个命令完成之前，不得发出另 1 个命令。

对不需供电调度下令倒闸的断路器和隔离开关，倒闸完毕后要将倒闸的时间、原因和操作人、监护人的姓名记入值班日志或有关记录中。

第 29 条　倒闸作业必须由助理值班员操作，值班员监护。

值班员在接到倒闸命令后，要立即进行倒闸。用手动操作时操作人和监护人均必须穿绝缘靴、戴安全帽，同时操作人还要戴绝缘手套(绝缘靴和绝缘手套的试验标准见表 4—2)。

隔离开关的倒闸操作要迅速准确，中途不得停留和发生冲击。

第 30 条　倒闸作业完成后，值班员立即向供电调度报告，供电调度员及时发布完成时间，至此倒闸作业结束。

第 31 条　倒闸作业按操作卡片进行，没有操作卡片的倒闸作业由值班员编写倒闸表并记入值班日志中，由供电调度下令倒闸的设备，倒闸表要经过供电调度员的审查同意。

第 32 条　编写操作卡片及倒闸表要遵守下列原则：

一、停电时的操作程序：先断开负荷侧后断开电源侧；先断开断路器后断开隔离开关。送电时，与上述操作程序相反。

二、隔离开关分闸时，先断开主闸刀后闭合接地闸刀；合闸时，与上述程序相反。

三、禁止带负荷进行隔离开关的倒闸作业和在接地闸刀闭合的状态下强行闭合主闸刀。

第 33 条　与断路器并联的隔离开关，只有当断路器闭合时方可操作隔离开关。

当回路中未装断路器时可用隔离开关进行下列操作：

一、开、合电压互感器和避雷器。

二、开、合母线和直接接在母线上的设备的电容电流。

三、开、合变压器中性点的接地线(当中性点上接有消弧线圈时，只有在电力系统没有接地故障的情况下才可进行)。

四、用室外三联隔离开关开、合 10 kV 及以下、电流不超过 15A 的负荷。

五、开、合电压 10 kV 及以下、电流不超过 70A 的环路均衡电流。

第 34 条　拆装高压熔断器必须由助理值班员操作，值班员监护。操作人和监护人均要穿绝缘靴、戴防护眼镜，操作人还要戴绝缘手套。

第 35 条　带电更换低压熔断器时，操作人要戴防护眼镜，站在绝缘垫上，并要使用绝缘夹钳或绝缘手套。

第 36 条　正常情况下，不应操作脱扣杆进行断路器分闸。电动操作的断路器，除操作机构中具有储能装置者外，禁止手动合闸送电。

第 37 条　需供电调度下令进行倒闸作业的断路器和隔离开关，遇有危及人身安全的紧急情况，值班人员可先行断开有关的断路器和隔离开关，再报告供电调度，但再合闸时必须有供电调度员的命令。

岗位工作指导

一、牵引变电所的值班制度，有昼夜轮换值班制和无人值班制，目前国内变电所多采用昼夜轮换值班制，只有变电所实现综合自动化技术，有完善的监控系统和自动装置等，才可以采用无人值班制。变电所值班员要严格遵守变电所值班员工作制度，履行值班员的职责，坚守岗位，确保变电所的安全运行。

二、值班员值班和巡视应按照变电所运行检修规程的值班工作和巡视项目要求内容严格执行。巡视时应做好安全防护。

三、变电所的断路器和隔离开关的倒闸操作，有需电调下令和无需电调下令的操作。倒闸作业命令每次只能发一个，并有命令编号和批准时间。

四、倒闸过程中，遇有无法完成的情况，值班员应立即向供电调度员报告。

五、无人值班所、亭的巡视工作至少由两人进行，其安全等级分别不低于二级和三级。巡视人员应认真填写记录，记录一式两份，所内、巡视班组各存放一份。

六、高压开关的倒闸作业必须按照严格的倒闸作业程序来进行操作。即要编写倒闸作业卡片，在牵引变电所一般都事先制作好常用的倒闸作业卡片，接到命令后按照相关操作卡片的内容，填写倒闸作业表，严格按照规定的顺序逐项进行。变电所设有操作模拟盘，值班员可以事先在模拟盘上进行模拟操作，确认无误后，对实际设备进行操作。操作过程中，执行“三清、二准、一稳”操作制度。三清：倒闸作业卡片看得准；设备编号对得准；操作位置站得准。二准：唱票指位准；复诵回示准。一稳：操作开关稳。倒闸操作命令记录如表 4－3 所示。

表 4—3　倒闸操作命令记录　　　　＿＿＿＿年

日期	命令内容	发令人	受令人	操作卡片	命令号	批准时间	完成时间	报告人	供电调度员

说明：本表应装订成册。

七、隔离开关没有灭弧能力，因此操作时应注意与断路器的配合。如无断路器的情况下，对隔离开关的合闸操作应掌握在小电流工作的场合。

八、高压开关的编号以变压器为界，其一次侧的设备编号以 1 开头，其二次侧以后的高压开关编号以 2 开头，断路器用三位数字，隔离开关用四位数字。

九、高低压熔断器若有熔断，有跌开或红色弹珠弹出指示。熔断器需更换时，要戴防护眼镜和绝缘手套，以免电弧刺伤眼睛。

十、倒闸作业

1. 熟悉倒闸工作内容、倒闸作业涉及的高压开关、倒闸作业时间。

2. 供电调度员必须在倒闸作业之前，通知变电值班员。

3. 值班员在倒闸作业前，在模拟盘上进行模拟操作，熟悉和确定倒闸作业的正确工作顺序。

4. 供电调度员发布倒闸作业命令。命令包括发令时间、命令内容、操作卡片编号、发令人姓名。当下值班员接令后，复诵以上内容，并回告接令人姓名。在整个受令过程中，助理值班员应监听，确保接收命令的正确性。

5. 开始进行倒闸作业，由值班员和助理值班员共同完成，倒闸作业操作过程严格按照倒闸作业卡片的顺序执行。在操作现场，认真核对开关的名称和编号，助理值班员实际操作，值班员负责监护。操作前，值班员宣读作业卡片，助理值班员呼应对答，双方共同确认，确保操作准确无误。

6. 确认和检查操作结果，倒闸作业后，检查高压开关的实际状态，及开关指示灯的变化、仪表指示的变化等。进一步确保倒闸作业的正确性。

7. 复查。倒闸作业结束后，值班员对操作设备状态进行检查。

8. 消令。倒闸作业操作结束后，值班员应即刻向供电调度员报告"××变电所××号命令完成"并报个人姓名，供电调度员复诵"××号命令××时××分完成"并报个人姓名。

9. 倒闸作业完成后，填写倒闸作业记录卡，举例如表 4－4 所示。

表 4－4　倒闸作业记录填写参考表

日期	命令内容	发令人	受令人	操作卡片	命令号	批准时间	完成时间	报告人	供电调度员
2006－5－6	22B(2142)带 7 号馈线送电	X	Y	31	586021	10 时 15 分	10 时 24 分	Y	X

10. 倒闸作业卡片举例：西安东变电所

编号：31

倒闸目的：22B(2142)带 7 号馈线送电

(1)拆除 2142 外侧接地线；

(2)合(2142)22B；

(3)在 2142 外侧验电确认；

(4)投入 213 重合闸。

第四节　检修作业制度

作业分类

第 38 条　电气设备的检修作业分五种：

一、高压设备停电作业——在停电的高压设备上进行的作业及在低压设备和二次回路上进行的需要高压设备停电的作业。

二、高压设备带电作业——在带电的高压设备上进行的作业。

三、高压设备远离带电部分的作业(简称远离带电部分的作业，下同)——当作业人员与高压设备带电部分之间保持规定的安全距离条件下，在高压设备上进行的作业。

四、低压设备停电作业——在停电的低压设备上进行的作业。

五、低压设备带电作业——在带电的低压设备上进行的作业。

工　作　票

第 39 条　工作票是在牵引变电所内进行作业的书面依据，填写要字迹清楚、正确，不得用铅笔书写。

工作票要1式2份,1份交工作领导人,1份交牵引变电所值班员。值班员据此办理准许作业手续,做好安全措施。

第40条　事故抢修、情况紧急时可不开工作票,但应向供电调度报告概况,听从供电调度的指挥;在作业前必须按规定做好安全措施,并将作业的时间、地点、内容及批准人的姓名等记入值班日志中。

第41条　在必须立即改变继电保护装置整定值的紧急情况下,可不办理工作票,由当班的供电调度员下令,值班员更改定值,事后供电调度员和值班员应将上述过程记录入值班日志。

第42条　根据作业性质的不同,工作票分三种:

一、第一种工作票(格式见表4－5),用于高压设备停电作业。

二、第二种工作票(格式见表4－6),用于高压设备带电作业。

三、第三种工作票(格式见表4－7),用于远离带电部分的作业、低压设备上作业,以及在二次回路上进行的不需高压设备停电的作业。

第43条　第一种工作票的有效时间,以批准的检修期为限。若在规定的工作时间内作业不能完成,应在规定的结束时间前,根据工作领导人的请求,由值班员向供电调度办理延期手续。

第二种、第三种工作票有效时间最长为1个工作日,不得延长。

因作业时间较长,工作票污损影响继续使用时,应将该工作票重新填写。

第44条　发票人在工作前要尽早将工作票交给工作领导人和值班员,使之有足够的时间熟悉工作票中内容及做好准备工作。

第45条　工作领导人和值班员对工作票内容有不同意见时,要向发票人及时提出,经过认真分析,确认正确无误,方准作业。

第46条　工作票中规定的作业组成员,一般不应更换;若必须更换时,应经发票人同意,若发票人不在,可经工作领导人同意,但工作领导人更换时必须经发票人同意,并均要在工作票上签字。工作领导人应将作业组成员的变更情况及时通知值班员。

第47条　非专业人员在牵引变电所工作时须遵守下列规定:

一、若需设备停电,要按停电的性质和范围填写相应的工作票,办理停电手续,并须在安全等级不低于三级人员的监护下进行工作,工作票1张交给当班值班员,另1张交给监护人,监护人负责有关电气安全方面的监护职责。

二、若设备不需停电,由值班员负责做好电气方面的安全措施(如加设防护栅、悬挂标示牌等),向有关作业负责人讲清安全注意事项,并记录在值班日志或有关记录中,双方签认后方准开工。必要时可派安全等级不低于二级的人员进行电气安全监护。

第48条　1个作业组的工作领导人同时只能接受1张工作票。1张工作票只能发给1个作业组。

同1张工作票的签发人和工作领导人不得由同1人担任。

作业人员的职责

第49条　工作票签发人签发工作票时要做到:

一、安排的作业项目是必要和可能的。

二、采取的安全措施是正确和完备的。

三、配备的工作领导人和作业组成员的人数和条件符合规定。

第 50 条 工作领导人要做好下列事项：

一、作业范围、时间、作业组成员等符合工作票要求。

二、复查值班员所做的安全措施，要符合规定要求。

三、时刻在场监督作业组成员的作业安全，如果必须短时离开作业地点时，要指定临时代理人，否则停止作业，并将人员和机具撤至安全地带。

第 51 条 值班员要做好下列工作：

一、复查工作票中必须采取的安全措施符合规定要求。

二、经复查无误后，向供电调度（或用电主管单位）申请（或联系）停电或撤除重合闸。

三、按照有关规定和工作票的要求做好安全措施，办理准许作业手续。

第 52 条 作业组成员服从工作领导人的安排，要确认各自的职责。对不安全和有疑问的命令要果断及时地提出意见。

第 53 条 发票人和值班员填写工作票时在"断开的断路器和隔离开关"及"已经断开的断路器和隔离开关"栏内，须将作业前所要断开的断路器和隔离开关分别按编号全部填写清楚。

准许作业的规定

第 54 条 值班员在做好安全措施后，要到作业地点进行下列工作：

一、会同工作领导人按工作票的要求共同检查作业地点的安全措施。

二、向工作领导人指明准许作业的范围、接地线和旁路设备的位置、附近有电（停电作业时）或接地（直接带电作业时）的设备，以及其他有关注意事项。

三、经工作领导人确认符合要求后，双方在两份工作票上签字，工作票一份交工作领导人，另一份值班员留存，即可开始作业。

第 55 条 每次开工前，工作领导人要在作业地点向作业组全体成员宣讲工作票，布置安全措施。

第 56 条 停电作业时，在消除命令之前，禁止向停电的设备上送电。在紧急情况下必须送电时要按下列规定办理：

一、通知工作领导人，说明原因，暂时结束作业，收回工作票。对非牵引负荷，在送电前必须通知有关用户。

二、拆除临时防护栅、接地线和标示牌，恢复常设防护栅和标示牌。

三、属供电调度管辖的设备，由供电调度发布送电命令；其他设备由牵引变电所工长批准送电。

四、值班员将送电的原因、范围、时间和批准人、联系人的姓名等记入值班日志。

第 57 条 停电作业的设备，在结束作业前需要试加工作电压时，要按下列规定办理：

一、确认作业地点的人员、材料、部件、机具均已撤至安全地带。

二、由值班员将该停电范围内所有的工作票收回，拆除妨碍送电的临时防护栅、接地线及标示牌，恢复常设防护栅和标示牌。

三、按照设备停、送电的所属权限，值班员将试加工作电压的时间分别报告供电调度和通知有关用户，并将供电调度员和接到通知的人员的姓名、所属单位及时间记入有关记录。

四、工作领导人与值班员共同对有关部分进行全面检查，确认可以送电后，在牵引变电所工长或工作领导人的监护下，由值班员进行试加工作电压的操作。

五、试加工作电压完毕，值班员要将其开始和结束的时间及试加电压的情况记入有关记录。试加工作电压结束后如仍需继续作业，必须由值班员根据工作票的要求，重新做安全措施、办理准许作业手续。

安全监护

第58条　当进行电气设备的带电作业和远离带电部分的作业时，工作领导人主要是负责监护作业组成员的作业安全，不参加具体作业。

当进行电气设备的停电作业时，工作领导人除监护成员的作业安全外，在下列情况下可以参加作业：

一、当全所停电时。

二、部分设备停电，距带电部分较远或有可靠的防护，作业组成员不致触及带电部分时。

第59条　当作业人员较多或作业范围较广，工作领导人监护不到时，可设监护人。设置的监护人员由工作领导人指定安全等级符合要求的作业组成员担当。

第60条　当作业需要时可以派遣作业小组（包括监护人）到作业地点以外的处所作业。作业人员的安全等级：停电作业不低于二级，带电作业不低于三级；监护人的安全等级：停电作业不低于三级，带电作业不低于四级。

禁止任何人在高压分间或防护栅内单独停留和作业。

第61条　牵引变电所工长和值班员要随时巡视作业地点，了解工作情况，发现不安全情况要及时提出，若属危及人身、行车、设备安全的紧急情况时，有权制止其作业，收回工作票，令其撤出作业地点；必须继续进行作业，要重新办理准许作业手续，并将中断作业的地点、时间和原因记入值班日志。

作业间断和结束工作票

第62条　作业中需暂时中断工作离开作业地点时，工作领导人负责将人员撤至安全地带，材料、零部件和机具要放置牢靠，并与带电部分之间保持规定的安全距离，将高压分间的钥匙和工作票交给值班员。继续工作时，工作领导人要征得值班员的同意，取回钥匙和工作票，重新检查安全措施，符合工作票要求后方可开工。

在作业中断期间，未征得工作领导人同意，作业组成员不得擅自进入作业地点。

每日开工和收工除按上述规定执行外，在收工时还应清理作业场地，开放封闭的通路，开工时工作领导人还要向作业组成员宣讲工作票，布置安全措施后方可开始作业。

第63条　作业全部完成时，由作业组负责清理作业地点，工作领导人会同值班员检查作业中涉及的所有设备，确认可以投入运行，工作领导人在工作票中填写结束时间并签字，然后值班员即可按下列程序结束作业：

一、拆除所有的接地线，点清其数目，并核对号码。

二、拆除临时防护栅和标示牌，恢复常设的防护栅和标志。

三、必要时应测量设备状态。

在完成上述工作后，值班员在工作票（见表4－5～表4－7）中填写结束时间并签字，作业方告结束。

第64条　使用过的工作票由发票人和牵引变电所工长负责分别保管。工作票保存时间不少于3个月。

表4—5　牵引变电所第一种工作票

________所(亭)第　　号

作业地点及内容				
工作票有效期	自　　年　　月　　日　时　分 至　　年　　月　　日　时　分止			
工作领导人	姓名：		安全等级：	
作业组成员姓名及安全等级（安全等级填在括号内）	（　　）	（　　）	（　　）	（　　）
	（　　）	（　　）	（　　）	（　　）
	（　　）	（　　）	（　　）	（　　）
	（　　）	（　　）	（　　）	（　　）
	共计　　　人			

必须采取的安全措施（本栏由发票人填写）	已经完成的安全措施（本栏由值班员填写）
1. 断开的断路器和隔离开关：	1. 已经断开的断路器和隔离开关：
2. 安装接地线的位置：	2. 接地线装设的位置及其号码：
3. 装设防护网、悬挂标示牌的位置：	3. 防护栅、标示牌装设的位置：
4. 注意作业地点附近有电的设备是：	4. 注意作业地点附近有电的设备：
5. 其他安全措施：	5. 其他安全措施：

发票日期：________年________月________日发票人：________(签字)

根据供电调度员的第________号命令准予在________年________月________日________时________分开始工作。　　值班员：________(签字)

经检查安全措施已做好，实际于________年________月________日________时________分开始工作。　　工作领导人：________(签字)

变更作业组成员记录：

发　票　人：________(签字)

工作领导人：________(签字)

经供电调度员________同意工作时间延长到________年________月________日________时________分。

值　班　员：________(签字)

工作领导人：________(签字)

工作已于________年________月________日________时________分全部结束。

工作领导人：________(签字)

接地线共________组和临时防护栅、标示牌已拆除，并恢复了常设防护栅和标示牌，工作票于________年________月________日________时________分全部结束。

值　班　员：________(签字)

说明：本票用白色纸印绿色格和字。

表 4—6　牵引变电所第二种工作票

__________所(亭)第　　号

<table>
<tr><td>作业地点
及内容</td><td colspan="4"></td></tr>
<tr><td>工作票
有效期</td><td colspan="4">自　年　月　日　时　分　至　年　月　日　时　分止</td></tr>
<tr><td>工作
领导人</td><td colspan="4">姓名：　　　　　　　　　　安全等级：</td></tr>
<tr><td rowspan="5">作业组成员姓名及安全等级(安全等级填在括号内)</td><td>(　)</td><td>(　)</td><td>(　)</td><td>(　)</td></tr>
<tr><td>(　)</td><td>(　)</td><td>(　)</td><td>(　)</td></tr>
<tr><td>(　)</td><td>(　)</td><td>(　)</td><td>(　)</td></tr>
<tr><td>(　)</td><td>(　)</td><td>(　)</td><td>(　)</td></tr>
<tr><td colspan="4">共计　　　人</td></tr>
</table>

必须采取的安全措施 (本栏由发票人填写) 1. 装设防护网、悬挂标示牌的位置： 2. 注意作业地点附近接地或带电的设备是： 3. 注意作业地点附近不同电压的设备是： 4. 绝缘工具的状态： 5. 其他安全措施：	已经完成的安全措施 (本栏由值班员填写) 1. 防护栅、标示牌装设的位置： 2. 注意作业地点附近接地或带电的设备是： 3. 注意作业地点附近不同电压的设备是： 4. 绝缘工具状态： 5. 其他安全措施：

发票日期：______年______月______日　发票人：______(签字)

根据供电调度员的第______号命令准予在______年______月______日______时______分开始工作。　　值班员：______(签字)

经检查安全措施已做好，实际于______年______月______日______时______分开始工作。　　工作领导人：______(签字)

变更作业组成员记录：____________

发　票　人：______(签字)

工作领导人：______(签字)

经供电调度员______同意工作时间延长到______年______月______日______时______分。

值　班　员：______(签字)

工作领导人：______(签字)

工作已于______年______月______日______时______分全部结束。

工作领导人：______(签字)

接地线共______组和临时防护栅、标示牌已拆除，并恢复了常设防护栅和标示牌，工作票于______年______月______日______时______分全部结束

值　班　员：______(签字)

说明：本票用白色纸印红色格和字。

表 4—7 牵引变电所第三种工作票

________所(亭)第　　号

<table>
<tr><td>作业地点
及内容</td><td colspan="4"></td></tr>
<tr><td>工作票
有效期</td><td colspan="4">自　年　月　日 时 分 至　年　月　日 时 分止</td></tr>
<tr><td>工作
领导人</td><td colspan="4">姓名：　　　　　　　　　　　　安全等级：</td></tr>
<tr><td rowspan="5">作业组成员姓名及安全等级(安全等级填在括号内)</td><td>(　)</td><td>(　)</td><td>(　)</td><td>(　)</td></tr>
<tr><td>(　)</td><td>(　)</td><td>(　)</td><td>(　)</td></tr>
<tr><td>(　)</td><td>(　)</td><td>(　)</td><td>(　)</td></tr>
<tr><td>(　)</td><td>(　)</td><td>(　)</td><td>(　)</td></tr>
<tr><td colspan="4">共计　　人</td></tr>
<tr><td colspan="2">必须采取的安全措施
(本栏由发票人填写)</td><td colspan="3">已经完成的安全措施
(本栏根据内容分别由值班员和工作领导人填写)</td></tr>
<tr><td colspan="5">已经做好安全措施准予在______年______月______日______时______分开始工作。
值 班 员：________(签字)
经检查安全措施已做好，实际于______年______月______日______时______分开始工作。
变更作业组成员记录：________________
发 票 人：________(签字)
工作领导人：________(签字)
工作已于______年______月______日______时______分全部结束。
工作领导人：________(签字)
作业地点已清理就绪，工作票于______年______月______日______时______分全部结束
值 班 员：________(签字)</td></tr>
</table>

说明：本票用白色纸印黑色格和字。

岗位工作指导

一、本节主要讲述设备检修的工作制度，检修工作之前必须根据作业的性质及内容认真填写相应的工作票，由工作领导人全权负责认真完成本项检修工作，检修工作任务应严格按照工作票规定的时间内完成。确有特殊情况，由值班员向供电调度办理延期手续。

二、办理工作票的程序是：

1. 审票：值班员与工作领导人审核工作票，审核无误，共同确认；

2. 申票：检修计划开始前 30 分钟，值班员向供电调度员申请办理工作票，并向对方逐项宣读工作票的具体内容；

3. 准备：助理值班员经值班员同意后，准备倒闸；

4. 倒闸：完成检修作业需要的倒闸作业；

5. 要令：使用第一种和第二种工作票的检修作业是由值班员向供电调度员申请作业命令，供电调度员发布作业命令及作业起止的时间，使用第三种工作票检修作业时，由值班员通知供电调度作业的起止时间；

6. 办理安全措施：

(1)值班员办理第一种工作票的安全措施

助理值班员在值班员的监护下按顺序办理工作票上所示的安全措施，操作过程中对安全措施的内容进行宣读、复诵并相互确认，然后按照工作票的内容作好各项安全措施。

(2)值班员办理工作票时，必须严格按工作票签发的安全措施逐项确认。

7. 会签：值班员会同工作领导人严格按照工作票的内容检查各项安全措施。确认无误后，工作领导人与值班员在工作票上签名。领导人填写开工时间，值班员将工作票一份交工作领导人，一份自留，即可开工。

8. 点名开工：工作领导人召集作业组成员在作业地点点名并宣读工作票，明确说明作业范围、附近电气设备的状态、各项安全措施的实施，并指出本次检修应注意的安全工作事项。若工作组成员有疑问，应及时解决，查缺防漏，保证各个作业环节的周密和细致，对开工后可能出现的事故要有充分的估计，事先预想应对措施，一切就绪，宣布开工。填写作业工前会并记录，举例如表 4－8 所示。

表 4－8　停电作业工前会

××变电所　　　　2006 年 8 月 23 日

主持人(工作领导人)	X
工作票号及作业内容	8～12 号第一种工作票，高压场地 2CY 及 1021GK 检修维护
安全注意事项	1. 准备工具：抹布、扳手、黄油、梯子、测温片；负责人：Y。 2. 人员分工：A 负责清扫维护 1021； B 负责清扫维护 1021； C 负责紧固螺丝、抹黄油、贴测温片； D 负责检查四项安全用具并保持状态良好。 3. 注意 110 kVⅠ回进线、1001 有电。
其他	

9. 结束任务:工作领导人检查清理现场,检查检修所涉及的所有设备,将人员和机具全部撤离作业现场,召开收工会并记录工作情况,举例如表 4－9 所示。

表 4—9 停电作业工后会

××变电所　　　　2006 年 8 月 23 日

主持人(工作领导人)		X
安全情况总结	1. 作业完成情况良好,无遗留问题; 2. 作业中无不安全情况发生; 3. 剩余工具、材料已全部清点收回。	
其他		

结束工作程序如下:

(1)按照检修标准逐项验收设备是否达到检修标准、检修设备与其他部分连接是否正确、作业区内有无影响送电的物体,必要时进行整组试验。

工作领导人和值班员验收合格后,在工作票上签字,确认无误后,填写工作结束时间。

(2)恢复安全措施:由值班员监护,助理值班员操作。

(3)结束工作票:当安全措施全部恢复后,宣布:"＊＊号工作票结束"。

(4)消令:值班员向供电调度员汇报设备验收情况之后,宣布"＊＊号作业命令完成"供电调度员下达消除作业命令时间,经复诵后确认无误,整个作业全部结束。

(5)记录:工作领导人负责填写检修记录。

三、办理安全措施的程序是:先负荷侧、后电源侧;先 C 相、后 B 相、最后 A 相;先室内、后室外;

四、工作票签发人应由安全等级不低于四级的人员担任。

五、在填写"已经断开的断路器和隔离开关"时,对在办票前已经处于分位的设备写为"确认其在分位"

六、高压设备检修作业,主要是指牵引变电所的一次设备的检修工作,例如:高压断路器、隔离开关、牵引变压器,电流互感器、电压互感器、电容器等,分为停电作业、带电作业以及远离带电部分,保持安全距离的高压设备检修作业。同时涉及高压设备需要停电才可以检修的低压电气设备的检修工作。

七、低压设备的检修主要是指牵引变电所二次系统设备的故障检修。同样分为带电和停电操作。

八、检修工作中的安全监护工作非常重要,主要由工作领导人负责。若监护不到,则应安排专门的监护人。在作业工作中,若遇到危及安全的紧急情况,应及时停修作业。

九、牵引变电所第一种工作票填写举例如表 4－10 所示。

表 4—10　牵引变电所第一种工作票填写参考表

＿西安东＿＿所(亭)第　　号

作业地点及内容	高压场地 2CY 及 1021GK 检修维护			
工作票有效期	自 2006 年 8 月 23 日 15 时 30 分至 2006 年 8 月 23 日 18 时 00 分　止			
工作领导人	姓名:X　　安全等级:4			
作业组成员姓名及安全等级(安全等级填在括号内)	A(3)	B(3)	C(3)	D(3)
	E(2)	(　)	(　)	(　)
	(　)	(　)	(　)	(　)
	(　)	(　)	(　)	(　)
	共计 6 人			

必须采取的安全措施 (本栏由发票人填写)	已经完成的安全措施 (本栏由值班员填写)
1. 断开的断路器和隔离开关:110 kVⅡ回系统停电 1021.1001.1022.1023.102.202.202B	1. 已经断开的断路器和隔离开关:110 kVⅡ回系统停电 1021.1001.1022.1023.102.202.202B
2. 安装接地线的位置:在 1021GK 两侧各做接地线 1 组 3 根,在 2CY 靠Ⅱ回进线侧做地线 1 组 1 跟,共计 7 根	2. 接地线装设的位置及其号码:在 1021GK 两侧做接地线 2 组 6 根,1 号 2 号 3 号 4 号 5 号 6 号 在 2CY 靠Ⅱ回进线侧接地线 1 根 7 号
3. 装设防护网、悬挂标示牌的位置:在 102.202.1021.1001.1022.1023 开关手把上悬挂“有人作业　禁止合闸”标志牌,在 1001.1002.1023 下方悬挂“高压危险　禁止攀登”标示牌,作业地点设防护绳一圈	3. 防护栅、标示牌装设的位置:在 102.202.1021.1001.1022.1023 开关手把上悬挂“有人作业　禁止合闸”标志牌,在 1001.1002.1023 下方悬挂“高压危险　禁止攀登”标示牌,作业地点设防护绳一圈
4. 注意作业地点附近有电的设备是: 110 kVⅡ回进线 1001	4. 注意作业地点附近有电的设备: 110 kVⅡ回进线 1001
5. 其他安全措施: 将 $83R_2$ 打在撤除位,断开 1001.1002 电机电源,断 $8RL_2$.8RB、$8R_2$,合上 2CY 接地刀闸	5. 其他安全措施: 将 $83R_2$ 打在撤除位,断开 1001.1002 电机电源,断 $8RL_2$.8RB、$8R_2$,合上 2CY 接地刀闸

发票日期＿2006＿年＿8＿月＿22＿日发票人:＿G＿(签字)

根据供电调度员的第＿77887＿号命令准予在＿2006＿年＿8＿月＿23＿日＿15＿时＿30＿分开始工作。

值　班　员:＿Y＿(签字)

经检查安全措施已做好,实际于＿2006＿年＿8＿月＿23＿日＿9＿时＿20＿分开始工作。

工作领导人:＿X＿(签字)

变更作业组成员记录:＿＿＿＿＿＿＿＿

发　票　人:＿G＿(签字)

工作领导人:＿X＿(签字)

经供电调度员＿＿＿同意工作时间延长到＿＿＿年＿＿＿月＿＿＿日＿＿＿时＿＿＿分。

值　班　员:＿Y＿(签字)

工作领导人:＿X＿(签字)

工作已于＿2006＿年＿8＿月＿23＿日＿12＿时＿00＿分全部结束。　　工作领导人:＿X＿(签字)

接地线共＿3＿组和临时防护临时防护栅、标示牌已拆除,并恢复了常设防护栅和标示牌,工作票于＿2006＿年＿8＿月＿23＿日＿12＿时＿20＿分全部结束

值　班　员:＿Y＿(签字)

十、发票人在"断开的断路器和隔离开关"栏内，须将作业前所有将要断开的断路器和隔离开关按编号全部填写清楚。值班员填写工作票时认真核对已经断开的断路器和隔离开关全部编号，在"已经断开的断路器和隔离开关"栏内，将开关按编号全部写清楚。

十一、在无人所亭作业的检修班组应设足够的倒闸操作人员、监护人及工作票发票人。工作领导人、发票人、倒闸操作人应分别担任。

检修计划由检修班组提前向电调提报，工作票中的人员原则上不得更换人员，如遇特殊情况必须更换时，必须经过工作票签发人和工作领导人的同意。

十二、由值班员向电调申请要令，并由值班员和助理值班员进行必要的倒闸作业及办理安全措施，由工作领导人复查安全措施无问题后方可作业。作业完成后，由值班员确认安全防护措施正确恢复后向电调消令，执行电调下达的必要倒闸令，在未完成作业前，所有作业人员不得离开作业现场。

十三、作业结束后，填写作业命令记录(格式如表4－11所示)和设备检修记录表(格式如表4－12和表4－13所示)，举例如表4－14和表4－15所示。

表4－11　作业命令记录

2006　年

日期	命令内容	发令人	受令人	要求完成时间	命令号	批准时间	消令时间	消令人	供电调度员
2006.8.23	高压场地2CY及1021GK检修维护	X	Y	17:00	77887	2006.8.22	12:16	Y	X

表4－12　设备检修记录表一

日期：2006.8.23

设备名称型号及出厂编号	THSE－LG电动隔离开关6300989D01－8	承修班组	西安东变电所	检修负责人	X　签字
				互检人	Y　签字
安装地点及运行编号	高压场地1021	修程	小修	验收负责人	Z　签字
		检修日期	2006年8月23日至2006年8月23日		
修前状况		修中措施		修后措施	
绝缘子赃污 个别螺丝松动		清扫绝缘子 紧固螺丝 涂抹黄油 贴测温片		绝缘子干净 螺丝紧固 黄油已涂 测温片已贴 合格	
消耗主要材料	黄油测温片	总工时	3 h	总费用	

表4－13　设备检修记录表二

日期：2006.8.23

设备名称型号及出厂编号	ZY－2抽压装置0116	承修班组	西安东变电所	检修负责人	X　签字
				互检人	Y　签字
安装地点及运行编号	高压场地2CY	修程	小修	验收负责人	Z　签字
		检修日期	2006年8月23日至2006年8月23日		
修前状况		修中措施		修后措施	
绝缘子赃污 个别螺丝松动		清扫绝缘子 紧固螺丝 涂抹黄油 贴测温片		绝缘子干净 螺丝紧固 黄油已涂 测温片已贴 合格	

表 4－14　作业命令记录

＿＿＿＿年

日期	命令内容	发令人	受令人	要求完成时间	命令号	批准时间	消令时间	消令人	供电调度员

说明：本表应装订成册。

表 4－15　设备检修记录表

日期：＿＿＿＿＿＿

设备名称型号及出厂编号		承修班组		检修负责人	签字
				互检人	签字
安装地点及运行编号		修程		验收负责人	签字
		检修日期			
修前状况		修中措施		修后措施	
消耗主要材料		总工时		总费用	

第五节　高压设备停电作业

停电范围

第 65 条　当进行停电作业时，设备的带电部分距作业人员小于表 4－16 规定者均须停电。

表 4－16　停电范围

电　压　等　级	无　防　护　栅	有　防　护　栅
55～110 kV	1 500 mm	1 000 mm
27.5 和 35 kV	1 000 mm	600 mm
10 kV 及以下	700 mm	350 mm

在二次回路上进行作业时，引起一次设备中断供电或影响安全运行的有关设备须停电。

第 66 条　对停电作业的设备，必须从可能来电的各方向切断电源，并有明显的断开点。运用中的星形接线设备中性点应视为带电部分。

断路器和隔离开关断开后,及时断开其操作电源。

作业命令的办理

第 67 条 对牵引变电所有权停电的设备,值班人员可按规定自行验电、接地,办理准许作业手续;对牵引变电所无权自行停电的设备要按下列要求办理:

一、属供电调度管辖的设备,作业前由值班员向供电调度申请停电,申请时要说明作业内容、时间、安全措施、班组和工作领导人的姓名。供电调度员审查无误后发布停电作业命令。供电调度员在发布停电作业命令时,受令人要认真复诵,经确认无误后,方可给命令编号和批准时间,发令人和受令人同时填写作业命令记录,并由值班员将命令编号和批准时间填入工作票。

二、对不属于供电调度管辖、给非牵引负荷供电的设备停电时,由值班员向用电主管单位办理停电作业的手续,并将准予停电的设备、时间、范围、作业内容及双方联系人的姓名记入值班日志或有关记录。

三、在同一个停电范围内有几个作业组同时作业时,对每一个作业组,值班员必须分别办理停电作业申请。

验 电 接 地

第 68 条 高压设备验电及装设或拆除接地线时,必须由助理值班员操作,值班员监护。操作人和监护人须穿绝缘靴、戴安全帽,操作人还要戴绝缘手套。

第 69 条 验电前要将验电器在有电的设备上试验,确认良好方准使用。验电时,对被检验设备的所有引入、引出线均须检验。

表示设备断开和允许进入间隔的信号以及常设的测量仪表显示无电时,不得作为设备无电压的根据;若指示有电,则禁止在该设备上工作,应立即查明原因。

第 70 条 对于可能送电至停电作业设备上的有关部分均要装设接地线。在停电作业的设备上如可能产生感应电压且危及人身安全时应增设接地线。所装的接地线与带电部分应保持规定的安全距离,并应装在作业人员可见到的地方。

第 71 条 变电所全所停电时,在可能来电的各路进出线均要分别验电和装设接地线。

部分停电时,若作业地点分布在电气上互不相连的几个部分时(如在以断路器或隔离开关分段的两段母线上作业),则各作业地点应分别验电接地。

当变压器、电压互感器、断路器、室内配电装置单独停电作业时,应按下列要求执行:

一、变压器和电压互感器的高、低压侧以及变压器的中性点均要分别验电接地。

二、断路器进、出线侧要分别验电接地。

三、母线两端均要装设接地线。

四、在室内配电装置上,接地线应装在该装置导电部分的规定地点,这些地点的油漆应刮去并标出记号。

配电装置的接地端子要与接地网相连通,其接地电阻须符合规定。

第 72 条 当验明设备确已停电,则要及时装设接地线。装设接地线的顺序是先接接地端,再将其另一端通过接地杆接在停电设备裸露的导电部分上(此时人体不得接触接地线);拆除接地线时,其顺序与装设时相反。

接地线须用专用的线夹连接牢固,接触良好,严禁缠绕。

第 73 条　每组接地线均要编号并放在固定的地点。装设接地线时要做好记录，交接班时要将接地线的数目、号码和装设地点逐一交接清楚。接地线要采用截面积不小于 25 mm^2 的裸铜软绞线，且不得有断股、散股和接头。

第 74 条　根据作业的需要（如测量绝缘电阻等）必须拆除接地线时，经过工作领导人同意，可以将妨碍工作的接地线短时拆除，该作业完毕要立即恢复。拆除和恢复接地线仍须由牵引变电所值班人员进行。当进行需要拆除接地线的作业时，必须设专人监护，其安全等级：作业人员不低于二级，监护人不低于三级。

标示牌和防护栅

第 75 条　在工作票中填写的已经断开的所有断路器的隔离开关的操作手柄上，均要悬挂"有人工作，禁止合闸"的标示牌。

若接触网和电线路上有人作业，要在有关断路器和隔离开关操作手柄上悬挂"有人工作，禁止合闸"的标示牌。

第 76 条　在室外设备上作业时，在作业地点附近，带电设备与停电设备要有明显的区别标志。

第 77 条　在室内设备上作业时，与作业地点相邻的分间栅栏上要悬挂"止步，高压危险！"标示牌，并在检修的设备上和作业地点悬挂"有人工作"的标示牌。

在禁止作业人员通行的过道或必要的处所要装设防护栅，并悬挂"止步，高压危险！"的标示牌。

第 78 条　在部分停电作业时，当作业人员可能触及带电部分时，要装设防护栅，并在防护栅上悬挂"止步，高压危险！"的标示牌。装设防护栅要考虑发生火灾、爆炸等事故时，作业人员能迅速撤出危险区。

第 79 条　在结束作业之前，任何人不得拆除或移动防护栅和标示牌。

消除作业命令

第 80 条　当办完结束工作票手续后，值班员即可向供电调度请求消除停电作业命令。

供电调度员确认该作业已经结束，具备送电条件时，给予消除作业命令时间，双方记入作业命令记录中。

同一个停电范围内有几个作业组同时作业时，对每一个作业组，值班员必须分别向供电调度请求消除停电作业命令。

第 81 条　只有当在停电的设备上所有的停电作业命令全部消除完毕，值班员方可按下列要求办理送电手续：

一、属供电调度管辖的设备，按供电调度命令送电。

二、对不属供电调度管辖的供电给非牵引负荷的设备要与用电主管单位联系，确认作业结束，具备送电条件，方准合闸送电，并将双方联系人的姓名、送电时间记入值班日志或有关记录中。

三、对牵引变电所有权自行倒闸的设备，值班员确认所有的工作票已经结束、具备送电条件后方可合闸送电。

岗位工作指导

一、在进行停电作业时，必须与带电的设备保持一定的距离，根据电压等级的高低，保持不同的安全距离。

二、二次回路检测，可能对一次回路的设备安全运行产生影响时，应及时将一次回路的设备进行停电，停电后，应对来电的各个方向的电路有明显的断点，必要时，断开相关开关的操作控制电源。

三、变电所在所辖范围内，对有权停电的设备可以自行验电、接地；而对变电所无权操作的设备，必须办理相关的作业申请手续。

四、验电、接地由助理值班员操作，值班员监护，操作时做好个人安全防护的工作。验电器使用前确保工作可靠、正常方可使用。

五、接地线装设时也应考虑感应电对人身安全的影响。在可能来电的各个方向均装设接地线，不能有疏漏。

六、接地线装设有严格的顺序，先固定好接地端，然后将另一端接到电气设备的导电部分，操作过程中人体不要接触接地线，这样，若有意外的电流通过，则沿接地线通入大地，确保人身安全。拆除接地线时，顺序正好相反。

七、验电接地操作程序：

1. 检查验电器的好坏，用验电器指向带电设备，试验验电器。

2. 验电操作，将验电器靠近接地导体，进行验电，确认后宣读“验明无电”，值班员复诵“验电无电”，必要时可以“再验”。雷雨天气禁止使用验电器。

3. 装设接地线，接地线与接地端子连接牢固，手指接地部位宣读“××处接地”，助理值班员复诵“××处接地”，然后挂上接地线，连接牢固后，宣读“接地完毕”，值班员检查后，复诵“接地完毕”。

4. 做好接地记录，包括接地线编号、数目、装设地点。

八、当断路器和隔离开关断开后，在相应的操作把手上要悬挂“有人工作，禁止合闸”标示牌，以防误操作而造成意外的事故。

九、停电作业工作完成后，值班员要向供电调度员申请消除作业命令。当停电设备作业命令都消除后，才能按要求办理送电手续。

第六节　高压设备带电作业

作业分类

第 82 条　带电作业按作业方式分为直接带电作业和间接带电作业：

直接带电作业——用绝缘工具将人体与接地体隔开，使人体与带电设备的电位相同，从而直接在带电设备上作业。

间接带电作业——借助绝缘工具，在带电设备上作业。

命令程序

第 83 条　除了值班员有权自行倒闸的设备外，对属供电调度管辖的设备，在作业前由值班员向供电调度申请带电作业，申请时要说明作业的地点、内容、时间、安全措施、班组和工作领导人的姓名。供电调度员审查符合条件后，发布带电作业命令。

供电调度员在发布带电作业命令时，受令人要认真复诵，经确认无误后，方可给命令编号和批准时间。发令人和受令人同时填写作业命令记录，并由值班员将其填写在工作票内。

值班员接到供电调度员发布的带电作业命令后，方可实施安全措施、办理准许作业手续。

作业结束后，值班员要向供电调度请求消除带电作业命令，由供电调度给予消除作业命令时间，双方记入作业命令记录中。

安全距离

第84条　间接带电作业时，作业人员（包括所持的非绝缘工具）与带电部分之间的距离，均不得小于表4－17的规定。

表4－17　安全距离规定

电压等级	安全距离	电压等级	安全距离
110 kV	1 000 mm	27.5和35 kV	600 mm
55 kV	700 mm	6～210 kV	400 mm

绝缘工具

第85条　带电作业用的各种绝缘工具材质的电气强度不得小于3 kV/cm；其有效绝缘长度不得小于表4－18的规定。

表4－18　有效绝缘强度规定

电压等级	有效绝缘强度	电压等级	有效绝缘强度
110 kV	1 300 mm	27.5 kV和35 kV	900 mm
55 kV	1 000 mm	6～10 kV	700 mm

第86条　绝缘工具要有合格证并进行下列试验（试验标准见表4—2）：

1. 对使用中的绝缘工具定期进行试验（试验标准见表4—2）。
2. 绝缘工具的机、电性能发生损伤或对其怀疑时，进行相应的试验。

禁止使用未经试验或试验不合格或超过试验期的绝缘工具。

第87条　使用工具前应仔细检查其是否损坏、变形、失灵，并使用2 500 V绝缘摇表或绝缘检测仪进行分段绝缘测量（电极宽2 cm，极间宽2 cm），阻值应不小于700 MΩ。操作绝缘工具时应戴清洁、干燥的手套，并应防止绝缘工具在使用中脏污和受潮。

第88条　带电作业工具应设专人保管，登记造册，并建立每件工具的试验记录。

第89条　带电作业工具应置于通风良好、备有红外线灯泡或有去湿设施的清洁干燥的专用房间存放。

第90条　绝缘工具在使用中要经常保持清洁、干燥，切勿损伤。使用管材制作的绝缘工具，其管口要密封。

安全规定

第91条　在进行带电作业前必须撤除有关断路器的重合闸（测量绝缘子的电压分布除外）。在作业过程中如果有关断路器跳闸或发现设备无电时，值班员均要立即向供电调度报告，供电调度员必须弄清情况后再决定送电。

第92条　在使用绝缘硬梯作业时，除遵守使用梯子作业的有关规定外，还要注意扶梯的部位要尽量靠近地面，以保持足够的有效绝缘长度。

岗位工作指导

一、本节主要规范了现场常用绝缘工具的安全使用距离，在供电系统中，当闭合或断开牵引供电回路时，供电系统内的工作状态突然改变，在电磁能量相互转换的过渡过程中会形成瞬间的高电压，这就是内部过电压，因为与系统的操作有关，所以也称操作过电压。其幅值随着系统的参数不同而变化，根据实际测量的结果约为正常工作电压的 2.5～3 倍。在开关操作时注意操作过电压对设备绝缘的影响，如：变压器电源侧开关空载合闸时出现操作过电压。在操作时注意将变压器的中性点接地开关先行合闸。

二、外部过电压是在雷电放电时形成的，所以也称大气过电压。雷电有直接雷和间接雷之分。前者即雷电直接击在接触网上，雷电电压大大高于电气的绝缘水平，从而造成接触网绝缘子闪络或击穿，其保护措施为设置避雷器或放电间隙；而产生的感应雷，其幅值一般不会高于电气的绝缘水平。在供电运行现场采用的避雷措施有：避雷器、避雷针、避雷线。

三、电气安全距离是以过电压的最高幅值为根据，计算出危险距离，再考虑安全系数而确定的（额定电压比照电力系统 35 kV 等级），其值分别为 300 mm（按内部过电压）和 600 mm（按外部过电压）。在现场作业时，注意保持足够的安全距离，注意操作的幅度，严禁抛接工具、抛甩安全带等不规范操作。

第七节　其他作业

远离带电部分的作业

第 93 条　当作业人员与高压设备带电部分之间的距离等于或大于第 65 条规定数值时，允许不停电在高压设备上进行下列作业：

一、清扫外壳、更换整修附件（如油位指示器等）、更换硅胶、整修基础等。

二、补油。

三、取油样。

四、能保证人身安全和设备安全运行的简单作业。

第 94 条　当进行远离带电部分的作业时，必须遵守下列规定：

一、作业人员在任何情况下与带电部分之间必须保持规定的安全距离。

二、作业人员和监护人员的安全等级不得低于二级。

三、在高压设备外壳上作业时，作业前要先检查设备的接地必须完好。

低压设备上的作业

第 95 条　在变压器至钢轨的回流线上作业时，一般应停电进行，填写第一种工作票。但对不断开回流线的作业且经确认回流线各部分连接良好时，可以带电进行。

对断开作业的回流线，必须有可靠的旁路线。

在回流线上带电作业时，要填写第三种工作票，严禁 1 人单独作业，作业人员的安全等级不低于三级。

第 96 条　在低压设备上作业时一般应停电进行。若必须带电作业时，作业人员要穿紧袖口的工作服，戴工作帽、手套和防护眼镜，穿绝缘靴或站在绝缘垫上工作；所用的工具必须有良好的绝缘手柄；附近的其他设备的带电部分必须用绝缘板隔开。

在低压设备上作业时严禁1人单独作业。带电作业时作业人员的安全等级不得低于三级；停电作业时至少有1人的安全等级不低于二级。

第97条　严禁将明火或能发生火焰的物品带入蓄电池室。在蓄电池室进行作业时，作业前要先检查并确认室内无异常现象，在作业过程中禁止对蓄电池充电，室内所有的通风机均应开动，保持通风良好。

在向蓄电池中注电解液或调配电解液时要戴防护眼镜。当稀释酸液（或碱液）时要将酸液（或碱液）徐徐注入蒸馏水中，并用耐酸棒（或耐碱棒）不停地搅拌，严禁把蒸馏水倒入酸液（或碱液）中。

二次回路上的作业

第98条　在确保人身安全和设备安全运行的条件下，允许有关的高压设备和二次回路不停电进行下列工作：

一、在测量、信号、控制和保护回路上进行较简单的作业。

二、改变继电保护装置的整定值，但不得进行该装置的调整试验，作业人员的安全等级不得低于三级。

三、当电气设备有多重继电保护，经供电调度批准短时撤出部分保护装置时，在撤出运行的保护装置上作业。

第99条　在二次回路上进行作业时，必须遵守下列规定：

一、人员不得进入高压分间或防护栅内，同时与带电部分之间的距离要等于或大于第65条规定的数值。

当作业地点附近有高压设备时，要在作业地点周围设围栅和悬挂相应的标示牌。

二、所有互感器的二次回路均要有可靠的保护接地。

三、直流回路不得接地或短路。

四、根据作业要求需进行断路器的分合闸试验时，必须经值班员同意方准操作。试验完毕时，要报告值班员。

第100条　在带电的电压互感器和电流互感器二次回路上作业时除按第99条执行外，还必须遵守下列规定：

一、电压互感器：

1. 注意防止发生短路或接地。作业时作业人员要戴手套，并使用绝缘工具，必要时作业前撤出有关的继电保护。

2. 连接的临时负荷，在互感器与负荷设备之间必须有专用的刀闸和熔断器。

二、电流互感器：

1. 严禁将其二次侧开路。

2. 短路其二次侧绕组时，必须使用短路片或短路线，并要连接牢固，接触良好，严禁用缠绕的方式进行短接。

三、作业时必须有专人监护，操作人必须使用绝缘工具并站在绝缘垫上。

第101条　当用外加电源检查电压互感器的二次回路时，在加电源之前须在电压互感器的周围设围栅，围栅上要悬挂“止步，高压危险！”的标示牌，且人员要退到安全地带。

岗位工作指导

一、电压、电流互感器是供电系统常用的电器设备，主要是进行电压、电流的变换，以便测量电压和电流的大小，同时提供给保护装置电压、电流测量值。电压、电流互感器接线时，其二次侧必须有一端可靠的接地，这样可以防止互感器绝缘损害而使一次侧的高压引入低压而带来的事故危害。同时还要注意端子的极性：电压互感器的二次侧不允许短路运行，电流互感器的二次侧不允许开路运行。流互二次侧负载检修时，应先将互感器的二次侧绕组短路，若开路运行，则会带来以下严重的危害：

1. 铁心由于磁通量的增加而产生过热现象，同时产生剩磁，这样会降低铁心的准确度；

2. 由于电流互感器的二次绕组的匝数远远大于一次侧，所以会感应出危险的高电压，危及设备和人身的安全。

二、清扫二次回路应注意的事项：

1. 人员不得进入高压分间或防护栅内，同时与带电部分之间的距离要符合规定，作业地点附近有高压设备时，要在作业地点周围设围栅或相应的标示牌；

2. 互感器的二次回路均要有可靠的保护接地；

3. 直流回路不得接地或短路；

4. 根据作业要求要进行断路器的分合闸试验时，必须经值班人员同意方可操作，作业完毕时，要报告值班员。

三、二次回路工作的要求：

1. 至少有两人参加工作，参加人员必须明确工作目的和工作方法；

2. 必须用符合实际的图纸进行工作；

3. 若要停用电源设备，如电压互感器或部分电压回路的熔断器等，必须考虑停用后的影响，以防止停用后造成保护的误动或拒动；

4. 切除直流回路熔断器时，应正、负极同时拉开，或先拉开正电源，后拉开负电源；恢复时顺序相反，目的是防止发生误动作引起误跳断路器；

5. 测量二次回路电压时，必须使用高内阻的电压表；

6. 在运行中的电源回路上测量电流，须事先核实电流表及其引线是否良好，要防止电流回路开路而发生人身和设备故障；

7. 工作中使用的工具大小应合适，并应使金属外漏部分尽量减小，以免发生短路；

8. 应站在安全及适当的位置进行工作；

9. 如果可停电进行工作时，应事先检查电源是否已断开，确认无电后方可进行工作；在某些没有切断电源的设备处工作时，对有可能触及的部分，应将其包扎绝缘或隔离；

10. 工作中需要拆动螺丝、二次线、压板等，应先校对图纸并做好记录；工作完毕后应及时恢复，并进行全面的复查；

11. 需拆盖检查继电器内部情况时，不允许随意调整机械部分；当调整的部位会影响其特性时，应在调整后进行电气特性试验；

12. 二次回路工作结束后，应详细地将结果写在记录上。

四、接线端子是二次回路接线不可缺少的部件，除了屏内与屏外二次回路的连接，以及同一屏上各安装单位之间的连接必须通过接线端子外，为了走线方便，屏面设备与屏顶设备的连接也要经过端子排，各种形式的端子还有助于在端子排上进行并头或测量，校验及检修二次回路中的仪表和继电器，许多端子组合在一起构成端子排，其类型有：1. 一般端子；2. 试验端子；3. 连接型试验端子；4. 连接端子；5. 终端端子；6. 标准端子；7. 特殊端子。

第八节　试验和测量

高压试验

第 102 条　当进行电气设备的高压试验时，工作领导人的安全等级不得低于三级。在作业地点的周围要设围栅，围栅上悬挂“止步，高压危险！”的标示牌（标示牌要面向作业场地外方），并派人看守。

若被试设备较长时（如电缆），在距离操作人较远的另一端还应派专人看守。

因试验需要临时拆除设备引线时，在拆线前应做好标记，试验完毕恢复后要仔细检查，确认连接正确，方可投入运行。

第 103 条　在 1 个电气连接部分内，同时只允许 1 个作业组且在 1 项设备上进行高压试验。

必要时，在同 1 个连接部分内检修和试验工作可以同时进行，作业时必须遵守下列规定：

一、在高压试验与检修作业之间要有明显的断开点，且要根据试验电压的大小和被检修设备的电压等级保持足够的安全距离。

二、在断开点的检修作业侧装设接地线，高压试验侧悬挂“止步，高压危险！”的标示牌，标示牌要面向检修作业地点。

第 104 条　试验装置的金属外壳要装设接地线，高压引线应尽量缩短，必要时用绝缘物支持牢固。试验装置的电源开关应使用有明显断开点的双极开关。

试验装置的操作回路中，除电源开关外还应串联零位开关，并应有过负荷自动跳闸装置。

第 105 条　在施加试验电压（简称加压，下同）前，操作人、监护人要共同仔细检查试验装置的接线、调压器零位、仪表的起始状态和表计的倍率等，确认无误且被试设备周围的人员均在安全地带，经工作领导人许可方准加压。

第 106 条　加压作业要专人操作、专人监护，其安全等级：操作人不低于二级，监护人不低于三级。加压时，操作人要穿绝缘靴或站在绝缘垫（试验周期和标准比照绝缘靴）上，操作人和监护人要呼唤应答。

在整个加压过程中，全体作业人员均要精神集中，随时注意有无异常现象。

第 107 条　未装地线的具有较大电容的设备，应进行放电再加压。

当进行直流高压试验时，每告一段落或结束时应将设备对地进行放电数次，并进行短路接地。放电时操作人要使用放电棒并戴绝缘手套。

被试设备上装设的接地线，只允许在加压过程中短时拆除，试验结束要立即恢复原状。

第 108 条　试验结束时，作业人员要拆除自装的接地线、短路线，检查被试设备，清理作业地点。

测量工作

第 109 条　使用兆欧表测量绝缘电阻前后，必须将被测设备对地放电。放电时，作业人员要戴绝缘手套、穿绝缘靴。

第 110 条　在有感应危险电压的线路上测量绝缘电阻时，将造成感应危险电压的设备一并停电后进行。

第 111 条 使用兆欧表测量绝缘电阻前，必须将被测设备从各方面断开电源，经验明无电且确认无人作业时方可进行测量。

测量时，作业人员站的位置、仪表安设的位置及设备的接线点均要选择适当，使人员、仪表及测量导线与带电部分保持足够的安全距离。作业地点附近不得有其他人停留。测量用的导线要使用相应电压的绝缘线。

在高压设备上作业时，应派遣作业小组，其中 1 人的安全等级不低于三级。

第 112 条 使用钳形电流表测量电流时，其电压等级应符合要求。测量时可以不开工作票，但在测量前，须经值班员同意，并由值班员与作业人员共同到作业地点进行检查，必要时由值班人员做好安全措施方可作业。测量完毕要通知值班员。

在高压设备上测量时，应派遣作业小组，其中 1 人的安全等级不低于三级。

第 113 条 使用钳形电流表测量需拆除防护栅才能作业时，应在拆除防护栅后立即测量；测量完毕要立即恢复。

第 114 条 测量时，作业人员与带电部分之间的距离要大于钳形电流表的长度，读表时身体不得弯向仪表面上。

在高压设备上使用钳形电流表测量时，测量人员要戴好绝缘手套、穿好绝缘靴并站在绝缘垫上作业。

第 115 条 当测量电缆盒处各相电流时，只有在相间距离大于 300 mm 且绝缘良好时方准进行；当电缆有一相接地时，严禁作业。

在低压母线上测量各相电流时，要事先用绝缘板将各相隔开，测量人员要戴绝缘手套。

第 116 条 钳形电流表要存放在盒内且要保持干燥，每次使用前要将手柄擦拭干净。

第 117 条 除专门测量高压的仪表外，其余仪表均不得直接测量高压。测量用的连接电流回路的导线截面积要与被测回路的电流相适应；连接电压回路的导线截面积不得小于 1.5 mm^2。

第 118 条 当使用的携带型仪表、仪器是金属外壳时，其外壳必须接地。

在高压回路进行测量时，要在作业地点周围设围栅，悬挂相应的标示牌，人员与带电部分之间须保持足够的安全距离。

岗位工作指导

本节对各种测量仪表的使用、保养提出了相应的工作规范。常用测量仪表有摇表、万用表和钳形电流表，在测量时若不注意正确的使用方法或稍有疏忽，则不是将表烧坏，就是使被测元件损坏，甚至危及人身安全。因此，掌握常用电工测量仪表的正确使用方法是非常重要的。

一、摇表

摇表又称兆欧表，其用途是测试线路或电气设备的绝缘状况。使用方法及注意事项如下：

(1)首先选用与被测元件电压等级相适应的摇表，对于 500 V 及以下的线路或电气设备，应使用 500 V 或 1 000 V 的摇表。对于 500 V 以上的线路或电气设备，应使用 1 000 V 或 2 500 V的摇表。

(2)用摇表测试高压设备的绝缘时，应由两人进行。

(3)测量前必须将被测线路或电气设备的电源全部断开，即不允许带电测绝缘电阻。并且要查明线路或电气设备上无人工作后方可进行。

(4)测量时，摇动摇表手柄的速度要均匀，以 120 r/min 为宜；保持稳定转速 1 min 后取读数据。

(5)测试过程中两手不得同时接触两根线。

(6)测试完毕应先拆线，后停止摇动摇表，以防止电气设备向摇表反充电导致摇表损坏。

(7)雷电时，严禁测试线路绝缘。

二、万用表

万用表是综合性仪表，可测量交流或直流的电压、电流，还可以测量元件的电阻以及晶体管的一般参数和放大器的增益等。因此，万用表转换开关的接线较为复杂，必须掌握其使用方法。

(1)使用万用表前要校准机械零位和电气零位，若要测量电流或电压，则应先调表指针的机械零位；若要测量电阻，则应先调表指针的电气零位，以防表内电池电压下降而产生测量误差。

(2)测量前一定要选好档位，即电压档、电流档或电阻档，同时还要选对量程。初选时应从大到小，以免打坏指针。禁止带电切换量程。

(3)测量直流时要注意表笔的极性。测量高压时，应把红、黑表笔插入“2 500 V”和“—”插孔内，把万用表放在绝缘支架上，然后用绝缘工具将表笔触及被测导体。

(5)带电测量过程中应注意防止发生短路和触电事故。

(6)不用时，切换开关不要停在欧姆挡，以防止表笔短接时将电池放电。

三、钳形电流表

钳形电流表分高、低压两种，用于在不拆断线路的情况下直接测量线路中的电流。其使用方法如下：

(1)使用高压钳形表时应注意钳形电流表的电压等级，严禁用低压钳形表测量高电压回路的电流。用高压钳形表测量时，应由两人操作，测量时应戴绝缘手套，站在绝缘垫上，不得触及其他设备，以防止短路或接地。

(2)观测表计时，要特别注意保持头部与带电部分的安全距离，人体任何部分与带电体的距离不得小于钳形表的整个长度。

(3)在高压回路上测量时，禁止用导线从钳形电流表另接表计测量。测量高压电缆各相电流时，电缆头线间距离应在 300 mm 以上，且绝缘良好，待认为测量方便时，方能进行。

(4)测量低压可熔保险器或水平排列低压母线电流时，应在测量前将各相可熔保险或母线用绝缘材料加以保护隔离，以免引起相间短路。

第五章 牵引变电所运行检修规程

第一节 总 则

第 1 条 在牵引变电所(包括开闭所、分区所、AT 所、分相所,除特别指出者外,以下皆同)是向电气化铁路供电的重要组成部分,与行车密切相关。为搞好牵引变电所的运行和检修工作,特制定本规程。

本规程适用于牵引变电所的运行、检修和试验。

第 2 条 本规程是按周期修编制的,牵引变电所的检修应贯彻"修养并重,预防为主"的方针。积极创造条件向周期检测、状态维修、限界值管理、寿命管理过渡。

第 3 条 为保证牵引变电所安全可靠的供电,各级部门要认真建立健全各级岗位职责制,抓好各项基础工作,科学管理,改革修制,依靠科技进步,积极采用新技术、新工艺、新材料,不断改善牵引变电所的技术状态,提高供电工作质量。

铁路局可根据本规程规定的原则和要求,结合具体情况制定细则、办法,并报部核备。

第二节 规范管理 分级负责

第 4 条 电气设备运行和检修工作实行规范管理、分级负责的原则,充分发挥各级组织的作用。

铁道部:统一制定全路牵引变电所运行和检修工作有关规章及质量标准;调查研究,检查指导,总结和推广先进经验;掌握牵引变电所大修支出占全局牵引变电所总支出的比例。按规定对铁路局进行监督和管理,为铁路局提供服务。

铁路局:贯彻执行铁道部有关规章、标准和命令,组织制定本局实施细则、办法和工艺;领导全局的牵引变电所运营和管理工作,制定本局管内各分局、供电(水电)段的管理和职责范围;审批牵引变电所大修、科研、更新、改造及局管的基建计划,组织验收和鉴定;并报部核备。

第 5 条 牵引变电所的增设、迁移、拆除由铁道部审批,封闭和启封由铁路局审批并报部备案。

第 6 条 因牵引变电所的设备改造、变化而降低列车牵引重量、速度或引起邻局牵引供电设备运行方式变更时,须经铁道部审批。牵引变电所属于下列情况的技术改造,须经铁路局审批,并报部核备。

一、改变电源和主接线时。

二、变更主变压器、断路器的容量和型号时。

三、变更保护型式、控制和测量方式时。

第 7 条　为保证电气化区段的可靠供电，由牵引变电所引接非牵引负荷而引起设备改造时和向路外供电时由铁路局审批。

第三节　交 接 验 收

第 8 条　牵引变电所竣工后，应按规定对工程进行检查和交接试验及全部馈线的短路试验，经验收合格方可投入运行。

第 9 条　在牵引变电所工程交接验收前 10 天，施工单位应向运行单位提交图纸、记录、说明书等竣工资料。

第 10 条　牵引变电所投入运行前，接管部门要制定好运行方式，配齐并训练运行、检修人员，组织学习和熟悉有关设备、规章、制度并经考试合格；备齐检修用的工具、材料、零部件及安全用具等。

第 11 条　在牵引变电所投入运行时要建立各项制度和正常管理秩序；按规定备齐技术文件；建立并按时填写各项原始记录、台账、技术履历、表报等。

一、牵引变电所应有下列技术文件：

1. 一次接线图、室内外设备平面布置图、室外配电装置断面图、保护装置原理图、二次接线的展开图、安装图和电缆手册等。

2. 制造厂提供的设备说明书。

3. 电气设备、安全用具和绝缘工具的试验结果，及保护装置的整定值等。

二、有人值班的牵引变电所应建立下列原始记录：

1. 值班日志：由值班人员填写当班期间牵引变电所的运行情况。

2. 设备缺陷记录：由巡视人员、发现缺陷的人员和处理缺陷负责人填写日常运行中发现的缺陷及其处理情况。

3. 蓄电池记录：由值班人员填写蓄电池运行及充、放电情况。

4. 保护装置动作及断路器自动跳闸记录：由值班人员填写各种保护装置（不包括避雷器）动作及断路器自动跳闸情况。

5. 保护装置整定记录：记录保护装置的整定情况。

6. 避雷器动作记录：由值班人员填写避雷器动作情况。

7. 主变压器过负荷记录：由值班人员按设备编号分别填写主变压器过负荷情况。

上述各项记录应装订成册。

三、牵引变电所控制室内要有一次接线的模拟盘。模拟盘要能显示断路器和隔离开关的开、闭状态。

四、无人值班分区亭的技术文件和原始记录，由维护班组负责保管与填写。巡视、维修记录的格式由铁路局制定。

第 12 条　为保证牵引变电所故障时尽快地恢复正常供电，最大限度地减少对运输的影响，牵引变电所应配备满足事故处理时所需要的设备、零部件、材料和工具，并保持良好状态。

值　班

第13条　牵引变电所要按规定的班制昼夜值班。值班人员在值班期间要做好下列工作：

一、掌握设备现状，监视设备运行。

二、按规定进行倒闸作业，做好作业地点的安全措施，办理准许及结束作业的手续，并参加有关的验收工作。

三、及时、正确地填写值班日志和有关记录。

四、及时发现和准确、迅速处理故障，并将处理情况报告供电调度及有关部门。

五、保持所内整洁，禁止无关人员进入控制室和设备区。

第14条　值班人员要认真按时做好交接班工作：

一、交班人员向接班人员详细介绍设备运行情况及有关事项，接班人员要认真阅读值班日志及有关记录，熟悉上一班的情况。离开值班岗位时间较长的接班人员，还要注意了解离所期间发生的新情况。

二、交接班人员共同巡视设备，检查核对值班日志及有关记录应与实际情况符合，信号装置、安全设施要完好。

三、交接班人员共同检查作业有关的安全设施，核对接地线数量及编号。

四、交接班人员共同检查工具、仪表、备品和安全用具。

办完交接班手续时，由交接班人员分别在值班日志上签字，由接班人员向供电调度报告交接班情况。

第15条　正在处理故障或进行倒闸作业时不得进行交接班。未办完交接班手续时，交班人员不得擅离职守，应继续担当值班工作。

倒　闸

第16条　值班人员接受倒闸任务后，操作前要先在模拟盘上进行模拟操作，确认无误后方可进行倒闸。在执行倒闸任务时，监护人要手执操作卡片或倒闸表与操作人共同核对设备位置，进行呼唤应答，手指眼看，准确、迅速操作。

第17条　当以备用断路器代替主用断路器时，应检查、核对备用断路器的投入运行条件后，方能进行倒闸。

若主用和备用断路器共用一套保护装置时，必须先断开主用断路器，将保护装置切换后再投入备用断路器。

第18条　采用远动装置进行倒闸操作，值班员接到供电调度通知后，应监视设备动作情况，及时向供电调度汇报并做好记录。

巡　视

第19条　值班人员应按规定对变配电设备进行巡视检查。

第20条　值班人员每班至少巡视1次(不包括交接班巡视)；每周至少进行1次夜间熄灯巡视；每次断路器跳闸后对有关设备要进行巡视；在遇有下列情况时，要及时增加巡视次数：

一、设备过负荷，或负荷有显著增加时；

二、设备经过大修、改造或长期停用后重新投入系统运行；新安装的设备加入系统运行；

三、遇有雾、雪、大风、雷雨等恶劣天气，或事故跳闸和设备运行中有异常和非正常运行时；

值班人员对新装或大修后的变压器投入运行后 24 h 内，要每隔 2 h 巡视 1 次。

无人值班的所，由维修班组负责每周一般至少巡视一次。

变电所工长值日勤期间，要参加交接班巡视。

第 21 条　各种巡视中，一般项目和要求如下：

一、绝缘子瓷体应清洁、无破损和裂纹、无放电痕迹及现象，瓷釉剥落面积不得超过 300 mm。

二、电气连接部分(引线、二次接线)应连接牢固，接触良好，无过热、断股和散股、过紧或过松。

三、设备音响正常，无异味。

四、充油设备的油标、油阀、油位、油温、油色应正常，充油、充胶、充气设备应无渗漏、喷油现象。充气设备气压和气体状态应正常。

五、设备安装牢固，无倾斜，外壳应无严重锈蚀，接地良好，基础、支架应无严重破损和剥落。设备室和围栅应完好并锁住。

第 22 条　巡视变压器时，除一般项目和要求外，还要注意以下几点：

一、防爆筒玻璃应无破裂，密封良好。

二、呼吸器内干燥剂颜色正常。

三、瓦斯继电器内应无气体。

四、冷却装置、风扇电机应齐全，运行应正常。

五、有载调压开关装置位置指示、动作计数器显示正确，低压侧母线电压在调节范围之内。

第 23 条　巡视油断路器时，除一般项目和要求外，还要注意以下几点：

一、排气管及其隔膜、防爆装置应正常。

二、分合闸指示器应与实际状态相符。

第 24 条　巡视气体断路器时，除一般项目和要求外，还要注意以下几点：

一、气压表(或气体密度表)应指示正确。

二、分合闸指示器应与实际状态相符。

三、分合闸计数器指示应正确。

第 25 条　巡视真空断路器时，除一般项目和要求外，还要注意以下几点：

一、动静触头应接触良好，无发热现象。

二、玻璃真空灭弧室内无辉光，铜部件应保持光泽。

三、闭锁杆位置正确，止轮器良好。

四、分合闸位置指示器应与实际情况相符。

第 26 条　巡视隔离开关时，除一般项目和要求外，还要注意以下几点：

一、闸刀位置应正确，分闸角度或距离应符合规定。

二、触头应接触良好，无严重烧伤。

三、电动操作机构分合闸指示器应与实际状态相符。机构箱密封良好，部件完好无锈蚀。

四、手动操作机构应加锁。

第27条 巡视负荷开关时,除一般项目和要求外,还应注意以下几点:

一、接触部分、触头或软连接应无变色、无发光及异声。

二、各种传动及连接零件无变形、损坏。

第28条 巡视接地保护放电装置时,除一般项目和要求外,还要注意以下几点:

一、放电电容器应无渗漏油、膨胀、变形。

二、放电间隙应光滑,无烧损现象。

三、动作次数计数器应指示正确。

第29条 巡视电容补偿装置时,除一般项目和要求外,还要注意以下几点:

一、电容器外壳应无膨胀、变形,接缝应无开裂、无渗漏油。

二、熔断器、放电回路及附属装置应完好。

三、电抗器无异声异味,空心电抗器线圈本体及附近铁磁件无过热现象;油浸式电抗器油位正常符合要求,无渗油现象。

四、室内温度应符合规定,通风良好。

第30条 巡视高压母线时,除一般项目和要求外,还要注意以下几点:

一、多股线应无松股、断股。

二、硬母线应无断裂、无脱漆。

第31条 巡视电缆及电缆沟时,除一般项目和要求外,还要注意以下几点:

一、电缆沟盖板应齐全、无严重破损,沟内无积水、无杂物。

二、电缆外皮应无断裂、无锈蚀,其裸露部分无损伤。电缆头及接线盒密封良好,无接头发热、放电现象。

第32条 巡视端子箱时,除一般项目和要求外,还要注意以下几点:

一、箱体应清洁、牢固,不倾斜,密封良好,箱体内外无严重锈蚀。

二、箱内端子排应完好、清洁、连接整齐、牢固、接触良好。闸刀接触良好、无烧伤,熔断器不松动。

第33条 巡视避雷器时,除一般项目和要求外,还要注意以下几点:

一、各节连接应正直,整体无严重倾斜,均压环安装应水平。

二、放电记录器应完好。

第34条 巡视避雷针时,除一般项目和要求外,还要注意:避雷针应无倾斜、无弯曲,针头无熔化。

第35条 整流电源装置巡视项目和要求如下:

一、整流变压器、磁饱和稳压器无异音、异味和过热。

二、整流元件无过热及放电痕迹。电容器无膨胀和渗油。

三、直流母线电压符合规定。

第36条 蓄电池组巡视项目和要求如下:

一、蓄电池容器完好,表面清洁,碱性蓄电池无爬碱现象。

二、电池极柱间连接片及连接线安装牢固,接触良好,无腐蚀现象。

三、蓄电池部件完好,无脱落、损坏。

四、检查蓄电池电解液的液面高度应符合要求。

五、测量领示电池的电压,应符合规定。

六、充电设备运行正常,蓄电池切换器位置正确,浮充电流、蓄电池放电电流正常,检查交直流绝缘监视表指示情况。

第 37 条　控制室巡视项目和要求如下：

一、各种盘(台)上的设备清洁,锈蚀面积不超过规定,安装牢固。

二、模拟盘与实际运行方式相符。

三、试验信号装置和光字牌应显示正确。

四、表计指示正正常。

五、转换开关、继电保护和自动装置压板以及切换开关的位置、标示牌应正确,并与记录相符。

六、开关、熔断器、端子安装牢固,接触良好,无过热和烧伤痕迹。

七、继电器外壳和玻璃完整、清洁,继电器内部无异音,接点无抖动、位置正常,信号继电器无掉牌。

八、成套保护、故障点探测仪工作正常。

九、二次回路熔断器(或空气开关)、信号小刀闸投退位置应正确,端子排的连片、跨接线应正常。

十、硅整流器和储能电容器连接牢固,容量足够,交流电源正常供电。

十一、事故照明正常。

设 备 运 行

第 38 条　长期停用和检修后的变压器,在投入运行前除按正常巡视项目检查外,还要检查下列各项：

一、分接开关位置应合适且三相一致,有载调压开关位置应符合要求,相位符合要求。

二、各散热器、油枕、热虹吸装置、防爆管等处阀门应打开,散热器、油箱上部残存的空气应排除。

三、按规定试验合格。

四、保护装置应正常。

五、检修时所做的安全设施应拆除,变压器顶部应无遗留工具和杂物等。

第 39 条　变压器并联运行的条件如下：

一、接线组别相同。

二、电压比相同。

三、短路电压相同。

对电压比和短路电压不相同的变压器,在任何 1 台都不会过负荷的情况下可以并联运行。

当短路电压不相同的变压器并联运行时,应适当提高短路电压较大的变压器的二次电压,以充分利用变压器容量。

第 40 条　在正常情况下允许的牵引变压器过负荷值,根据制造厂规定的技术条件及负荷情况由铁路局制定。

在事故情况下允许的变压器过负荷值可参照表 5—1 执行。

表 5—1 在事故情况下允许的变压器过负荷值

过负荷(%)		30	60	75	100	140	200
持续时间(min)	牵引变压器	120	45	20	10	5	2
	其他变压器	120	30	15	7.5	3.5	1.5

当变压器过负荷运行时,对有关设备要加强检查:

一、监视仪表,记录过负荷的数值和持续时间。

二、监视变压器音响和油温、油位及冷却装置的运行状况。

三、检查运行的变压器、断路器、隔离开关、母线及引线等有无过热现象。

四、注意保护装置的运行情况。

第 41 条 当变更变压器分接开关的位置后,必须检查回路的完整性和三相电阻的均一性,并将变更前后分接开关的位置及有关情况记入有关记录中。

第 42 条 变压器在换油、滤油后,一般情况下,应待绝缘油中的气泡消除后方可运行。

第 43 条 运行中的油浸自冷、风冷式变压器,其上层油温不应超过 85 ℃;风冷式变压器当其上层油温超过 55 ℃时应起动风扇。

当变压器油温超过规定值时,值班人员要检查原因,采取措施降低油温,一般应进行下列工作:

一、检查变压器负荷和温度,并与正常情况下的油温核对。

二、核对油温表。

三、检查变压器冷却装置及通风情况。

第 44 条 当变压器有下列情况之一时须立即停止运行:

一、变压器音响很大且不均匀或有爆裂声。

二、油枕、防爆管或压力释放器喷油。

三、冷却及油温测量系统正常但油温较平素在相同条件下运行时高出 10 ℃以上或不断上升时。

四、套管严重破损和放电。

五、由于漏油致使油位不断下降或低于下限。

六、油色不正常(隔膜式油枕除外)或油内有碳质等杂物。

七、变压器着火。

八、重瓦斯保护动作。

九、因变压器内部故障引起差动保护动作。

第 45 条 断路器要建立专门记录,逐台统计其自动跳闸次数,当自动跳闸次数达到规定数值时应进行检修。

发现断路器拒动时应立即停止运行。

断路器跳闸时,发生严重喷油、喷瓦斯或发现油内含碳量很高或气体颜色极不正常、气压低于下限值、触头严重烧伤、不对位时应立即停止使用。

断路器每次自动跳闸后,要查明原因,采取措施尽快地恢复供电。同时值班人员要对断路器及其回路上连接的有关设备均须进行检查,具体项目和要求如下:

一、油断路器:是否喷油,油位、油色是否正常。

气体断路器:气体的颜色、压力是否正常;对处于分闸状态的断路器应检查其触头的烧伤情况。

真空断路器：真空灭弧室是否有损坏。

二、变压器的外部状态及油位、油温、油色、音响是否正常。

三、母线及引线是否变形和过热。

四、避雷器是否动作过。

五、各种绝缘子、套管等有无破损和放电痕迹。

第 46 条　直流操作母线电压波动不应超过额定值的±5%。

切换器及各接点要经常保持清洁，转动部分润滑良好，接点表面平滑。带电清扫切换器的手风器要有绝缘嘴。

蓄电池正常运行时不得任意用切换器调整母线电压。用切换器调节电压时，要先检查附加电阻，确认良好后，方能操作。每次操作后要检查滑动接点的位置，不得停留在两固定接点之间。

第 47 条　运行中的蓄电池，应经常处于浮充电状态，并定期进行核对性充放电。

当蓄电池进行核对性充放电时，在放电完毕之后应立即充电；一般情况下，当放电容量达到 70%时即应充电，若因处理故障由蓄电池放出 50%的容量时应立即充电。

蓄电池的充放电电流不得超过其允许的最大电流。

第 48 条　每半年测量 1 次蓄电池的绝缘电阻，其数值：电压为 220 V 时不小于 0.2 MΩ；电压为 110 V 时不小于 0.1 MΩ。

第 49 条　蓄电池的电解液面应高于极板顶面 10～20 mm。

蓄电池添补电解液应在充电前或充电后进行；若在充电后添补电解液或蒸馏水，则要在添补后再充电 1～2 h。蓄电池放电时不得添补电解液。

第 50 条　蓄电池室内温度应保持在＋10 ℃～＋30 ℃的范围内。

对非采暖区，若蓄电池在低温下能保证安全运行，且容量能满足使用要求，其室内温度可以比＋10 ℃相应地降低，但不得低于 0 ℃。

第 51 条　运行的继电器及仪表均应有铅封，且必须由负责检修、试验的专职人员启封和封闭。

在紧急情况下，根据供电调度的命令，允许值班人员打开继电器的铅封改变其整定值及处理接点故障；事后供电调度应将有关情况及时通知所辖供电段，临时改变整定值时值班人员必须及时通知供电段有关部门。同时，值班人员要将启封和改变整定值的原因和数值记入有关记录和保护装置的整定记录中。

第 52 条　凡设有继电保护装置的电气设备，不得无继电保护运行，必要时经过供电调度的批准，允许在部分继电保护暂时撤出的情况下运行。

主变压器的重瓦斯和差动保护不得同时撤除。

第 53 条　互感器在投入运行前要检查一、二次接地端子及外壳接地应良好，对电流互感器还应保证二次无开路，电压互感器应保证二次无短路，并检查其高低压熔断器是否完好。

互感器投入运行后要检查有关表计，指示应正确。

第 54 条　切换电压互感器或断开其二次侧熔断器时，应采取措施防止有关保护装置误动作。

第 55 条　当互感器有下列情况之一时须立即停止运行：

一、高压侧熔断器连续烧断两次。

二、音响很大且不均匀或有爆裂声。

三、有异味或冒烟。

四、喷油或着火。

五、由于漏油使油位不断下降或低于下限。

六、严重的火花放电现象。

第 56 条 10 kV 回路发生单相接地时，电压互感器运行时间一般不应超过 2 h。

第 57 条 保护和自动装置的接线及整定必须符合规定，改变时必须经供电段报分局批准，铁路局核备；属电业部门管辖者应有电业部门主管单位的书面通知单。

岗位工作指导

一、牵引变压器由于容量比较大，多采用油浸式变压器，主要是由铁芯、线圈、油箱、套管、油枕、防爆管、净油器、散热器、呼吸器、温度计、瓦斯继电器等部分组成：

1. 铁芯：是变压器最基本的组成部分之一，由硅钢片叠装而成，变压器的一、二次线圈缠绕在铁芯上。

2. 线圈：分铜或铝材线圈，外部包缠绝缘层。

3. 油箱：内部充满变压器油，使铁芯与线圈浸在变压器油内。其作用是绝缘与散热。

4. 绝缘套管：变压器各侧引线必须使用绝缘套管，为了线圈的引出线从油箱内引到油箱外，使带电的引线穿过油箱时与接地的油箱绝缘。绝缘套管作用是绝缘和支持。

5. 油枕：变压器油因温度的变化会发生热胀冷缩的现象，油面也会由于温度的变化而发生上升和下降。油枕的作用就是储油和补油，使油箱内保证充满油，同时油枕缩小了变压器与空气的接触面，降低油的劣化速度。油枕侧面的油位计还可以监视油的变化。

6. 呼吸器：油枕内空气随变压器油的体积膨胀或缩小，排除或吸入的空气都经过呼吸器。呼吸器内装有干燥剂(硅胶)来吸收空气中的水分，过滤空气，从而保持油的清洁。

7. 防爆管：装于变压器顶盖上，管口用薄膜封住。变压器内部故障时，油箱内温度升高，产生大量气体，压力也增大，油和气体便冲破防爆管口薄膜向外喷出，防止变压器油箱爆炸或变形。

8. 散热器：当变压器上层油温和下层油温产生温差时，通过散热器形成油的对流，经散热器冷却后流回油箱以降低变压器温度。

9. 瓦斯继电器：装在油箱与油枕的连接管上。安装时注意方向性，当变压器内部严重故障时，继电器动作，接通断路器跳闸回路，瓦斯保护是变压器内部故障的主保护。

10. 温度计：用来测量油箱内上层油温，监视变压器是否正常运行。

二、变压器正常运行时，应是均匀的“嗡嗡”声，这是变压器自身振动发出的音响。如果声音不均匀或有其他异音，都属不正常，产生异音可能有以下原因：

1. 因为过负荷引起；

2. 变压器个别零件松动；

3. 变压器内部接触不良，放电打火；

4. 铁磁谐振；

5. 大动力启动，负荷变化大；

6. 系统有接地或短路处；

7. 电源电压过高。

三、运行中的变压器补油应注意：

1. 新补入的油应试验合格；

2. 补油前应将重瓦斯保护改接信号位置，防止断路器误动作跳闸；

3. 补油后注意检查瓦斯继电器，及时放出气体，24 h无问题，再将重瓦斯接入跳闸位置；

4. 禁止从变压器下面截门补油，以防将变压器底部沉淀冲到线圈内，影响变压器绝缘和散热。

四、电流互感器常见故障有：

1. 有过热现象；

2. 内部发出臭味或冒烟；

3. 内部有放电现象，声音异常或引线与外壳之间有火花放电现象；

4. 主绝缘击穿，造成单相接地故障；

5. 一次线圈与二次线圈匝间或层间发生短路；

6. 充油电流互感器漏油；

7. 二次回路发生断线故障。

当发现上述故障时应汇报电力调度，并切断电源进行处理。若发现电流互感器二次回路接头发热或断开了，应设法拧紧或用安全工具在电流互感器附近的端子上将其短路；如不能处理，则应汇报电力调度将流互停运后进行处理。

五、变压器重瓦斯保护动作的原因：

1. 变压器内部线圈发生匝间或层间严重短路；

2. 变压器油面下降太快；

3. 变压器新装或大修后，大量气体排出时重瓦斯保护动作；

4. 重瓦斯动作流速整定值较小，在外部短路时引起的油流冲动，使保护动作；

5. 保护装置二次回路故障引起的误动作。

六、主变压器差动保护动作的原因：

1. 母线短路；

2. 变压器内部线圈发生层间或匝间短路；

3. 变压器不同相间短路；

4. 由于保护装置二次回路故障引起差动保护误动作。

七、主变压器低电压启动过电流保护动作的原因：

1. 母线短路；

2. 变压器内部故障时，其主保护（瓦斯保护和差动保护）拒动；

3. 接触网线路故障时，馈线保护拒动；

4. 保护装置二次回路故障引起保护误动作。

八、主变压器轻瓦斯保护动作的原因有：

1. 油面下降到瓦斯继电器上开口杯处；

2. 变压器内部发生轻微故障；

3. 变压器内部有空气未净。

九、主变压器过热保护动作的原因有：

1. 变压器油温受气候影响超过整定值；

2. 变压器长时间过负荷；

3. 油循环障碍，风冷装置故障；

4. 油温计或温度表性能不好。

十、各级电压的配电装置相别排列方法是：面对出线方向时，一般从左到右、由远及近、从上而下按 U、V、W 相别排列，并用黄、红、绿三种颜色标明。

十一、变电设备巡视标准用语

(一)变压器(油浸电抗器)

1. 问：音响？答：正常。

2. 问：引线、引线连接？答：接触良好，张力适当；无松股、断股。

3. 问：高、低压、接地套管？答：清洁，无破损、裂纹、放电痕迹。

4. 问：压力释放阀？答：良好。

5. 问：油位？答：××。

6. 问：油温？答：××℃。

7. 问：油色？答：正常。

8. 问：本体、油阀、油枕？答：无锈蚀，无渗漏。

9. 问：冷却装置(散热片)？答：齐全。

10. 问：呼吸器及硅胶？答：正常。

11. 问：净油器及连接管件？答：净油器正常，连接管件良好。

12. 问：集气盒、瓦斯继电器？答：正常。

13. 问：中性点接地？(三相变电器)答：良好。

14. 问：本体二次接线盒及接线？答：密封良好，连接牢固。

15. 问：爬梯？答：已加锁。

16. 问：设备安装？答：牢固、无倾斜。

17. 问：回流线？答：连接良好。

18. 问：碰壳流互(老所)？答：瓷体清洁、无放电痕迹、回流线连接良好。

19. 问：基础？答：牢固。

20. 问：其他？答：正常。

(二)干式变压器

1. 问：音响？答：正常。

2. 问：引线、引线连接？答：接触良好，张力适当；无松股、断股。

3. 问：绝缘子？答：清洁、无破损、裂纹、放电痕迹。

4. 问：绕组？答：无异状、异响、异味。

5. 问：温度显示？答：×相×℃、×相×℃、×相×℃，正常。

6. 问：设备安装？答：牢固，无倾斜。

7. 问：接地？答：良好。

8. 问：其他？答：正常。

(三)油断路器

1. 问：引线及引线连接？答：接触良好，张力适当；无松股、断股。

2. 问：瓷套管？答：清洁，无破损、裂纹、放电痕迹。

3. 问:并补电容器及连接? 答:接触良好,清洁,无破损、裂纹、放电痕迹。
4. 问:油位、油色? 答:正常。
5. 问:油标、油阀? 答:无渗漏。
6. 问:开关位置? 答:合闸(或分闸)正确。
7. 问:设备安装? 答:牢固、无倾斜。
8. 问:基础、支架? 答:牢固,无破损、剥落;无锈蚀,接地良好。
9. 问:围栅? 答:完好、加锁。
10. 问:接地? 答:良好。
11. 问:机构箱操作气压? (液压机构)答:××MPa。
12. 问:电机熔断器? (液压机构)答:牢固、良好。
13. 问:蓄压筒? (液压机构)答:完好,无渗漏。
14. 问:各种连接线? 答:连接牢固、接触良好。
15. 问:其他? 答:正常。

(四)110 kV SF_6 断路器

1. 问:引线及引线连接? 答:接触良好,张力适当;无松股、断股。
2. 问:灭弧室瓷套、支持瓷套? 答:清洁,无破损、裂纹,瓷釉无脱落。
3. 问:气体压力? 答:气压显示读数:××MPa,合格。
4. 问:支架? 答:安装牢固,无倾斜、无锈蚀。
5. 问:接地装置? 答:正常。
6. 问:分(合)闸指示? 答:正确。
7. 问:储能指示? 答:已(未)储能。
8. 问:导气管? 答:连接牢固、无漏气现象。
9. 问:机构箱? 答:安装牢固、无倾斜。
10. 问:机构箱的密封情况? 答:密封良好。
11. 问:位置指示灯? 答:正确。
12. 问:机构箱内传动部件? 答:正常,摩擦部分有润滑剂。
13. 问:行程开关? 答:正常。
14. 问:空气开关、接触器? 答:正常。
15. 问:机构箱内配线? 答:连接牢固。
16. 问:箱内有无杂物? 答:无。
17. 问:电机外观是否正常? 答:正常。
18. 问:熔断器? 答:正常。
19. 问:分、合闸弹簧? 答:正常,无锈蚀。
20. 问:分、合闸线圈? 答:正常。
21. 问:继电器? 答:正常。
22. 问:计数器? 答:正常。
23. 问:选择开关? 答:位置正确。
24. 问:其他? 答:正常。

(五)隔离开关

1. 问:引线及引线连接? 答:接触良好,张力适当;无松股、断股。

2. 问:瓷体? 答:清洁,无破损、裂纹、放电痕迹。

3. 问:开关位置? 答:合闸(或分闸)正确。

4. 问:触头接触? 答:良好。

5. 问:分(合)闸止钉间隙?(室外手动隔离开关)答:符合规定。

6. 问:操作机构?(手动隔离开关)答:完好、加锁。

7. 问:设备安装? 答:牢固、无倾斜;无锈蚀、接地良好。

8. 问:支架? 答:牢固、良好;无锈蚀、接地良好。

9. 问:围栅?(高压室)答:完好、加锁。

10. 问:其他? 答:正常。

(六)电动隔离开关的操作机构

1. 问:设备安装? 答:牢固、无倾斜。

2. 问:机构箱本体? 答:密封良好、无锈蚀。

3. 问:位置指示? 答:分(合)闸指示与实际相符。

4. 问:机构箱内传动部件? 答:正常、摩擦部分有润滑剂。

5. 问:行程开关? 答:正常。

6. 问:空气开关、接触器? 答:正常。

7. 问:机构箱内配线? 答:连接牢固。

8. 问:电机外观? 答:正常。

9. 问:熔断器? 答:正常。

10. 问:继电器? 答:正常。

11. 问:转换开关? 答:位置正确。

12. 问:电磁锁(带电磁锁的隔离开关)? 答:正常、闭锁良好。

13. 问:其他? 答:正常。

(七)110 kV电压、电流互感器,27.5 kV电压互感器

1. 问:引线及引线连接? 答:接触良好,张力适当;无松股、断股(软母线)。接触良好,相色鲜明;弯曲符合规定(硬母线)。

2. 问:瓷套管? 答:清洁,无破损、裂纹、放电痕迹。

3. 问:油位、油色、油标、油阀? 答:正常,无渗漏。

4. 问:设备安装? 答:牢固、无倾斜。

5. 问:基础支架? 答:牢固、无破损、剥落。

6. 问:接地? 答:良好。

7. 问:其他? 答:正常。

(八)110 kV组合电器

1. 问:设备安装? 答:牢固,无倾斜。

2. 问:母线筒(各间隔)? 答:表面清洁,无脱漆、锈蚀;无异味、异响;外壳温度正常。

3. 问:压力表(各间隔)? 答:气压显示读数:××MPa,压力正常,压力表指示正确。

4. 问:气阀、导气管(各间隔)? 答:正常,无漏气现象。

5. 问:断路器、隔离开关(各间隔)位置指示? 答:正确,与实际相符。

6. 问:操作机构(各间隔)? 答:正常,传动良好,分、合闸位置指示正确、与实际相符,已储能。

7. 问:断路器计数器? 答:正常,显示××次。

8. 问:外壳接地(各间隔)? 答:良好。

9. 问:避雷器计数器? 答:正常,显示××次。

10. 问:二次电缆(各间隔)? 答:完整,连接良好。

各间隔控制柜:

11. 问:信号显示? 答:正常,与实际设备相符。

12. 问:(各)转换开关? 答:正常,与实际位置相符。

13. 问:继电器、接触器、空气开关? 答:正常,无异响,接点无抖动。

14. 问:限流电阻? 答:正常。

15. 问:控制保险? 答:正常。

16. 问:光字牌? 答:显示正常。

17. 问:端子排、二次接线? 答:良好、清洁,连接牢固,无松脱、烧伤。

18. 问:击穿保险? 答:正常。

19. 问:柜内照明? 答:正常。

20. 问:控制柜? 答:表面清洁,无脱漆、锈蚀。

21. 问:其他? 答:正常。

(九)高压母线、绝缘子、穿墙套管

1. 问:绝缘子(穿墙套管)? 答:清洁,无破损、裂纹、放电痕迹。

2. 问:引线连接? 答:接触良好,张力适当。

3. 问:母线引线? 答:(软母线)无松股、散股、断股现象。(硬母线)无变形、无断裂、无脱漆。

4. 问:基础、杆塔、支架? 答:牢固、良好,无倾斜。

5. 问:接地? 答:良好。

6. 问:其他? 答:正常。

(十)避雷器

1. 问:引线及引线连接? 答:接触良好,张力适当;无松股、断股(软母线)。接触良好,相色鲜明;弯曲符合规定(软母线)。

2. 问:瓷体? 答:清洁,无破损、裂纹、放电痕迹。问:绝缘橡胶套? 答:清洁,无破损、裂纹、变形、放电痕迹。

3. 问:设备安装? 答:牢固、无倾斜。

4. 问:计数器? 答:完好。问:在线监测? 答:正常,指示为××mA。

5. 问:基础、支架? 答:牢固、良好。

6. 问:接地装置? 答:良好。

7. 问:其他? 答:正常。

(十一)避雷针

1. 问:针尖? 答:无熔化。

2. 问:设备安装? 答:牢固、无倾斜、无弯曲。

3. 问:基础? 答:牢固、良好。

4. 问:接地? 答:良好。

5. 问:其他? 答:正常。

(十二)抗雷线圈

1. 问:引线及引线连接?答:接触良好,张力适当;无松股、断股。

2. 问:抗雷线圈?答:表面清洁,无放电痕迹,音响正常。

3. 问:瓷体?答:清洁,无破损、裂纹、放电痕迹。

4. 问:设备安装?答:牢固、无倾斜。

5. 问:基础、支架?答:牢固、良好。

6. 问:接地装置?答:良好。

7. 问:其他?答:正常。

(十三)电容补偿装置(并补电容、电抗器、放电线圈)

1. 问:引线及引线连接?答:接触良好,张力适当;无松股、断股。

2. 问:绝缘瓷柱(绝缘套管)?答:清洁,无破损、裂纹、放电痕迹。

3. 问:接地装置?答:(不)完好。

集合电容:

4. 问:基础?答:牢固。

5. 问:油温?

6. 问:油位、油色?答:正常。

7. 问:油箱、油枕、油阀?答:正常、无锈蚀、无渗漏。

分散式电容:

8. 问:支架?答:牢固、无锈蚀、无倾斜。

9. 问:跌落保险?答:正常,无熔断。

10. 问:电容器组?答:无膨胀、变形、裂纹和渗漏。

11. 问:放电线圈?答:油位、油色正常,无渗漏,引线连接牢固,接地良好。

12. 问:电抗器(固定)?答:引线连接牢固,表面清洁,支持绝缘子完好,音响正常,无放电痕迹,接地良好。

13. 问:其他?答:正常。

(十四)真空断路器

1. 问:真空泡(能观察到)?答:无异常。

2. 问:开关位置?答:合闸(或分闸)正确。

3. 问:箱体?答:完好。

4. 问:限位装置?答:位置正确。

5. 问:触头触指?答:接触良好、无烧伤。

6. 问:设备安装?答:牢固,无倾斜。

7. 问:接地?答:良好。

8. 问:围栅?答:完好、加锁。

9. 问:其他?答:正常。

(十五)高压熔断器

1. 问:母线连接?答:无断裂、无脱漆。

2. 问:熔断器?答:接触良好。

3. 问:支架?答:完好,无锈蚀。

4. 问:接地?答:良好。

5. 问:其他？答:正常。

(十六)(故判装置)限流器

1. 问:外壳？答:清洁,无破损。
2. 问:引线及引线连接？答:接触良好,张力适当;无松股、断股。
3. 问:绝缘子？答:清洁,无破损、裂纹、放电痕迹。
4. 问:接地装置？答:良好。
5. 问:设备安装？答:牢固,无倾斜。
6. 问:其他？答:正常。

(十七)端子箱

1. 问:箱体？答:清洁、牢固、无倾斜、密封良好。
2. 问:闸刀？答:接触良好、无烧伤。
3. 问:熔断器？答:牢固、良好。
4. 问:二次接线？答:牢固、接触良好。
5. 问:端子排？答:清洁完好、接触良好、连结整齐。
6. 问:设备安装？答:牢固。
7. 问:接地？答:良好。
8. 问:基础？答:牢固、完好。
9. 问:其他？答:正常。

(十八)电缆及电缆沟

1. 问:盖板？答:齐全、无严重破损。
2. 问:电缆沟内？答:无积水、无杂物。
3. 问:电缆？答:无断裂、无锈蚀、无损伤,无落地电缆,接头无发热、无放电。
4. 问:接地？答:良好。
5. 问:支架？答:完好。
6. 问:其他？答:正常。

(十九)蓄电池

1. 问:盘面？答:清洁、安装牢固。
2. 问:电瓶？答:正常、清洁,无破损、裂纹,电解液无渗漏。
3. 问:各部件？答:完好。
4. 问:极耳各部连接？答:牢固。
5. 问:母线连接？答:牢固、接触良好。
6. 问:端电压及领示电压？答:电压××。
7. 问:其他？答:正常。

(二十)交流盘

1. 问:交流盘设备？答:清洁,安装牢固。
2. 问:表计指示？答:正确。
3. 问:转换开关把手位置？答:正确。
4. 问:继电器？答:完整、清洁、正常。
5. 问:开关保险？答:位置正确、接触良好。
6. 问:端子排、连片、连线？答:位置正确、接触良好。

7. 问:事故照明? 答:切换正常。
8. 问:箱体安装及盘面? 答:牢固、无倾斜、盘面清洁。
9. 问:接地? 答:良好。
10. 问:其他? 答:正常。

(二十一)直流盘

1. 问:直流盘设备? 答:清洁、安装牢固。
2. 问:表计指示? 答:正确。
3. 问:监控模块? 答:运行正常,信号显示正常。
4. 问:通风装置? 答:正常。
5. 问:分流器、双路进线切换装置? 答:正常。
6. 问:稳压器? 答:正常、无异响。
7. 问:转换开关把手位置? 答:正确。
8. 问:继电器? 答:完整、清洁、正常。
9. 问:开关保险? 答:位置正确、接触良好。
10. 问:端子排、连片、连线? 答:位置正确、接触良好。
11. 问:绝缘监察? 答:正对地××、负对地××。
12. 问:充电设备? 答:正常。
13. 问:母线电压? 答:×××。
14. 问:切换器位置? 答:正确。
15. 问:箱体安装及盘面? 答:牢固、无倾斜、盘面清洁。
16. 问:接地? 答:良好。
17. 问:其他? 答:正常。

(二十二)控制盘

1. 问:××盘设备? 答:清洁、安装牢固。
2. 问:表计指示? 答:正确。
3. 问:转换开关把手位置? 答:正确。
4. 问:光子牌显示? 答:正常。
5. 问:位置灯显示? 答:正常。
6. 问:保险(刀闸)? 答:良好。
7. 问:端子排、连片、连线? 答:位置正确、接触良好。
8. 问:箱体安装及盘面? 答:牢固、无倾斜、盘面清洁。
9. 问:接地? 答:良好。
10. 问:其他? 答:正常。

(二十三)保护、量计盘

1. 问:××盘设备? 答:清洁、安装牢固。
2. 问:表计指示? 答:正确。
3. 问:继电器? 答:完整、清洁、正常。
4. 问:端子排、连片、连线? 答:位置正确、接触良好。
5. 问:表计、灯光指示? 答:正确。
6. 问:保险? 答:良好。

7. 问:箱体安装及盘面? 答:牢固、无倾斜、盘面清洁。

8. 问:接地? 答:良好。

9. 问:其他? 答:正常。

(二十四)室内外照明

1. 问:室内外照明装置? 答:完好、正确。

2. 问:接地? 答:良好。

3. 问:其他? 答:正常。

(二十五)投光灯塔

1. 问:设备安装? 答:牢固,无倾斜。

2. 问:灯架及灯光照明? 答:正常。

3. 问:传动滑轮及绳索? 答:传动正常,绳索无断股、松股。

4. 问:接触器? 答:正常。

5. 问:电机? 答:运转正常(必要时进行试验)。

6. 问:控制开关? 答:正常。

7. 问:二次(设备)接线? 答:正常。

8. 问:灯塔本体? 答:无锈蚀。

9. 问:接地装置? 答:正常。

10. 问:基础? 答:牢固,无破损。

11. 问:其他? 答:正常。

(二十六)远动装置

1. 问:远动配电盘? 答:设备安装牢固,无倾斜,清洁,无脱漆、锈蚀。

2. 问:信号指示? 答:正常。

3. 问:端子排? 答:正常。

4. 问:二次接线? 答:连接牢固,无松脱。

5. 问:接地? 答:良好。

6. 问:其他? 答:正常。

(二十七)馈出线(回流线)

1. 问:分界标志? 答:悬挂位置正确。

2. 问:馈出线(回流线)引线连接? 答:张力适当,接触良好。

3. 问:其他? 答:正常。

十二、交接班的一般规定

1. 为明确职责,交接班时,双方应履行交接手续,在按规定的项目逐项交接清楚后,交接人员先在交接班记录簿上签名,然后接班人依次签名,从此时起,变电站的全部运行工作,由接班人员负责。交班负责人才能带领全值人员离开岗位。

2. 交班工作由当值值长组织全值人员,事先做好交班准备工作,检查应交的有关事项,整理各种资料、记录簿,检查应交的物件是否齐全、室内的整洁工作,以及为下一值做好接班后立即要执行的准备工作。填写交接班记录簿等待交接。

3. 接班人员应提前15分钟到达,由负责人带领看阅交接班记录簿,了解有关运行工作事项,然后准时开始正式进行交接班工作。如果遇有特殊情况,可以延迟时间进行交接班。

4. 值班人员必须遵照规定的轮值表值班,未经所长和值长同意不得私自调班。当值人员因故提前离开或迟到虽有专人代替,亦应办理交接手续,绝对不允许不办理交接手续而离开岗位。交接禁止使用电话等通信方式或途中进行信用交接班。接班人员未到岗位,交班人员不得离开控制室。

5. 交接班手续未结束前,一切工作应由交班人员负责。如在交接班时发生事故,应由交班人员负责处理,交班人员可要求及指挥接班人员协助处理。

6. 在下列情况下,不得进行交接班:

(1)倒闸操作及许可工作未告一段落;

(2)在处理事故时(但可在告一段落时,得到调度同意,进行交接班);

(3)接班人员有喝酒情况或精神不正常时。

十三、交接班工作的项目

1. 系统运行方式及监控机模拟图接线变动情况及变动原因、运行日期、时间。

2. 设备检修、异常运行及事故处理情况。

3. 操作票、工作票使用状况,及安全用具、接地线使用情况。

4. 设备的停、运行及变更,继电保护方式或定值的更改情况。

5. 设备的检修情况和缺陷情况,信号装置情况。

6. 各种记录簿、资料、图纸及钥匙和有关材料工具的收存保管情况。

7. 上级布置、通知及收到的学习资料。

8. 本值尚未完成需接班值继续做的工作和注意事项。

9. 核对监控画面是否与实际设备相符,报表打印正常,工作是否正常。

10. 询问本值人员和接班值长无疑问后命令对口交接。

十四、交接班注意事项

交班工作必须做到"五清"、"四交接":

"五清"即:看清、讲清、问清、查清、点清。

"四交接"即:站队交接、图板交接、现场交接、实物交接。

十五、交接班的内容一律以记录和现场交接清楚为准,凡遗漏应交待的事情,由交班者负责;凡未接清楚听明白的事项,由接班者负责;交接班双方都没有履行交接手续的内容,双方都应负责。

十六、在交接班过程中,需要进行的重要操作、异常运行和事故处理,仍由交班人员负责处理。必要时可要求接班人员协助工作,待事故处理或操作结束或告一段落后,继续交接班。在交接班时间内,一般不办理工作票的许可或终结手续和一般的倒闸操作。

十七、巡视制度

1. 变电所值班员、值班长、安全等级不低于四级的检修人员、技术人员和主管干部有权单独巡视设备,一个人单独巡视时不得进入高压区间及越过高压的防护栅。

2. 除交接班巡视人员外,当班值班员必须进行班种巡视。每周两次晚上要进行熄灯巡视;值班长在日勤期间,必须每月巡视一次设备;雾、雪、烟和情况特殊时,以及电、雨后要进行重点巡视;因紧急情况在雷、雨时巡视高压设备区,应穿绝缘鞋、戴安全帽,并将靠近避雷针和避雷器。

3. 巡视时必须按巡视线路依次巡视路线,依《检规》第 19～37 条项目进行,并按巡视内容呼唤应答,巡视时应集中精力,不得闲谈。

4. 值班员单独巡视时,要通知助理和电调。

十八、倒闸作业中操作隔离开关注意事项

合闸时要迅速而果断，但在合闸终了时不能用力过猛，使合闸终了时不发生冲击。操作完毕后，应检查是否已合上，合好后应使刀闸完全进入固定触头，并检查接触的严密性。拉闸时开始要慢而谨慎，当刀片刚离开固定触头时应迅速，以便能迅速消弧，拉闸操作完毕后应检查刀闸每相确实已在断开位置，并应使刀片尽量拉到头。若离开关拉不开时，如果是操作机构被冻结，应对其进行轻轻的摇动，此时注意支持子及操作机构的每个部分，以便根据它们的变形及变位情况，找出抵抗的地点。

如果妨碍拉开的抵抗位发生在刀闸的接触装置上，则不应强行拉开；否则，支持绝缘子可能会遭到破坏而引起严重事故。此时，唯一的方法是变换设备的运行方式。

十九、蓄电池使用注意事项

1. 不能将容量、性能和新旧程度不同的电池连在一起使用。

2. 连接螺丝必须拧紧，脏污和松散的连接会引起电池打火爆炸，因此要仔细检查。

3. 安装末端连接线和导通电池系统前，应再次检查系统的总电压和极性连接，以保证正确接线。

4. 由于电池组电压较高，存在着电击的危险，因此装卸、连接时应使用绝缘工具与防护，防止短路。

5. 电池不要安装在密闭的设备和房间内，应有良好通风，最好安装空调。电池要远离热源和易产生火花的地方；要避免阳光直射。

6. 连接条是否拧紧。电池的连接条没有拧紧，会使连接处的接触电阻增大，在大电流充、放电过程中，很容易使连接条发热甚至会导致电池盖的熔化，情况严重的可能引发明火。每半年做一次连接条的拧紧工作，以保证蓄电池安全运行。

二十、蓄电池日常维护

蓄电池性能的变化是一个渐进的过程，为保证电池的良好使用，做好运行记录是相当重要的，应检查的项目如下：

1. 单体和电池组浮充电压。

2. 电池的外壳和极柱温度。

3. 电池的壳盖有无变形和渗液。

4. 极柱、安全阀周围是否渗液和酸雾溢出。

二十一、电抗器主要是由电感线圈组成的，接在电路中，使回路阻抗增大，当有短路点时，电压降主要产生在电抗器上，因此限制了短路电流，并使母线电压维持相当高的残压。其作用为：(1)限制短路电流；(2)维持母线电压水平；(3)增加开关遮断容量。

二十二、当全所停电后，必须将电容器断路器断开。全所停电时，一般应将所有馈线开关切开，因而来电后负荷为零，母线电压较高，电容器若不事先断开，在较高的电压下突然充电，有可能造成电容器严重喷油或鼓肚。同时因为母线没有负荷，电容器充电后大量无功向系统致使母线电压更高，即使是将负荷送出，负荷恢复到停电前还需一段时间，母线很可能维持在较高的电压水平上，超过电容器允许连续运行的电压值(电容器长期运行电压一般不超过额定电压的 1.1 倍)。此外，空载变压器投入运行时，其充电电流在大多数情况下以三次谐波为主，这时如电容器电路和电源侧阻抗接近于共振条件，其电流可达电容器额定电流的 2～5 倍，持续时间为 1～30 s，可能引起过流保护动作。

二十三、牵引变电所日负荷曲线举例如表 5－2 所示。

表 5－2　牵引变电所日负荷曲线举例

2 号主变

2006 年11 月5 日西安东变电所　　　　　　　　　　　　　气候　晴

有功电表实用倍率	33 000	有功电表实用倍率	33 000	本日电容器运行容量	5 682 kVAR
本日最大负荷	9 570	本日有功电量	174 570 kW · h	本日主变压器运行容量	2 500 kVA
本日平均负荷	7 372	本日无功电量	81 180 kW · h	本日配电变压器运行容量	kVA
本日负荷率	76%	本日加权平均力率	91%	本日用电设备装机容量	kW
本日峰谷差	5 280 kW	本日生产情况是否正常		正常	

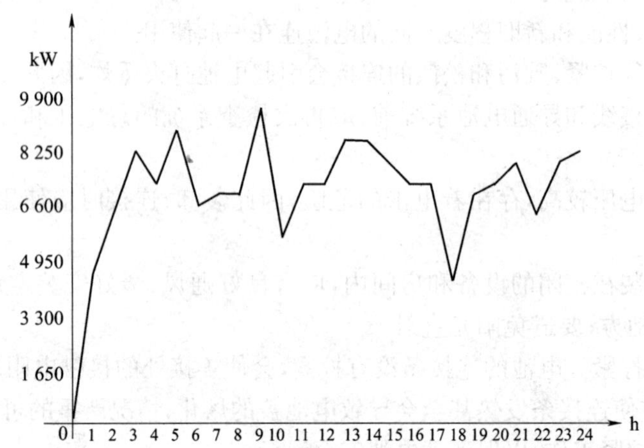

图 5－1　西安东变电所日负荷曲线

二十四、牵引变电所运行日志举例如表 5－3 所示。

表 5－3　牵引变电所运行日志

夜班接交　2006 年 8 月 22/23 日 18/8 时 00/30 分值班员：A、B

白班接交　2006 年 8 月 23 日 8/18 时 30/00 分值班员：C、D

星期　三　气象　阴

时间	计量	电度计量									计划停电情况			
		受电量						自用		动力变	停设备电	始停时间	送电时间	停电原因
		有功		无功										
		1 号变	2 号变	1 号变		2 号变		1 号自用变	2 号自用变					
				正无功	负无功	正无功	负无功							
24 点	读数	5 368. 58	662. 19											
	电度													
18 点	读数	5 372. 18	662. 19	1 760. 25	334. 96	242. 94	41. 84	61 577	40 486					
	电度	160 710	0	67 980	3 960	0	0	50	0					
合计		160 710		71 940		0		50						

续上表

跳闸统计								记事
跳闸时间	开关号	保护名称	重合情况	故测仪指示	设备状态	跳闸原因	送电时间	
								办理并结束 8～12 号第一种工作票，高压场地 2CY 及 1021GK 检修维护 工作领导人：X 组员：A、B、C、D、E 时间：9：2～12：00

日运行小结											
外温		牵引电度（kW·h）	功率因数%	电压（kV）			最大电流（A）				牵引车次及吨数
最高（℃）	最低（℃）			最大	最小	一般	数值	出现时间	持续时间	馈电线号	
28	21	160 660	91	30.5	26.5	29.0	520	9:24	1分	4号 kx	

一般计量														
时间	室温℃	外温℃	1号变油温℃	2号变油温℃	1号变油位%	2号变油位%	1号电抗变油温℃	2号电抗变油温℃	动力变油温℃	27.5 kV 母线电压（kV）		110 kV 母线电压（kV）		
										A	B	AB	BC	CA
0:00	24	22	44	25	61	50	61	60		28.5	29.0	117	117	117
6:00	24	21	42	25	60	48	60	59		28.0	29.0	117	117	117
12:00	25	28	45	30	63	51	66	64		29.O	30.0	117	117	117
18:00	25	26	45	31	64	52	65	64		29.0	29.0	117	117	117

第四节　修　　制

修　程

第 58 条　电气设备的定期检修分小修、中修和大修三种修程（部分设备只有小修和大修）。

一、小修：属维持性的修理。对设备进行检查、清扫、调整和涂油，更换或整修磨损到限的零部件，保持设备正常的技术状态。

二、中修：属恢复性修理。除小修的全部项目外，还需要部分解体检修，恢复设备的电气和机械性能。

三、大修：属彻底性修理，对设备进行全部解体检修，更新不合标准的零部件，对外壳进行除锈涂漆，恢复设备的原有性能，必要时进行技术改造，提高电气和机械性能。

周　期

第 59 条　主要设备的检修周期如表 5－4 所示：

表 5—4　主要设备的检修周期

序号	修程 / 周期 / 设备名称	小修	中修	大修	备注
1	变压器	1年	5～10年	15～20年	含油浸电抗器
2	空心电抗器	1年	10～15年	10～15年	
3	单装互感器	1年	15～20年	15～20年	系指单独装设的互感器
4	隔离开关	1年	15～20年	15～20年	手动
5	隔离开关	1年	3～5年	3～5年	电动
6	直流电源装置	1年	3～5年	8～10年	
7	电容器组	1年	—	5～10年	
8	高压母线	1年	—	10～15年	
9	电力电缆	1年	—	15～20年	
10	低压配电盘	1年	—	15～20年	
11	避雷针	每年雷雨季节前	—	15～20年	
12	避雷器	每年雷雨季节前	—	15～20年	
13	接地装置	1年		10～15年	回流线在内
14	油断路器	1年		10～15年	
15	气体断路器	1年		15～20年	
16	真空断路器	1年		15～20年	
17	负荷开关	1年	5年	15～20年	
18	接地放电装置	1年	动作10次	动作100次	
19	远动装置	1年	5年	10～15年	
20	保护及自动装置	1年		10～15年	

注:1. 跨线随设备或母线同时检修。

2. 在日常掌握中,小修、中修实际周期允许较以上规定伸缩10%。

第60条　鉴于各地区的设备性能及运行条件不尽相同,铁路局可结合实际情况,经过调查研究、技术鉴定,适当调整小修、中修和大修周期和范围,并同时报部核备。

检修计划

第61条　设备大修应填写设备大修申请书(格式见附表7),经铁路局审定后,报部核备。

第62条　设备大修要根据批准的计划由承修单位或设计部门提出设计施工文件(包括检修内容、质量标准、费用和工时等),报请铁路局批准后方准开工。

第63条　电气设备的停电检修应尽量利用"天窗"时间进行;若"天窗"时间不够,供电段应按时提出月份停电计划。行车调度和供电调度要密切配合,保证批准的停电计划按时兑现。

检查验收

第64条　设备每次检修后,承修的班组均应填写设备检修记录(格式见附表8),设备小、中、大修及进行较大的技术改造后，还应填写设备检修(改造)竣工验收报告(格式见附表 9)并附检修试验记录，报请有关单位验收，经验收合格方准投入运行。

第 65 条　设备小、中、大修验收办法由铁路局自行制定。

第五节　检修范围和标准

一般规定

第 66 条　所有电气设备的外壳均应清洁无油垢，工作接地及保护接地良好。小修后其锈蚀面积不得超过总面积的 5%；中修和大修后应无锈蚀和脱漆，大修后的设备镀层也应完好。

第 67 条　所有充油(气)设备的油位(气压)、油(气)色均要符合规定，油管路畅通，油位计(气压表)清洁透明。检修后不得漏油(气)，中、大修后应不渗油(气)。

第 68 条　金属构架、杆塔和支撑装置的锈蚀面积，小修时不得超过总面积的 5%，中、大修后应无锈蚀；漆层应完好。钢筋混凝土基础、杆塔、构架应完好，安装牢固，并不得有破损、下沉。

第 69 条　紧固件要固定牢靠，不得松动，并有防松措施，螺纹部分要涂油。

第 70 条　绝缘件应无脏污、裂纹、破损和放电痕迹，瓷釉剥落面积不得超过 300 mm^2。

第 71 条　各种引线不得松股、断股，连接要牢固，接触良好，张力适当，相间和对地距离均要符合规定。

第 72 条　电气设备带电部分距接地部分及相间的距离要符合规定。

第 73 条　大修中所有更新的零部件要达到出厂的标准。所有新换的设备，其设备本身质量及安装质量均要达到新建项目的标准。大修中新设的基础、杆塔、构架和支撑装置要达到新建项目的标准。

变压器(油浸电抗器)

第 74 条　小修范围和标准：

一、检查清扫外壳，必要时局部涂漆。

二、检查紧固法兰，受力均匀适当，防爆管密封良好，膜片完整。检查油枕及其隔膜，检查油位并补油，放出集污器内的积水和杂物。

三、检修呼吸器，更换失效的干燥剂及油封内的油。

四、检修热虹吸过滤器，清扫管路，更换失效的吸附剂。

五、检修冷却装置，各个管路畅通，风扇电机完好，工作正常。

六、检修瓦斯保护(含有载调压开关的瓦斯保护)，各接点正常、动作正确，连接电缆无锈蚀，绝缘良好。

七、检修温度计，各部零件和连线完好，指示正确。

八、检修基础、支撑部件、套管和引线。

九、检修碰壳保护的电流互感器，各部零件应完好，安装牢靠。

十、检查试验有载调压装置。

第 75 条　有载调压开关的小修周期与变压器一致。在检修期间，切换开关暴露在空气中的时间不得超过 10 h，否则应按厂家有关规定干燥处理。

第 76 条 有载调压开关的小修范围和标准：

一、切换开关吊出检修、清洗切换开关本体。

二、清洗油箱，检查清除已发现的缺陷，更换绝缘油。

三、检查切换开关触头的烧损程度并处理。

四、测量绝缘电阻，检修机构等。

第 77 条 中修范围和标准。除小修的全部要求外，还要进行以下检查、修理：

一、检查清洗铁心。无油垢，接地正确，螺栓紧固，绝缘合格。

二、检查线圈。无损伤、变形和错位，绝缘垫块完好，间隙均匀；线圈不得有短路和断路。

三、检修分接开关。各部完好、无烧伤，接线牢固，接触、绝缘良好，操作机构工作正常、指示正确。

四、各部绝缘距离适当，螺栓紧固，引线连接良好。支撑牢固。

五、检修外壳、油枕、散热器、热虹吸过滤器、油阀等。各部内部清洁，无沉淀物和锈蚀；耐油胶垫完好；外部进行全面除锈涂漆；隔膜式油枕的隔膜和压油袋无破漏，作用良好。

六、检查套管(包括互感器)。各零、部件完好，不受潮，绝缘合格；必要时对套管进行解体检修和干燥。

七、滤油或换油。根据试验结果和工作要求，对变压器本体及有载调压开关进行滤油或换油，必要时对心子或有载调压开关进行干燥。

第 78 条 有载调压开关的中修范围和标准。除小修的全部要求外，还要进行以下检查、修理：

一、更换开关弧触头，测量触头接触电阻及接触压力应合格。

二、测量开关工作顺序、动作连续性及可靠性、测量过渡电阻应正确无误。

三、绝缘油化验、瓦斯继电器检验、触头烧蚀补偿的调整、选择开关级进机构和接触系统检修等。

第 79 条 变压器大修时委修单位要与承修单位签定技术协议，确定检修范围和标准等，一般应进行下列各项处理：

一、更新线圈、分接开关、套管(包括互感器)、引线、测温装置、瓦斯保护、冷却和散热器。

二、整修铁心的外壳。铁心和矽钢片应排列整齐、绝缘良好，接地正确，螺栓紧固，必要时进行解体和浸漆；对外壳要进行全面涂漆。

三、检修油枕、过滤器等附属装置。更新吸附剂、干燥剂。绝缘油全部予以更新。

四、整修基础、支撑装置和碰壳保护。

五、检修与变压器配套的控制、信号、测量、保护装置。每个元件试验合格，回路良好，工作正确。

六、更新主变压器回流装置。

岗位工作指导

一、变压器在检修工作前，必须做好各项准备工作，首先是对变压器的技术状况要清楚，要作全面分析研究，以便确定检修的项目和检修内容，基本方法是首先对投入运行以来的最后一次的试验报告、检修记录与标准的数值进行比较，比较分析的结论作为检修的主要依据。其次，还应了解变压器运行的状态，如：变压器的音响、油温、油位是否正常，保护动作情况，冷却系统的工作等。

当检修的项目和内容确定后，就可以制定检修作业网络计划图。

检修试验前，对检修的所需的主要设备、备品、工具、材料、常用检修配件等列表以作好成分的物资准备工作。

二、在现场对变压器进行检修作业时特别需要注意以下安全问题：

1. 防止触电，检修时一般较多用到电动机具，检修作业时要使用绝缘好的橡套电缆作为电气机具的临时接线，接头用黄蜡绸加绝缘胶布进行可靠的包扎；电气配电箱各开关应有明显的标志，并指派专人负责。

2. 防止高空坠落，牵引变压器的油箱比较高，其顶部作业面积不大，若有油污或雨水，则很容易造成滑倒跌落，因此，一般要求作业人员不超过 3 人，地面也要有人监护。若采用脚手架作业时，脚手架的安装应牢固安全，外侧有防护措施，并应尽量减少脚手架作业的人数，避免造成人员的失足和跌落。

3. 防止物体打击，由于检修作业现场使用机具多，人员多，若不注意会引起物体打击人员的事故发生。为此，要求高空作业人员不得在高空落物，零件、工具要有吊绳取送。

4. 防止杂物落入油箱，如：螺丝、垫圈、棉纱、扳手等以及作业人员衣袋中物品。进入变压器心部作业和在变压器油箱上部作业的人员，衣袋中不许携带任何物品。

5. 防止火灾，变压器油及用过的滤油纸是可燃物，而现场作业有电气机具，若不谨慎，就有可能引起火灾的发生。因此，作业中应严格遵守安全防火的有关规定，在现场应妥善管理好物品，并备好灭火器材，以防万一。

6. 防止附件损坏，作业中要仔细认真，文明作业，规范操作，特别注意瓷件、玻璃件等易碎物品。操作中遵循先里后外、先上后下，先金属后瓷件的原则。

单装互感器

第 80 条　小修范围和标准：

一、清扫检查外部(包括套管和引线)，必要时局部涂漆。

二、检修空气过滤器或金属膨胀器，应作用良好，更换失效的干燥剂。

三、检修基础、支撑部件。

四、检修熔断器。壳筒、熔丝应完整无损，接触良好。

五、检查油位指示器，并补油。

第 81 条　中修范围和标准。除小修的全部要求外，还要进行以下检查、修理：

一、检查冲洗内部，线圈、铁芯、支撑装置、器身清洁完好，各部绝缘合格，必要时予以干燥。

二、检查保护间隙。完整无损，安装正确。

三、过滤或更换绝缘油。

四、检修外壳，并进行全面涂漆。

第 82 条　大修的范围和标准：

一、更新线圈、套管、瓷套和引线。

二、整修铁心和外壳。铁心绝缘良好，螺栓紧固；必要时进行解体浸漆；对外壳进行全面涂漆。

三、检修空气过滤器。作用良好，更换失效的干燥剂。

四、整修基础和支撑部件，对金属构架和底座进行全面除锈涂漆。

岗位工作指导

一、互感器检修工作前，应从技术、工具、材料和人员等方面作好充分的准备。技术准备与变压器的检修时相同，检修所需的材料根据互感器的型号来确定，一般准备有：更换和补充的材料、密封材料、绝缘材料、绝缘涂敷材料及其他辅助材料等。检修作业时依据网络最大平行作业时所需的人员和数量来确定。

人身安全方面主要是防止攀高触电、高空坠落和物体打击等。设备安全方面主要是防止杂物落在心部、附件损坏、二次侧线圈接错（电流互感器二次侧不得开路、电压互感器二次侧不得短路）、注意可燃和易燃材料的堆放，避免失火等。另外还需要注意以下问题：

1. 各导电部分的连接应可靠，接触良好；
2. 各附件与瓷套的连接应密封良好，不渗油、漏油；
3. 注油前检查各阀门、油塞开关的位置，保持正确；
4. 心部绝缘不受潮；
5. 干燥、焊接时保证绝缘件不受损。

二、互感器拆除的工作程序：

1. 拆除互感器一、二次侧外引线；
2. 拆除储油柜上的安全气道；
3. 放油；
4. 拆除储油柜及一次线圈内引线；
5. 拆除瓷套上部固定件；
6. 拆除瓷套下部固定件；
7. 吊起瓷套，将其拆除。

三、安装互感器的工作程序

1. 安装瓷套；
2. 安装瓷套下部固定件；
3. 安装瓷套上部固定件；
4. 安装储油柜及一次线圈引线；
5. 注油；
6. 安装储油柜盖板、安全气道及吸湿器。

油 断 路 器

第 83 条 小修范围和标准：

一、检查清扫外壳、套管、瓷套和引线。必要时对外壳局部涂漆。

要求各部分应无灰尘和污垢，瓷件应无破损和裂纹、无爬电痕迹，引线应无断股、松股，连接牢固，外壳无锈蚀，接地可靠。

二、检查各部法兰螺栓、油位指示器及放油阀。

要求各部法兰螺栓应紧固、受力均匀；油位指示器应清洁，指示清晰，不应有渗油的现象。

三、检查底架固定螺栓，应紧固良好，不应松动。

四、检查主、副分闸弹簧及水平拉杆。

主、副分闸弹簧长度应符合规定，水平拉杆拧入接头的深度不应小于 20 mm，轴销涂润滑油。

五、检查合闸保持弹簧。

合闸保持弹簧应无变形及锈蚀，其尺寸应符合规定，弹簧应涂防锈漆及干黄油，寒冷地区应涂防冻油。

六、检查清理操作机构。

各摩擦及活动部分应该注润滑油，保证动作灵活。清扫修理直流接触器接点，并检查其动作情况。检查各辅助接点及转换开关，其动作应准确可靠。

七、检查电动机及二次回路。

其绝缘应良好，接线正确，端子紧固，接触良好。加热器工作正常。操作机构箱应无锈蚀现象，必要时应局部涂漆。

八、开关本体绝缘油补充或更换不合格的绝缘油。

九、进行电动分合闸 1～2 次，各部工作应正常。

第 84 条　大修范围和标准。除小修的全部要求外，还要进行以下检查和修理：

一、导电系统及灭弧装置分解检查、修复。

检查导电杆及铜钨头烧损情况，烧损达 1/3 以上或黄铜座有明显沟痕时应更换，导电杆与铜钨头结合处应光滑无棱角。

检查灭弧片的烧损情况及中心孔的直径是否合格，灭弧片烧伤严重或中心孔扩大超标时，需更换。

检查绝缘筒有无损坏、起层、裂纹、受潮的现象。如有受潮现象应进行干燥处理，干燥处理后，施加 40 kV 直流电压，泄漏电流不应超过 5 μA。

二、中间机构箱检查、修理。

变直机构各联板应无变形、裂纹及毛刺等现象，各轴、销子应无磨损现象；滑道应光洁、无毛刺，滑道无断裂，两滑道板应平行。

三、检查绝缘拉杆是否有弯曲、变形或开裂现象，两端与金具结合是否牢固。绝缘拉杆拧入底盒接头深度不应小于 30 mm。用清洁绝缘油清洗绝缘拉杆。组装前用 2 500 V 兆欧表测量绝缘电阻(绝缘电阻值应不小于 50 MΩ)并做泄漏试验(施加 40 kV 直流电压，泄漏不超过 5 μA)，如不合格应进行干燥处理。

四、传动轴和分闸缓冲器检查修理。

传动轴应表面光滑，内拐臂无裂纹。

缓冲器弹簧应无变形，活塞表面无锈蚀，运动灵活，活塞与筒壁的配合应符合要求。

五、操作机构的检查修理。

要求各部件灵活，轴孔无磨损，连板无毛刺、锈蚀及其他缺陷。

清洗线圈内铜套中的异物，检查合闸铁心顶杆根部弹簧应无裂纹及变形。合闸顶杆旋入应牢固。

液压操作机构的储压筒内应光滑无锈蚀，密封良好。分合闸阀电磁铁、阀杆与铁芯结合牢固，不松动、无变形，活塞运动灵活，弹簧无变形及锈蚀。高压放油阀阀杆无弯曲、松动。端头平整无毛刺，弹簧无变形锈蚀，阀口密封严密。油泵电机应完好，整流子磨损深度不超过 0.5 mm。工作缸内壁光滑无划丝、活塞动作灵活，活塞拉动力约 3 MPa，工作缸到行程应符合规定。油箱滤油器应清洁，管路无堵塞、开裂、变形及锈蚀，无渗漏油现象。更换液压油至合格范围内。检验压力表。

六、测量调整各部分行程、间隙和三相同期应符合要求。

七、断路器本体更换绝缘油。

八、外壳全面除锈涂漆。

九、分合闸操作 5 次，各部分工作应正常。

真空断路器

第 85 条 小修范围及标准：

一、清扫真空开关各部分。

要求无灰尘、无污垢，特别是真空灭弧室和绝缘套管要求清洁、无灰尘。

二、检查真空灭弧室玻壳。

应无裂纹和破损，观察内部零件应无氧化变色或失去铜的光泽；内部零件无脱落变形，玻壳上无大片金属沉积物。

三、对真空灭弧室进行工频耐压试验。

耐压试验：工频 85 kV，1 分钟无闪络，无击穿。

四、检查主导电回路。

软连接应无裂痕破损，连接紧固，接触良好，隔离触指应完整无损，无烧伤痕迹，压力足够。

五、检查静触指支持瓷瓶和真空灭弧室绝缘拉杆，应无裂纹破损、脏污及表面闪络等现象。

六、检查电流互感器。

其套管应无破损、裂纹和表面脱落现象，检查一、二次线圈完好。一、二次引线紧固、完好（二次不得开路），排列整齐，绝缘良好，与接地部分距离符合规定。

七、检查操作机构。

各部分零件齐全，无破损、变形，动作灵活可靠，分合闸指示牌指示正确，辅助开关完好无损，动作灵活，准确可靠，接触良好，对各运动部件加注润滑油。

八、照说明书要求，调整开关本体触头开距、行程、超行程及操作机构各部间隙，使之符合规定。

九、手动分合闸操作及电动分合闸操作各 3 次，开关各部分应灵活可靠，无卡滞现象。

第 86 条 大修项目及标准。除小修项目外，还应进行以下检查和修理：

一、更换真空灭弧室。

二、检修导电回路。

检查导电板有无变形、断裂，如有应予更换，更换软连接及隔离触指。

三、传动机构检修。

检查水平拉杆及绝缘拉杆，应无断裂，否则应予更换，对绝缘拉杆应进行干燥处理。

检查垂直拉杆应无变形、不弯曲，更换连接头。

检查分闸弹簧，其弹力应符合出厂规定。

四、支架、绝缘座及电流互感器检修。

支架应完好，无破损，否则应进行更换。

绝缘底座应完好无损，无爬电痕迹，并进行干燥处理，电流互感器检修按互感器检修工艺进行。

五、框架整体除锈涂漆。

六、手动、电动分合闸操作各 5 次，各部应动作灵活可靠，无卡滞现象。

六氟化硫断路器

第 87 条　小修范围及标准：

一、检查、清扫外壳、套管和引线，必要时对外壳进行局部涂漆。

要求各部分无灰尘和污垢，绝缘件无破损和裂纹，无爬电痕迹；引线无断股，连接牢固：外壳无锈蚀，接地牢靠。

二、检查底架固定螺栓紧固良好。

三、检查调整操作机构。

各摩擦及活动部分应注润滑油，保证动作灵活。各辅助接点及转换开关动作应可靠准确。液压系统不应有渗漏现象，主油箱油位应符合要求，必要时应补充液压油。检查油泵启动及闭锁压力值，均应符合出厂规定。

电动机及二次回路绝缘应良好，接线正确，端子紧固，接触良好。加热器工作正常。操作机构箱应无锈蚀现象，必要时局部涂漆。

四、检查 SF_6 气体压力。

利用带有接头的压力表，检查 SF_6 气体压力，气体压力应符合出厂规定。

五、检查密度继电器的动作压力值。

压力降低，其报警及闭锁值应符合要求。

第 88 条　大修范围和标准。除小修要求外，还应进行以下检查修理：

一、导电系统及灭弧室分解检查修理。

检查主导电回路及灭弧触头烧损情况，主导电回路及灭弧触头应光滑无损，烧损达 1/3 以上或有明显沟痕时，应予更换。

检查灭弧装置有无损伤，如有损伤者应予更换。对灭弧室应加以清洗。

二、检查联接座内变直机构各联接板、拐臂有无变形裂纹及毛刺。各轴、销子应无磨损现象。

三、检查绝缘拉杆是否有弯曲、变形或开裂、损坏等现象。绝缘拉杆两端与金具结合是否牢固。做泄露试验应满足有关规定，如不合格应进行干燥处理。

四、传动轴和分闸缓冲器检查修理。

传动轴应表面光滑，内拐臂无裂纹。

缓冲器弹簧应无变形，活塞表面无锈蚀，运动灵活，活塞与筒壁的配合应符合要求。

五、操作机构的检查处理。

要求各部件灵活，轴孔无磨损，连板无毛刺、锈蚀及其他缺陷。

清洗线圈内桶套中的异物，检查合闸铁心顶杆根部弹簧应无裂纹及变形。合闸顶杆旋入应牢固。

液压操作机构的储压筒内应光滑无锈蚀，密封良好。分合闸阀电磁铁、阀杆与铁心结合牢固，不松动、无变形，活塞运动灵活，弹簧无变形及锈蚀。高压放油阀阀杆无弯曲、松动。端头平整无毛刺，弹簧无变形锈蚀，阀口密封严密。油泵电机应完好，工作缸内壁光滑无划丝、活塞动作灵活，工作缸到行程应符合规定。油箱滤油器应清洁，管路无堵塞、开裂、变形及锈蚀，无渗漏油现象。更换液压油至合格范围内，检验压力表。

六、测量间隙和三相同期应符合要求。

七、外壳全面除锈涂漆。

八、分合闸操作5次，各部工作应正常。

岗位工作指导

一、牵引变电所中高压断路器的主要作用是：

1. 根据变电所运行方式的需要，通过断路器与隔离开关的配合进行倒闸作业；

2. 与继电保护装置配合，快速切除故障设备及故障线路。

二、高压断路器在检修前对断路器的技术状况要清楚，了解投入运行以来的试验报告、检修记录，了解高压开关的开断次数、开断的短路电流、操作机构和开关的运行状态等。进行综合性的分析，以确定检修项目和检修内容。

三、工具、材料的准备根据检修断路器的类型和型号来确定，油断路器检修所需的主要材料如表5—5所示：

表5—5　油断路器检修所需的主要材料

序号	材料名称	规　格	数　量	备　注
1	滤油纸	根据滤油机型号剪裁	500张	
2	塑料薄膜	3 kg	包扎绝缘用	
3	绝缘油	同原油号	10%断路器重	
4	耐油橡胶板	厚3、5、8、10 mm	各50 kg	
5	绝缘清油	1030号	15 kg	
6	酒　精	工业用	4 kg	
7	石棉盘根	中粗	2 kg	
8	白绸布		1m	
9	白市布		2m	
10	棉　丝		5—6 kg	
11	泡沫塑料	厚50 mm	1 kg	
12	绝缘纸板	厚0.5、1.0、2.0 mm	各2 kg	
13	黄蜡油	宽20 mm	3盘	
14	润滑机油		0.5 kg	
15	工业凡士林油		1 kg	
16	环氧树脂及配料	6101		
17	酚醛树酯漆		30 kg	

四、真空断路器的灭弧室是设备检修不可修复的部分，当检测灭弧室的锄头烧损已经达到3 mm时，或灭弧室内有零件脱落、零件氧化变色、有较多的金属沉积及真空度下降到不能工作时，必须更换真空灭弧室，拆除程序如下：

1. 取下跳闸弹簧；

2. 取下连板与拐臂连接的轴销；

3. 拆下接线夹螺丝；

4. 抽出滑块及弹簧；

5. 拆下灭弧室上下部固定螺丝；

6. 拆下绝缘座的钢支架，同时取出真空灭弧室。

新的灭弧室经过真空度的测试和公频耐压试验，检查合格时按下列顺序安装：

1. 装上真空灭弧室的同时，装上下绝缘座上的刚支架；

2. 在灭弧室的两端装上橡胶垫；

3. 紧固灭弧室上下部固定螺丝；

4. 依次装上弹簧、滑块、接线夹；

5. 装上连板与拐臂连接的轴销；

6. 装上跳闸弹簧、恢复原位置。

真空灭弧室的存放一般不超过 3 年，因为焊缝慢性漏气、内部零件放气或波纹管密封渗漏等原因，会导致其真空度下降，从而使真空断路器的灭弧性能下降。实践证明，存放不用的真空灭弧室的漏气率高于经常使用的灭弧室，使用寿命也较低。

五、SF_6 气体断路器的检修：特别要注意 SF_6 气体的分解物浸入人体。放气时高压室或检修间门窗应打开，保持良好的通风，用排气扇排出室内的 SF_6 气体，从断路器箱体内排出的 SF_6 气体时，应在放气阀套上胶管，将 SF_6 气体排放到大气中，彻底排出后，才能打开断路器的箱体盖。

检修前的放气顺序：

1. 检查压力真空表，记录表头指示值；

2. 检查阀门和管接头是否有效；

3. 将放气管接在阀门的管接线上；

4. 将放气管拉至室外；

5. 打开阀门放气。

放气结束后，关闭真空泵，拆下放气管，然后按以下顺序对箱体进行拆卸：

1. 拆下垂直拉杆与操作机构连接的轴销；

2. 松开固定箱盖的螺丝，取下箱盖；

3. 测量检修前触头的开距，拆下动触头系统；

4. 拆下灭弧喷嘴和静弧触头；

5. 拆下压气活塞及其绝缘拉杆；

6. 拆下导电连接板和静主触头；

7. 拆下绝缘板、压气活塞筒及其支持板；

8. 拆下拐臂、垂直拉杆；

9. 拆下轴及轴封。

六、SF_6 气体是无色、无臭、无毒、不燃、介电强度很高的气体，并有优异的冷却电弧特性，特别是在开关设备有电弧高温的作用下产生较高的冷却效应，避免局部高温的可燃性。在 SF_6 气体的合成过程中往往产生少量有毒的物质，所以必须净化彻底。SF_6 气体中的水分对绝缘将发生影响，SF_6 中所含水分超过一定浓度时，使 SF_6 气体在温度达 200 ℃以上就可能产生分解，分解的生成物中有氢氟酸，这是一种有强度腐蚀性和剧毒的酸类，此外水分的凝结对绝缘也是有害的。因此，在 SF_6 的电气设备中，应严格控制水分的含量，应用 SF_6 气体时，应避免受潮，严格控制其含水量，一般运行中要求不超过 150 pmm。

七、SF_6 气体管理应注意以下事项：

1. 对 SF_6 气体要有防晒、防潮、遮盖措施；
2. 不准靠近热源、潮湿地带；
3. 气瓶安全帽、防震圈应齐全完好，不要潮湿、不要有油污；
4. 存放气体时、气瓶阀门应朝上站立，标志向外；
5. 按表 5－6 验收标准进行验收。

表 5－6 验 收 标 准

序号	杂 质 名 称		技术要求
1	空气（主要为氧、氮）	%（重量）	<0.05
2	四氟化碳含量	%（重量）	<0.05
3	水分子含量	pmm	<15
4	游离酸含量	pmm	<0.3
5	水解后的氟化物含量	pmm	<1.0
6	矿物油含量	pmm	<10

八、SF_6 气体的密度较大，在相同条件下其密度为空气的 5 倍，其压力与温度的关系遵循理想气体定律。临界温度是 SF_6 气体出现液化的最高温度，临界压力表示在这个温度下出现液化所需的气体压力。SF_6 气体只有在温度高于 45 ℃以上时才能保持气态，在通常使用条件下，它有液化的可能性，因此 SF_6 气体不能在低温度和过低压力下使用。安装或检修完毕 SF_6 气体断路器后，SF_6 气体才能投入运行，在充气之前必须将内部的空气抽出来，然后才能将 SF 气体充进去。充气所用的设备及各设备的组装方式如图 5－2 所示。

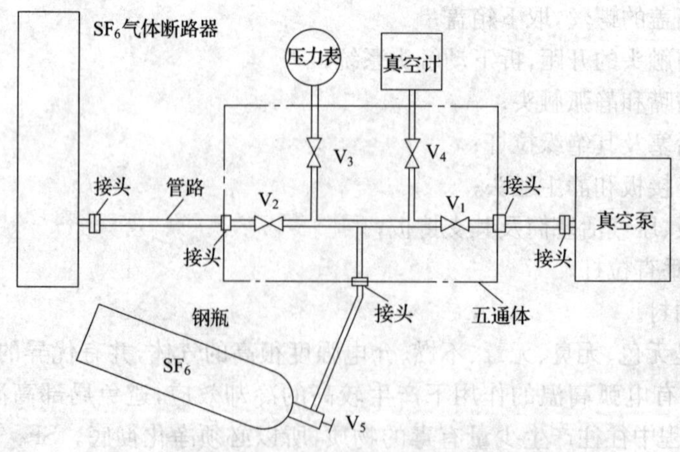

图 5－2 充气系统图

从图 5－2 可以看出，充气的主要设备是真空泵，其次是五通体、阀门、压力表、真空计、管道及接头等。管路最好选用尼龙管，也可选用不锈钢管。当将各种设备用管路按图 5－2 连接好以后，必须检查各个阀门与管路接头，均应无漏气现象。

抽气时，将阀门 V_1、V_2、V_3、V_4、V_5 全部关闭，启动真空泵，然后开启阀门 V_1、V_2。待真空泵运行一段时间后打开阀门 V_4，用真空计测量电器内部的真空度，如果真空度还达不到要求，再关闭阀门 V_4，经多次测量，直到断路器内部的真空度达到要求时才关闭阀门 V_1、V_4，将真空泵停止运转。

当需要往断路器内部充气时，关闭 V_1、V_4、V_5。打开阀门 V_3 使压力表处于测量状态，再打开阀门 V_2，最后缓慢开启阀门 V_5，使钢瓶中的 SF_6 气体慢慢流入到断路器内部。

九、SF_6 气体断路器若造成气体的泄露，在通风不良的情况下，就会使人员窒息。使用 SF_6 气体应注意以下事项：

1. 牵引变电所和检修车间应备有活性碳过滤式防毒口罩；

2. 充、放气管应分别放在干燥的密封袋里，袋内有适量的活性氧化铝吸附剂；

3. 不合格的气体和回收后的气体应明显标注“严禁使用”字样；

4. 断路器在开盖前必须进行真空处理；

5. 断路器在充气前，箱内进行干燥处理后进行真空处理；

6. 使用过的气瓶要留有余气，并把阀门和瓶盖拧紧；

7. 作业时保持良好的通风环境，作业人员要站在上风方位，穿好专用工作服和工作鞋，戴好工作帽、过滤式防毒口罩、防护眼镜和耐酸手套；

8. 对故障断路器事故抢修时，一定要等现场的 SF_6 气体基本排除干净后，穿戴好防护用品再去处理，处理过程中的 SF_6 气体分解沉淀物，要集中到安全地带处理，以保证检修人员的人身健康和生命安全。

十、液压操作机构的检修。液压系统的泄露有两种形式：

1. 外泄露：是操作机构外部的泄露，可以直接目测到泄露点；

2. 内泄露：是操作机构内部部件的泄露，会造成贮压器活塞杆的下降，或运行中油泵启动频繁，对于内泄露，除了贮压器高压油进入氮气腔的泄露外，均可以观察阀体各油孔，高压放油阀的排油孔及过滤器等部位有无渗油，从而判断漏油点。

十一、在处理漏点时，想办法改善密封不良是根本措施，常用方法有：

1. 清理有关零件的毛刺，提高液压系统的清洁度；

2. 密封圈损坏者应予更换；

3. 对于球阀密封不良，则要重新配制，阀口密封面不宜过宽，钢球的精度不低于Ⅲ级；

4. 油管与管接头的密封利用卡套进行。

十二、液压机构用油要求黏度较小，在选择液压油时，选择适当的黏度等级很重要。黏度太大则管路阻力损失大，并使油泵吸油困难。黏度太小则漏失量大，并会增大零件的磨损。液压机构各部件加工和安装过程中残存的铁屑、金属粉末、铸造砂、锈粒等杂质，如未及时清洗干净，就会带入油中，随着油流动。上述杂质将会引起液压系统工作不正常，严重时甚至造成事故。因此，液压系统在安装及运转前应该仔细检查和清洗。不论是新造的或是检修后的液压系统，以及更换液压油时都一定要清洁，清洗液压系统是保证液压油清洁度的重要环节。

十三、液压油在使用中要防止混入水分，在潮湿环境下工作的开式液压系统，大气中的水分很容易通过呼吸阀通气孔混入液压油中。太潮湿时，应将油箱的放油管定期放开，检查油箱下部的水分，并排水。如油中的水超过限度或呈乳白色，应更换油。为了减少水分进入，油箱应盖严。特别是室外作业的机器由于气温变化大，水气容易在油箱壁凝聚。室外作业的设备应注意避免雨水浸入。某些设备采用液压闭路系统，水分的影响因素可以减到最小。

隔 离 开 关

第 89 条 小修范围和标准：

一、清扫、检查绝缘子，检查引线和接地装置。

要求各部分无灰尘，无污垢，支持绝缘子无裂纹、破损及爬电痕迹，引线无断股，连接牢固，接地良好。

二、打磨、调整触头。

触头接触面光滑，无烧伤和锈蚀；闭合时接触良好(以 0.05 mm×10 mm 的塞尺检查其插入深度，当接触面宽度为 50 mm 及以下时，不应超过 4 mm，当接触面宽度为 60 mm 以上时，不应超过 6 mm；在任何情况下必须保证接触面不小于应有面积的 2/3)。分闸时分闸角度和接地闸刀与带电部分的距离符合规定。

三、检查调整操作机构。

各零部件完好、连接牢固；止钉间隙符合规定；转动灵活，连锁、限位器作用良好可靠，各转动部分注油。

对于电动隔离开关，应对电动操作机构的分合闸电机进行检查，打磨碳刷，清扫整流子；限位开关位置正确，动作灵活可靠；打磨分合闸接触器触头；紧固端子排及其他电气回路的接线。电动操作应灵活、可靠。

四、检查构架及支撑装置并进行局部除锈涂漆。

第 90 条 中修范围和标准。

除小修全部要求外还要进行以下检查、修理：

一、解体检修触头和操作机构，按工艺重新装配调整。对于烧损严重的碳刷及刷握应予更换。更换烧损严重的限位开关及分、合闸接触器。

二、清洗传动机构的轴承及电动操作机构中的传动轴、齿轮及电动机轴承并注油。

三、检修构架及支撑装置，并全面除锈、涂漆。

第 91 条 大修范围及标准。

除小、中修范围及标准外，还要更新易损的零部件(如触头等)。解体检修手动操作机构。更新电动操作机构。更新不合标准的引线和绝缘子。检修构架及支撑装置并全面除锈涂漆。

岗位工作指导

一、隔离开关的主要作用如下：

1. 隔离电源。在电气设备检修时，用隔离开关将需要检修的电气设备与带电的电网隔离，形成明显可见的断开点，以保证检修工作人员和设备的安全。

2. 倒闸操作。在双母线接线形式的电气主接线中，利用与母线相连接的隔离开关将电气设备或供电线路从一组母线切换到另一组母线上去。

3. 拉、合无电流或微小电流的电路。

二、隔离开关运行中常见故障：

1. 导电回路过热；

2. 瓷瓶断裂故障；

3. 机构问题；

4. 传动困难。

三、隔离开关小修基本工作步骤：

1. 用抹布或棉纱擦净支持瓷瓶表面的污秽，检查有无放电、裂纹及其固定是否良好；

2. 擦净闸刀及触头表面的污秽，查看主闸刀、接地闸刀及消弧棒的接触面，不符合要求时要及时更换；

3. 检查并调整周期及分、合闸角度和分、合闸止钉位置是否符合规定；

4. 检查并调整操作机构；

5. 检查引线有无松股、断股、烧伤，超过规定时要更换；

6. 检查各部螺栓、垫圈、销钉、开口销是否齐全、紧固、有无锈蚀；

7. 测量导电回路电阻；

8. 除锈补漆。

四、隔离开关中修和大修基本工作步骤：

1. 在支架上搭好木板，以便作业；

2. 拆除引线；

3. 解体；

4. 检查并处理接地装置及其支架，对金属部分全面除锈；

5. 组装；

6. 调整分、合闸角度分、合闸止钉间隙；调整接地闸刀与带电部分的最小距离；

7. 调整二级或三级隔离开关同期；

8. 检查调整操作机构，给转动部分给机油，给螺栓螺纹部分涂敷凡士林或黄油；

9. 检查、处理联锁装置；

10. 检查、处理引线及连接线夹，并调整弛度；

11. 测量绝缘电阻、导电回路电阻；

12. 全面除锈。

负荷开关

第 92 条　小修项目及标准：

一、检查、清楚绝缘子、引线和接地装置。

要求各部无灰尘、污垢，支持绝缘子无破损、裂纹及爬电痕迹，引线无断股、松股，连接牢固，接地良好。

二、检查隔离外断口、触头接触情况。

触头应光滑，无烧伤和锈蚀。闭合时接触良好(其标准同隔离开关)。

三、检查箱体是否漏气，如漏气应检修后补充气。

四、检查调整操作机构。

标准同电动隔离开关。

五、检查构架及支撑装置，并进行局部除锈涂漆。

第93条 中修项目及标准。除小修的全部要求外，还应进行以下检查、修理：

一、解体检修隔离断口触头。

二、检修电动操作机构，其项目及标准同第90条的一、二项。

三、更换传动系统中有明显变形的部件。

四、对真空灭弧室进行耐压试验，应符合厂家规定。

五、检查接线端子，应连接紧固，无松动，二次回路绝缘良好。

第94条 大修项目及标准。除小、中修全部要求外，还应进行以下检查、修理。

一、更换隔离断口的动静触头。

二、更换真空灭弧室。

三、检修密封外壳，更换 SF_6 气体，必要时更换开关本体。

四、构架及支撑装置全面除锈涂漆。

五、必要时更新操作机构。

六、清洗减速箱，调整离合器间隙，更换底座传动轴承。

空心电抗器

第95条 小修范围和标准：

一、清扫检查电抗器和连接部分。各部分清洁完好，连接部分螺栓紧固，接触良好。

二、检查电抗器的安装。安装牢固，不倾斜变形，支持绝缘子无破损；接地端接触良好。

三、检查电抗器线圈。导线无损伤，线圈无变形，匝间绝缘垫块完好，间隙均匀。绝缘无破损、受潮，必要时进行处理。

四、检查电抗器的结构和紧固件。电抗器结构紧凑，无变形；各部件完好无损，绝缘性能良好；紧固压紧螺栓，必要时更换不合格的结构和紧固件。

五、可调电抗器的电感值及调节范围符合规定指标，调整灵活可靠。

第96条 大修范围和标准：

更新电抗器。

直流电源装置

第97条 小修范围和标准：

一、测量并记录每个蓄电池的端电压，应符合说明书的规定，并判断蓄电池有无短路。

二、调整蓄电池液面高度，完成后拧紧气塞。

三、检查蓄电池各螺母、极柱及各连接板，清洗碱化表面并擦干。清洗蓄电池表面及蓄电池箱柜。

四、直流盘、柜安装牢固，无腐蚀脏污并涂漆良好，直流系统整体对地绝缘良好。

五、对蓄电池组进行核对性充放电，必须保证整个蓄电池组放出容量在额定容量的85%以上。

第98条 中修范围和标准。除小修的全部要求外，还要进行下列工作：

一、更换直流盘、柜不合格的开关、继电器、仪表、整流元件、电子元器件等，更新配线、端子排。

二、处理或更换不合格的蓄电池。

三、必须时更换电解液。

第 99 条　大修范围和标准。除小、中修的全部要求外，还要进行下列工作：

一、更换整组蓄电池。

二、必要时更换充电机或直流盘。

电 容 器 组

第 100 条　小修范围和标准：

一、清扫检查电容器的外部和连接部分。各部分清洁完好，必要时对电容器局部涂漆；连接部分螺栓紧固。

二、检查电容器。外壳无膨胀、变形，焊缝无开裂、无渗漏油，必要时进行处理。

三、检查熔断器、接地放电间隙、母线、支持绝缘子等。各部件完好无损，作用良好。

四、检查支撑固定装置。安装牢固、端正，无变形；必要时局部除锈涂漆。

五、根据试验结果对电容器组各列重新进行组合，更换不合格的电容器。

第 101 条　大修范围和标准。除小修的全部要求外，还要进行下列工作：

一、更新电容器及不合格的支持绝缘件。

二、对电容器构架、支撑装置等各种铁构件进行全面涂漆。

高 压 母 线

第 102 条　小修范围和标准：

一、清扫检查绝缘子、杆塔和构架。

绝缘子不得有裂纹、破损和放电痕迹。杆塔和构架应完好，安装牢固，无倾斜和基础下沉现象，铁件无锈蚀，接地良好，相位标志牌清晰鲜明。

二、查导线(包括引线)。

软母线张力适当，不得有松股、断股和机械损伤。

硬母线应固定牢靠，且可伸缩，漆膜完好，相色鲜明，不得有裂纹，连接紧密。

三、检查金具。

金具应无锈蚀，固定、连接牢靠，接触良好。

第 103 条　大修范围和标准。除小修的全部要求外，还要进行下列工作：

一、更换不合标准的绝缘子。

二、更换不合标准的导线、金具、杆塔。

岗位工作指导

一、软母线表面的处理：牵引变电所的软母线多为钢芯铝绞线，检查时应注意有无断股，散股，特别是与引线连接的地方有无放电烧断股的现象，必要时应予更换，散股则要重新拧紧绑扎。相色不鲜明，则重新涂漆。

二、硬母线接头接触面的处理：消除表面的氧化膜、气孔及隆起部分，使接触面平整并接触良好。一般使用锉刀将母线表面挫平，然后用钢丝刷清扫，铝母线则要在挫完后，涂一层凡士林，然后再用钢丝刷清扫，最后再涂一层凡士林。

三、金具有轻微锈蚀者，应在除锈后在其表面涂上凡士林或黄油；严重锈蚀则应予更换；对金属构架应除锈补漆，必要时全面补漆。

电 力 电 缆

第 104 条 小修范围和标准：

一、检查电缆头、套管、引线和接线盒。电缆头、套管不渗油，引线相间和距接地物的距离符合规定。

二、检查电缆。排列整齐、固定牢靠且不受张力，铠装无松散、无严重锈蚀和断裂，弯曲半径符合规定，接地良好，涂刷防腐剂；电缆外露部分应有保护管，管口应密封，保护管应完整无损且固定牢靠，其锈蚀面积不得超过总面积的 5%。

三、清扫电缆沟。沟内应无积水、杂物；支架完好、固定牢靠、不锈蚀；盖板齐全、无严重破损。电缆沟通向室内的入口处应有完好的防止小动物的措施。

四、检查电缆的埋设。覆盖的泥土无下陷和被水冲刷等异状。

五、检查电缆桩及标示牌，齐全、正确、清楚。

第 105 条 大修范围和标准。除小修的全部要求外，还要进行下列工作：

一、更新不合标准的电缆、接头、接线盒、套管和引线。

二、整修电缆沟。盖板完整无损，沟内排水良好。

三、对电缆全面涂刷防腐剂；对保护管全面除锈涂漆。

四、整修电缆桩和标示牌，要固定牢靠。

五、对敷设不合标准的电缆要重新敷设和改设。重新敷设和改设的电缆要符合新建项目的标准。

岗位工作指导

一、电缆检修的基本参考步骤：

1. 揭开电缆沟盖板，按顺序排列在电缆沟一侧；

2. 除锈检查，用钢丝刷、除锈倒等对电缆、电缆支架内接地装置、电缆接头盒除锈；同时检查电缆外皮有无机械损伤、放电，有无松股、散股等现象。

3. 检查电缆接头和电缆终端接头；检查有无渗油、胶裂、局部发热、放电等。

4. 清扫电缆沟及电缆的赃污；

5. 铠装电缆外皮、电缆支架、接地装置及电缆接头铁盒涂黑色防锈漆。

6. 整理电缆，电缆恢复原位；

7. 整理电缆标志牌。

二、注意事项：

1. 电缆沟盖板要小心轻放，不要砸伤手脚；

2. 工作量要适当，任务应在当天完成；

3. 测量电缆绝缘时，应拆下两端接线端子。

低压盘(含端子箱)

第 106 条 低压盘包括交直流配电盘、控制盘(台)、计量盘。其小修范围和标准：

一、彻底清扫低压盘(箱、台，下同)及其相应的装置。

二、检查盘的表面状态。安装牢固、端正，排列整齐，接地良好；标志齐全、正确、清楚；室内盘面无锈蚀；室外盘面锈蚀面积不超过总面积的 5%，且盘(台)体密封良好。

三、检查灯具、开关、继电器、熔断器、仪表、配线、端子排、连接片等各项装置，安装牢固，绝缘和接触良好；熔丝、触头和灯泡的容量适当；端子排和配线排列整齐；标示牌、标志、信号齐全，正确，清楚。

四、检查控制、保护、信号、远动、故标回路相关部分的整组动作情况。

第 107 条　大修范围和标准。除小修的全部要求外，还要更新不合标准的开关、继电器、仪表和绝缘子，更新配线、端子排等。必要时更换盘。

第 108 条　继电保护、自动装置及操作、信号、测量回路所用的导线必须符合下列规定：

一、用绝缘单芯铜线。当采用接线鼻子时，也可使用绝缘多股铜线。

二、电流回路的导线截面不得小于 2.5 mm^2；其他回路的导线截面不得小于 1.5 mm^2；电费计量回路的导线截面必须经过容量和压损的校验。

三、导线的绝缘应满足 500 V 工作电压的要求。

四、导线中间不得有接头；遇有油浸蚀的处所，要用耐油绝缘导线。

避雷器和避雷针

第 109 条　避雷器小修范围和标准：

一、清扫检查瓷套、引线和均压环。应固定牢靠，无锈蚀。

二、检查底座、构架、基础等。

三、动作指示器密封，作用良好。

第 110 条　避雷器大修范围和标准。除小修的全部要求外，还要进行下列工作：

一、更新不合标准的避雷器和计数器。

二、整修基础、构架和接地装置。

第 111 条　避雷针小修范围和标准：

一、检查杆塔无倾斜和弯曲，固定牢靠；除锈补漆，必要时全面涂漆。

二、检查避雷针，无熔化和断裂。

三、检查底部装置。

第 112 条　避雷针大修时除基础外全部更新。

接 地 装 置

第 113 条　小修范围和标准：

一、检查地面上和电缆沟内的接地线、接地端子等。完整无锈蚀、损伤、断裂及其他异状；与设备连接牢固，接触良好。

二、检查铁路岔线钢轨及接地网各自与回流线间的连接接头，连接牢固，接触截面符合规定。

第 114 条　大修范围和标准：重新埋设接地网及回流线。

第 115 条　接地的设备均应逐台用单独的接地线接到接地母线上，禁止设备串联接地。

接地线与接地体的连接宜用焊接。接地线与电力设备的连接可用螺栓连接或焊接。用螺栓连接时应设防松螺帽或防松垫片。

地面上的接地线、接地端子均要涂黑漆；接地端子的螺丝应镀锌。

接地放电装置

第 116 条 小修范围和标准：

一、清扫、检查绝缘子和绝缘件，应无污垢，无破裂。

二、检查清扫旁路开关、磁铁应无锈蚀和杂物，吸合面上应涂润滑油酯。

三、检查旁路开关轴承是否灵活，用汽油或煤油清洗，并上润滑油。

四、检查电容器外壳，不应有凹凸变形及漏油现象。

第 117 条 中修范围及标准。除小修范围外，还要进行下列检查及维修：

一、检查放电极是否粗糙，有无不正常的损耗，放电间隙距离是否变动。

二、检查旁路开关，触头接触面是否粗糙，接触面损耗程度。损耗在 2 mm 以上要更换。

第 118 条 大修范围及标准。除小、中修范围及标准外，还应检查：

一、旁路开关弹簧有无变色变形。

二、计数器动作是否可靠。

三、全面除锈涂漆。

四、必要时更换。

远动装置

第 119 条 小修范围及标准：

一、调度端

1. 清扫远动装置各部件，紧固端子排连接螺栓；检查联线电缆。要求各部件及印刷电路板无积尘，螺栓无松动、线缆无断裂、表皮无破损。

2. 检查控制计算机、控制单元、电源通道各监视点的电位，要求电位与规定值偏差应符合规定。

3. 检查通道发送接受电平、噪声、信噪比及通道传输指标，要求装置技术条件符合规定。

4. 按说明书要求调试远动系统的自诊断程序进行自校，应无异常。

5. 检查打印机、监视器、模拟盘外围件、打印头应无损伤，监视器的辉度、对比度、色度的指标合格，模拟盘显示正常。

6. 进行装置整组功能检查应正常。

7. 不停电电源的蓄电池恢复性充放电正常。

二、执行端

除按调度端 1、2、3、6 项要求外还应检查遥控继电器的动作情况，并核对遥信、遥测信息的正确性和精度。执行继电器无烧损、粘连，动作正常，遥控、遥测功能正常。

第 120 条 大修范围及标准

在保留原有远动构架、对象、通道结构不变的基础上对远动装置的主要部件进行更换。

继电保护及自动装置

第 121 条 小修范围及标准：

一、盘体和相关的二次回路的小修范围和标准同低压盘有关规定。

二、根据厂家说明书或参照电力部《继电保护及系统自动装置》进行机械及电气特性试验。

三、调整或更换不合标准的继电器、插件、打印机等元器件。

四、检查继电器、接线端子应牢固可靠，继电器内部及外壳清洁无尘。

五、进行整定和试验并绘制电气特性图。

六、进行整体传动试验。

第 122 条　大修范围及标准：

更新继电器保护及自动装置。

第 123 条　牵引变电所内安装的计费用电度表，主变压器、母线、馈出线的指示仪表以及故障点测试仪每年检验 1 次，其他表计每两年检验 1 次。

试验室使用的仪表每年检验 1 次。

第六节　远动设备管理

第 124 条　远动装置由调度端、执行端及通道三部分组成，是保证行车安全的重要设备，必须保证状态良好。远动通道必须畅通无阻，具备良好的传输质量。

第 125 条　远动装置由专业技术人员维护，远动调度人员要掌握远动设备正常使用的业务知识，负责日常操作和保养。严禁非专业人员动用设备。

第 126 条　有远动装置的供电调度除执行调规外还要执行下列规定：

1. 建立远动运行值班制度。

2. 远动调度台的操作必须有人监护。

3. 远动装置运行时，在无操作任务时，应将所有键盘开关闭锁。严禁乱动键盘。

第 127 条　远动装置配置有两台主机时，一台主机工作，另一台主机热备用。运行中每间隔 1 小时，进行全面遥测，了解各变电所（开闭所、分区所）馈线负荷电流、母线电压、进线电流、功率等参数。

第 128 条　远动系统正常运行时，各远动执行端内所有“远动←→当地”转换开关置于“远动”位。远动操作前由供电调度员通知被控端值班员监视确认设备执行情况，并向供电调度汇报。

第 129 条　远动系统故障或被控设备检修时，由值班调度员下令，将相应变电所的控制开关由“远动位”切换到“当地位”，变电所值班员根据供电调度命令倒闸。同时值班调度员应将故障情况如实记录在日志表上。

第 130 条　远动装置故障、设备定期检修及通道故障时经主管部门同意，允许远动装置退出运行。

事故情况下供电调度可先撤除远动装置，后报告主管部门。

第 131 条　远动设备的运行维护包括：

一、定期巡视、检查和测试运行中的设备。

二、中心调度、远方执行端定期校核遥测精度和摇信、遥控、摇调的正确性。

三、若遥控、摇调、遥信误动或拒动，遥测误差值大于规定值，应查明原因及时处理。

四、定期记录远动装置接收及发送电平，发现问题及时处理。

五、建立设备台账、运行日志、设备缺陷、测试数据等记录簿。

六、保持设备的整齐清洁。

第 132 条 为保证远动设备正常运行及事故处理，应配备仪器、仪表、工具和备件。

第 133 条 远动装置运行必须具备下列资料：

一、产品说明书、出厂图纸、软件备份、出厂检验记录。

二、原理图、安装接线图、外部回路接线图、技术说明书及远动通道路径图。

三、试制或改进的远动设备应有试制报告或设备改进报告。

四、各类装置专用检验规程。

五、定期检验报告。

六、运行维护记录(包括运行情况分析、检验记录、故障记录、缺陷处理记录及存在问题等)。

第 134 条 新安装的远动装置交接验收时比照牵引变电所的有关规定进行。

第七节 试 验

一 般 规 定

第 135 条 电气设备的绝缘试验，要尽量将连接在一起不同的试验标准的设备分解开，单独进行试验。

对分开有困难或已装配的成套设备必须连在一起试验时，其试验标准应采用其中的最低标准。

第 136 条 当设备的出厂额定电压与实际使用工作电压不同时，应根据下列原则确定试验电压的标准。

一、当采用额定电压较高的设备用以加强绝缘时，应按照设备的额定电压的标准进行试验。

二、采用额定电压较高的设备用以满足产品通用性的要求时，可以按照设备实际使用的额定工作电压或出厂额定电压的标准进行试验。

三、采用较高电压等级的设备用以满足高海拔地区要求时，应在安装地点按照实际使用的额定工作电压的标准进行试验。

第 137 条 所有电气设备预防性试验周期，除特别规定者外均为 1 年 1 次。

设备检修时的试验如能包括预防性试验的内容和要求，则在该周期内可以不再做预防性试验。

第 138 条 在进行与温度有关的各种电气试验时(如测量直流电阻、绝缘电阻、介质损失角、泄漏电流等)，应同时测量被试物和周围环境的温度。

绝缘试验应在天气良好且被试物温度及周围温度一般不低于＋5℃的条件下进行。

试验标准中所列的绝缘电阻系指 60 秒的绝缘电阻值(R60)吸收比为 60 秒与 15 秒绝缘电阻的比值(R60/R15)。

交流耐压试验加至试验标准电压后的持续时间，凡无特殊说明者，均为 1 分钟。

第 139 条 电气设备的试验标准除本规程外，均按中华人民共和国电力行业标准 DL/T596—1996《电力设备预防性试验规程》执行。额定电压为 27.5 kV 的电气设备，除特别指出者外可暂比照 35 kV 电气设备的试验标准进行。工程交接验收除完成本规程全部项目外，其他要求按有关规定执行。

岗位工作指导

一、电气设备缺陷的形成原因主要有两方面：一方面是设备在制造或检修过程中，由于工艺不良或其他原因而留下潜伏性的缺陷；另一方面是设备在长期运行中，由于工作电压、过电压、大气中潮湿、温度、机械力、化学等的作用，导致设备的绝缘老化、变质，绝缘性能下降和机械部分松动而形成设备缺陷。

二、绝缘缺陷通常可分为两大类：一是集中性缺陷（如设备的瓷瓶开裂，电缆局部有气隙等）；二是分布性缺陷，即电气设备的整体绝缘下降（变压器、油断路器进水受潮）等。绝缘缺陷的存在和发展，往往会使设备在工作电压或一般操作过电压作用下，引起绝缘击穿事故，使电气设备损坏，从而造成停电事故。为了保证系统运行安全，防止设备损坏事故的发生，使运行的设备和大修后及新投产的设备具有一定的绝缘水平和良好的性能，对电气设备进行一系列的电气试验是非常必要的。

三、电气设备试验按其作用和要求，可分为绝缘试验和特性试验。

1. 绝缘试验

高压电气设备在运行中的安全可靠性基本上取决于其绝缘的可靠性，而判断和监督绝缘最可靠的手段是绝缘试验。绝缘试验又可分为非破坏性试验和破坏性试验。其目的是通过各项试验来检查电气设备的质量是否符合要求，是否有影响安全运行的缺陷。

非破坏性试验是指在较低电压下或用其他不会损坏绝缘的办法来测量绝缘的某些特性（如绝缘电阻、介质损耗、局部放电、电压分布、超声波探测等）及其变化情况，来判断制造过程中和运行中出现的绝缘缺陷。实践证明，非破坏性试验对绝缘的判断是有效的，但由于所加试验电压较低，有些绝缘缺陷还不能充分暴露出来。

绝缘试验的项目如下：

(1)绝缘电阻试验。

a. 绝缘电阻。对所有的电气设备都要进行测量。

b. 吸收比和极化指数。对额定电压 35 kV、容量 4 000 kV · A 及以上，和额定电压 66 kV及以上的所有变压器，都要测量吸收比。额定电压 220 kV 及以上的变压器还应加测极化指数。

(2)介损 $\tan\delta$ 试验。对额定电压 35 kV 及以上的多油断路器、并联电容器进行测量。

(3)泄漏电流试验。对变压器、少油断路器进行试验。

(4)耐压试验。也叫破坏性试验，它是模仿设备在运行中实际出现危险过电压的状况来对绝缘施加与之等价的高电压进行的试验。因此，这类试验对设备的考核是严格的，发现缺陷是有效的，特别是对那些危险性较大的集中性缺陷。通过试验能保证被试设备具有一定的绝缘水平或裕度，但在试验过程中却存在导致损坏设备的可能。

2. 特性试验

特性试验主要是对电气设备的导电性能、电压或机械方面某些特性进行测量。其试验项目如下：

(1)直流电阻试验，对变压器所有引出端所有分接位置进行测量。

(2)变比试验，对电压、电流互感器及变压器进行测量。

(3)接触电阻，对断路器和隔离开关所有的连接处及动、静触头接触的位置进行测量。

(4)分合闸时间及同期差，对断路器操动机构的分合闸线圈进行测量。

(5)分合闸速度,针对断路器测量。

(6)低电压动作值,在所有断路器分合闸线圈上进行测量。

上述两类试验的目的就是通过试验来发现运行中或新投产的设备在绝缘和特性方面存在的某些问题,经综合分析来发现设备的绝缘缺陷或薄弱环节以及其他损伤,为设备检修或更换提供可靠的依据。

3. 试验结果的综合判断分析

不同试验项目所反映的缺陷及灵敏度是各不相同的,所以根据各类试验结果不能孤立地、单独地对电气设备状况作出试验结论(特别是绝缘试验),而必须将各种试验结果全面地联系起来,进行系统的、全面的分析、比较,并结合各种试验方法的有效性及电气设备的运行情况和历史情况,才能对其绝缘状态和缺陷性质得出正确的结论。

综合分析判断的基本方法是将试验结果与下列情况进行比较。

(1)与有关规程规定值进行比较。

(2)与设备历次试验结果进行比较。

(3)与同类设备试验结果进行比较。

变 压 器

第 140 条 变压器及电抗器的试验项目、周期和要求如表 5—7 所示。

表 5—7 变压器及电抗器的试验项目、周期和要求

序号	项目	周期	要求	说明
1	绕组直流电阻	(1)1～3 年或自行规定; (2)无励磁调压变压器变换分接位置后; (3)有载调压变压器的分接开关检修后(在所有分接侧); (4)大修后; (5)必要时	(1)1.6 MV·A 以上变压器,各相绕组电阻相互间的差别不应大于三相平均值的 2%,无中性点引出的绕组,线间差别不应大于三相平均值的 1%; (2)1.6 MV·A 及以下的变压器,相间差别一般不大于三相平均值的 4%,线间差别一般不大于三相平均值的 2%; (3)与以前相同部位测的值比较,其变化不应大于 2%; (4)电抗器参照执行	(1)如电阻相间差在出厂时超过规定,制造厂已说明了这种偏差的原因,按要求中第(3)项执行; (2)不同温度下的电阻值按下式换算: $R_2=R_1((T+t_2)/(T+t_1))$ 式中 R_1 、 R_2 分别为在温度 t_1 、 t_2 时的电阻值;T 为计算常数,铜导线取 235,铝导线取 225; (3)无励磁调压变压器应在使用的分接锁定后测量
2	绕组绝缘电阻、吸收比或(和)极化指数	(1)1～3 年或自行规定; (2)大修后; (3)必要时	(1)绝缘电阻换算至同一温度下,与前一次测试结果相比应无明显变化; (2)吸收比(10～30 ℃范围)不低于 1.3 或极化指数不低于 1.5	(1)采用 2 500 V 或 5 000 V 兆欧表; (2)测量前被试绕组应充分放电; (3)测量温度以顶层油温为准,尽量使每次测量温度相近; (4)尽量在油温低于 50 ℃时测量,不同温度下的绝缘电阻值一般可按下式换算: $R_2=R_1\times1.5(t_1-t_2)/10$ 式中 R_1 、 R_2 分别为在温度 t_1 、 t_2 时的绝缘电阻值; (5)吸收比和极化指数不进行温度换算

续上表

<table>
<tr><th>序号</th><th>项　　目</th><th>周　　期</th><th>要　　求</th><th>说　　明</th></tr>
<tr><td>3</td><td>绕组的 tanδ</td><td>(1)1～3 年或自行规定；
(2)大修后；
(3)必要时</td><td>(1)20 ℃时 tanδ 不大于下列数值：66～220 kV 为 0.8%，35 kV 及以下为 1.5%；
(2)tanδ 值与历年的数值比较不应有显著变化(一般不大于 30%)；
(3)试验电压如下：<table><tr><td>数组电压 10 kV 及以上</td><td>10 kV</td></tr><tr><td>数组电压 10 kV 以下</td><td>Un</td></tr></table>(4)用 M 型试验器时试验电压自行规定</td><td>(1)非被试绕组应接地或屏蔽；
(2)同一变压器各相绕组 tanδ 的要求值相同；
(3)测量温度以顶层油温为准，尽量使每次测量的温度相近；
(4)尽量在油温低于 50 ℃时测量</td></tr>
<tr><td>4</td><td>电容型套管的 tanδ 和电容值</td><td>(1)1～3 年或自行规定；
(2)大修后；
(3)必要时</td><td></td><td>(1)用正接法测量；
(2)测量时记录环境温度及变压器(电抗器)顶层油温</td></tr>
<tr><td>5</td><td>交流耐压试验</td><td>(1)1～5 年(10 kV 及以下)；
(2)大修后(66 kV 及以下)；
(3)更换绕组后；
(4)必要时</td><td>(1)油浸变压器(电抗器)试验电压值按中华人民共和国电力行业标准 DL/T 596—1996；
(2)干式变压器全部更换绕组时，按出厂试验电压值；部分更换绕组和定期试验时，按出厂试验电压值的 0.85 倍</td><td>(1)可采用倍频感应或操作波感应法；
(2)66 kV 及以下全绝缘变压器，现场条件不具备时，可只进行外施工频耐压试验；
(3)电抗器进行外施工频耐压试验</td></tr>
<tr><td>6</td><td>铁芯(有外引接地线的)绝缘电阻</td><td>(1)1～3 年或自行规定；
(2)大修后；
(3)必要时</td><td>(1)与以前测试结果相比无显著差别；
(2)运行中铁芯接地电流一般不大于 0.1A</td><td>(1)采用 2 500 V 兆欧表(对运行年久的变压器可用 1 000 V兆欧表)；
(2)夹件引出接地的可单独对夹件进行测量</td></tr>
<tr><td>7</td><td>穿心螺栓、铁轭夹件、绑扎钢带、铁芯、线圈压环及屏蔽等的绝缘电阻</td><td>(1)大修后；
(2)必要时</td><td>220 kV 及以上者绝缘电阻一般不低于 500 MΩ，其他自行规定</td><td>(1)采用 2 500 V 兆欧表(对运行年久的变压器可用 1 000 V兆欧表)；
(2)连接片不能拆开者可不进行</td></tr>
<tr><td>8</td><td>绕组泄漏电流</td><td>(1)1～3 年或自行规定；
(2)必要时</td><td>(1)试验电压一般如下：<table><tr><td>绕组额定电压(kV)</td><td>3</td><td>6～10</td><td>20～35</td><td>66～330</td><td>500</td></tr><tr><td>直流试验电压(kV)</td><td>5</td><td>10</td><td>20</td><td>40</td><td>60</td></tr></table>(2)与前一次测试结果相比应无明显变化</td><td>读取 1 分钟时的泄漏电流值</td></tr>
</table>

续上表

序号	项　目	周　期	要　求	说　明
9	绕组所有分接的电压比	(1)分接开关引线拆装后； (2)更换绕组后； (3)必要时	(1)各相应接头的电压比与铭牌值相比，不应有显著差别，且符合规律； (2)电压35 kV以下，电压比小于3的变压器电压比允许偏差为±1%；其他所有变压器额定分接电压比允许偏差为±0.5%。其他分接的电压比应在变压器阻抗电压值(%)的1/10以内，但不得超过±1%	
10	校核三相变压器的组别或单相变压器极性	更换绕组后	必须与变压器铭牌和顶盖上的端子标志相一致	
11	有载调压装置的试验和检查： (1)检查动作顺序、动作角度； (2)操作试验：变压器带电时手动操作、电动操作、远方操作各2个循环； (3)检查和切换测试： a. 测量过渡电阻的阻值； b. 测量切换时间； c. 检查插入触头、动静触头的接触情况，电气回路的连接情况； d. 单、双数触头间非线性电阻的试验； e. 检查单、双数触头间放电间隙。 (4)检查操作箱； (5)切换开关室绝缘油试验； (6)二次回路绝缘试验	(1)1年或按制造厂要求； (2)大修后； (3)必要时	范围开关、选择开关、切换开关的动作顺序应符合制造厂的技术要求，其动作角度应与出厂试验记录相符。 手动操作应轻松，必要时用力矩表测量，其值不超过制造厂的规定，电动操作应无卡涩，没有联动现象，电气和机械限位动作正常。 与出厂值相符。 三相同步的偏差、切换时间的数值及正反向切换时间的偏差均与制造厂的技术要求相符。 动、静触头平整光滑，触头烧损厚度不超过制造厂的规定值，回路连接良好。 按制造厂的技术要求无烧伤或变动。 接触器、电动机、传动齿轮、辅助接点、位置指示器、计数器等工作正常。 符合制造厂的技术要求，击穿电压一般不低于25 kV。 绝缘电阻一般不低于1 MΩ	有条件时进行 采用2 500 V兆欧表
12	测温装置及其二次回路试验	(1)1～3年； (2)大修后； (3)必要时	密封良好，指示正确，测温电阻值应和出厂值相符。 绝缘电阻一般不低于1 MΩ	测量绝缘电阻采用2 500 V兆欧表
13	整体密封检修	大修后	35 kV及以下管状和平面油箱变压器采用超过油枕顶部0.6 m油柱试验(约5 kPa压力)，对于波纹油箱和有散热器的油箱采用超过油枕顶部0.3 m油柱试验(约2.5 kPa压力)，试验时间12 h无渗漏	试验时带冷却器，不带压力释放装置
14	冷却装置及其二次回路检查试验	(1)自行规定； (2)大修后； (3)必要时	(1)投运后，流向，温升和声响正常，无渗漏； (2)强油水冷装置的检查和试验，按制造厂规定； (3)绝缘电阻一般不低于1 MΩ	测量绝缘电阻采用2 500 V兆欧表
15	套管中的电流互感器绝缘试验	(1)大修后； (2)必要时	绝缘电阻一般不低于1 MΩ	采用2 500 V兆欧表

续上表

序号	项　　目	周　　期	要　　　　求	说　　　明
16	全电压下空载合闸	更换绕组后	(1)全部更换绕组，空载合闸 5 次，每次间隔 5 min； (2)部分更换绕组，空载合闸 3 次，每次间隔 5 min	(1)在使用分接上进行； (2)由变压器高压或中压侧加压； (3)110 kV 及以上的变压器中性点接地
17	阻抗测量	必要时	与出厂值相差在±5%，与三相或三相平均值相差在±20%范围内	适用于电抗器、如受试验条件限制可在运行电压下测量

互　感　器

第 141 条　电流互感器的试验项目、周期和要求如表 5—8 所示。

表 5—8　电流互感器的试验项目、周期和要求

<table>
<tr><th>序号</th><th>项　　目</th><th>周　　期</th><th>要　　　　求</th><th>说　　　明</th></tr>
<tr><td>1</td><td>绕组的绝缘电阻</td><td>(1)投运前；
(2)1～3 年；
(3)大修后；
(4)必要时</td><td>绕组绝缘电阻与初始值及历次数据比较，不应有显著变化</td><td>采用 2 500 V 兆欧表</td></tr>
<tr><td>2</td><td>tanδ 及电容量</td><td>(1)投运前；
(2)1～3 年；
(3)大修后；
(4)必要时</td><td>(1)主绝缘 tanδ(%)应大于下面数值，且与历年数据比较，应有显著变化：
<table>
<tr><td colspan="2">电压等级
(kV)</td><td>20～35</td><td>60～110</td></tr>
<tr><td rowspan="3">大修后</td><td>油纸电容型</td><td>—</td><td>1.0</td></tr>
<tr><td>充油型</td><td>3.0</td><td>2.0</td></tr>
<tr><td>胶纸电容型</td><td>2.5</td><td>2.0</td></tr>
<tr><td rowspan="3">运行中</td><td>油纸电容型</td><td></td><td></td></tr>
<tr><td>充油型</td><td>—</td><td>1.0</td></tr>
<tr><td>胶纸电容型</td><td></td><td></td></tr>
</table>
(2)电容型电流互感器主绝缘电容量与初始值或出厂值差别超出±5%范围时应查明原因；
(3)当电容型电流互感器末屏对地绝缘电阻小于 1 000 MΩ 时，应测量末屏对地 tanδ，其值不大于 2%</td><td>(1)主绝缘 tanδ 试验电压为 10 kV，末屏对地 tanδ 试验电压为 1 kV；
(2)油纸电容型 tanδ 一般不进行温度换算，当 tanδ 值与出厂值或上一次试验值比较有明显增长时，应综合分析 tanδ 与温度、电压的关系，当 tanδ 随温度明显变化或试验电压由 10 kV 升到 $U_m/3$ 的 1/2 时，tanδ 增量超过 ±0.3%，不应继续运行；
(3)固体绝缘互感器可不进行 tanδ 测量</td></tr>
<tr><td>3</td><td>交流耐压试验</td><td>(1)1～3 年(20 kV 及以下)；
(2)大修后；
(3)必要时</td><td>(1)一次绕组按出厂值的 85%进行。出厂值不明的按下列电压进行试验：
<table>
<tr><td>电压等级(kV)</td><td>3</td><td>6</td><td>10</td><td>15</td><td>20</td><td>35</td><td>66</td></tr>
<tr><td>试验电压(kV)</td><td>15</td><td>21</td><td>30</td><td>38</td><td>47</td><td>72</td><td>120</td></tr>
</table>
(2)二次绕组之间及末屏对地为 2 kV；
(3)全部更换绕组绝缘后，应按出厂值进行</td><td></td></tr>
<tr><td>4</td><td>极性检查</td><td>(1)大修后；
(2)必要时</td><td>与铭牌标志相符</td><td></td></tr>
<tr><td>5</td><td>各分接头的变比检查</td><td>(1)大修后；
(2)必要时</td><td>与铭牌标志相符</td><td>更换绕组后应测量比值差和相位差</td></tr>
</table>

续上表

序号	项　目	周　期	要　求	说　明
6	密封检查	(1)大修后; (2)必要时	应无渗漏油现象	试验方法按制造厂规定
7	一次绕组直流电阻测量	(1)大修后; (2)必要时	与初始值或出厂值比较,应无明显差别	

第 142 条　电磁式电压互感器的试验项目、周期和要求如表 5－9 所示。

表 5－9　电磁式电压互感器的试验项目、周期和要求

<table>
<tr><th>序号</th><th>项　目</th><th>周　期</th><th>要　求</th><th>说　明</th></tr>
<tr><td>1</td><td>绝缘电阻</td><td>(1)1～3 年;
(2)大修后;
(3)必要时</td><td>自行规定</td><td>一次绕组用 2 500 V 兆欧表,二次绕组用 1 000 V 或 2 500 V兆欧表</td></tr>
<tr><td>2</td><td>tanδ(20 kV及以上)</td><td>(1)绕组绝缘:
a. 1～3 年;
b. 大修后;
c. 必要时
(2)66～220 kV 串级式电压互感器支架:
a. 投运前;
b. 大修后;
c. 必要时</td><td>(1)绕组绝缘 tan(%)不应大于下表数值:
<table>
<tr><td colspan="2">温度℃</td><td>5</td><td>10</td><td>20</td><td>30</td><td>40</td></tr>
<tr><td rowspan="2">35 kV及以下</td><td>大修后</td><td>1.5</td><td>2.5</td><td>3.0</td><td>5.0</td><td>7.0</td></tr>
<tr><td>运行中</td><td>2.0</td><td>2.5</td><td>3.5</td><td>5.5</td><td>8.0</td></tr>
<tr><td rowspan="2">35 kV以上</td><td>大修后</td><td>1.0</td><td>1.5</td><td>2.0</td><td>3.5</td><td>4.0</td></tr>
<tr><td>运行中</td><td>1.5</td><td>2.0</td><td>2.5</td><td>4.0</td><td>5.5</td></tr>
</table>
(2)支架绝缘 tanδ 一般不人于 6%</td><td>串级式电压互感器的 tanδ 试验方法建议采用末端屏蔽法,其他试验方法与要求自行规定</td></tr>
<tr><td>3</td><td>交流耐压试验</td><td>(1) 3 年(20 kV 及以上);
(2)大修后;
(3)必要时</td><td>(1)一次绕组按出厂值的 85%进行,出厂值不明的,按下列电压进行试验:
<table>
<tr><td>电压等级(kV)</td><td>3</td><td>6</td><td>10</td><td>15</td><td>20</td><td>35</td><td>66</td></tr>
<tr><td>试验电压(kV)</td><td>15</td><td>21</td><td>30</td><td>38</td><td>47</td><td>72</td><td>120</td></tr>
</table>
(2)二次绕组之间及末屏对地为 2 kV;
(3)全部更换绕组绝缘后按出厂值进行</td><td>(1)串级式及分级绝缘式的互感器用倍频感应耐压试验;
(2)进行倍频感应耐压试验时应考虑互感器的容升电压;
(3)倍频耐压试验前后,应检查有无绝缘损伤</td></tr>
<tr><td>4</td><td>空载电流测量</td><td>(1)大修后;
(2)必要时</td><td>(1)在额定电压下,空载电流与出厂数值比较无明显差别;
(2)在下列试验电压下,空载电流不应大于最大允许电流:
中性点非有效接地系统 $1.9U_n/3$;
中性点接地系统 $1.5U_n/3$</td><td></td></tr>
<tr><td>5</td><td>密封检查</td><td>(1)大修后;
(2)必要时</td><td>应无渗漏油现象</td><td>试验方法按制造厂规定</td></tr>
<tr><td>6</td><td>铁芯夹紧螺栓(可接触到的)绝缘电阻</td><td>自行规定</td><td>自行规定</td><td>采用 2 500 kV 兆欧表</td></tr>
</table>

续上表

序号	项　　目	周　　期	要　　求	说　　明
7	联结组别和极性	(1)更换绕组后； (2)接线变动后	与铭牌和端子标志相符	
8	电压比	(1)更换绕组后； (2)接线变动后	与铭牌标志相符	更换绕组后应测量比值差和引位差

第 143 条　电容式电压互感器的试验项目、周期和要求如表 5—10 所示。

表 5—10　电容式电压互感器的试验项目、周期和要求

序号	项　　目	周　　期	要　　求	说　　明
1	电压比	(1)大修后； (2)必要时	与铭牌标志相符	
2	中间变压器的绝缘电阻	(1)大修后； (2)必要时	自行规定	采用 2 500 V 兆欧表
3	中间变压器的 $\tan\delta$	(1)大修后； (2)必要时	与初始值相比不应有显著变化	

第 144 条　SF_6 断路器试验项目、周期和要求如表 5—11 所示。

表 5—11　SF_6 断路器试验项目、周期和要求

序号	项　　目	周　　期	要　　求	说　　明
1	SF_6 气体泄露试验	(1)大修后； (2)必要时	年漏气率不大于 1%或按制造厂要求	(1)按 GB 11023 方法进行； (2)对电压等级较高的断路器以及 GIS，因体积大可用局部包扎法检漏，每个密封部位包扎后历时 5 h，测得的 SF_6 气体含量(体积分数)不大于 30×10^{-6}
2	辅助回路和控制回路绝缘电阻	(1)1～3 年； (2)必要时	绝缘电阻不低于 2 MΩ	采用 500 V 或 1 000 V 兆欧表
3	耐压试验	(1)大修后； (2)必要时	交流耐压或操作冲击耐压的试验电压为出厂试验电压值的 80%	(1)试验在 SF_6 气体额定压力下进行； (2)对 GIS 试验时不包括其中的电磁式电压互感器及避雷器，但在投运前应对它们进行试验电压值为 U_m 的 5 min 耐压试验； (3)罐式断路器的耐压试验方式：合闸对地；分闸状态两端接地。建议在交流耐压试验的同时测量局部放电； (4)对瓷柱式定开距型断路器只做断口间耐压
4	辅助回路和控制回路交流耐压试验	大修后	试验电压为 2 kV	耐压试验后的绝缘电阻值不应降低

续上表

序号	项　　目	周　期	要　　求	说　　明
5	断口间并联电容器的绝缘电阻、电容量和 tanδ	(1)1～3年； (2)大修后； (3)必要时	瓷柱式断路器各断口同时测量，测得的电容值和 tanδ 与原始值比较，应无明显变化	大修时，对瓷柱式断路器应测量电容器和断口并联后整体的电容量和 tanδ，作为该设备的原始数据
6	合闸电阻值和合闸电阻的投入时间	(1)1～3年； (2)大修后	(1)除制造厂另有规定外，阻值变化允许范围不得大于±5%； (2)合闸电阻的有效接入时间按制造厂规定校核	罐式断路器的合闸电阻布置在罐体内部，只有解体大修时才能测定
7	断路器的时间参量	(1)大修后； (2)机构大修后	除制造厂另有规定外，断路器的分、合闸同期性应满足下列要求：相间合闸不同期不大于 5 ms；相间分闸不同期不大于 3 ms；同相各断口间合闸不同期不大于 3 ms；同相各断口间分闸不同期不大于 2 ms	
8	断路器的速度特性	大修后	测量方法和测量结果应符合制造厂规定	制造厂无要求时不测
9	分、合闸电磁铁的动作电压	(1)1～3年； (2)大修后； (3)机构大修后	(1)操动机构分合闸电磁铁或合闸接触器端子上的最低动作电压应在操作电压额定值的 30%～65%之间； (2)在使用电磁机构时，合闸电磁铁线圈通流时的端电压为操作电压额定值的 80%(关合电流峰值等于及大于50 kA 时为 85%)时应可靠动作； (3)进口设备按制造厂规定	
10	导电回路电阻	(1)1～3年； (2)大修后	敞开式断路器的测量值不大于制造厂规定值的 120%	用直流压降法测量，电流不小于 100 A
11	分、合闸线圈直流电阻	(1)大修后； (2)机构大修后	应符合制造厂规定	
12	SF_6 气体密度监视器(包括整体值)检验	(1)1～3年； (2)大修后； (3)必要时	按制造厂规定	
13	压力表校验(或调整)，机构操作压力(气压、液压)整定值校验，机械安全阀校验	(1)1～3年； (2)大修后	按制造厂规定	对气动机构应校验各级气压的整定值(减压阀及机械安全阀)
14	操作机构在分闸、合闸、重新合闸下的操作压力(气压、液压)下降值	(1)大修后； (2)机构大修后	应符合制造厂规定	
15	液(气)压操作机构的泄露试验	(1)1～3年； (2)大修后； (3)必要时	按制造厂规定	应在分、闸位置下分别试验
16	油(气)泵补压及零起打压的运转时间	(1)1～3年； (2)大修后； (3)必要时	应符合制造厂规定	
17	液压机构及采用差压原理的气动机构的防失压慢分试验	(1)大修后； (2)机构大修后	按制造厂规定	

续上表

序号	项　目	周　期	要　求	说　明
18	闭锁防跳跃及防止非全相合闸等辅助控制装置的动作性能	(1)大修后； (2)必要时	按制造厂规定	

第 145 条　少油断路器的试验项目如表 5－12 所示。

表 5－12　少油断路器的试验项目

<table>
<tr><th>序号</th><th>项　目</th><th>周　期</th><th>要　求</th><th>说　明</th></tr>
<tr><td>1</td><td>绝缘电阻</td><td>(1)1～3 年；
(2)大修后</td><td>(1)绝缘电阻自行规定；
(2)断口和有机物制成的提升杆的绝缘电阻不应低于下列数值：<table><tr><td rowspan="2">实验类别</td><td colspan="3">额定值(kV)</td></tr><tr><td><24</td><td>27.5</td><td>55～110</td></tr><tr><td>大修后</td><td>1 000</td><td>2 500</td><td>5 000</td></tr><tr><td>运行中</td><td>300</td><td>1 000</td><td>3 000</td></tr></table></td><td>使用 2 500 V 兆欧表</td></tr>
<tr><td>2</td><td>少油断路器的泄漏电流</td><td>(1)1～3 年；
(2)大修后</td><td>(1)每一元件的试验电压 40 kV；
(2)泄漏电流一般不大于 10 μA</td><td></td></tr>
<tr><td>3</td><td>断路器对地、断口及相间交流耐压试验</td><td>(1)1～3 年(12 kV 及以下)；
(2)大修后；
(3)必要时(72.5 kV 及以上)</td><td>断路器在分合闸状态下分别进行，试验电压值如下：
12～40.5 kV 断路器对地及相间按 DC/T 593 规定值；72.5 kV 及以上者按 DC/T 593 规定值的 80%</td><td>对于三相共箱式的油断路器应作相间耐压，其试验电压值与对地耐压值相同</td></tr>
<tr><td>4</td><td>辅助回路和控制回路交流耐压试验</td><td>(1)1～3 年；
(2)大修后</td><td>试验电压为 2 kV</td><td></td></tr>
<tr><td>5</td><td>导电回路电阻</td><td>(1)1～3 年；
(2)大修后</td><td>(1)大修后应符合制造厂规定；
(2)运行中自行规定</td><td>用直流压降法测量，电流不小于 100 A</td></tr>
<tr><td>6</td><td>灭弧室的并联电阻值</td><td>(1)大修后；
(2)必要时</td><td>并联电阻值应符合制造厂规定</td><td></td></tr>
<tr><td>7</td><td>断路器的合闸时间和分闸时间</td><td>大修后</td><td>应符合制造厂规定</td><td>在额定操作电压(气压、液压)下进行</td></tr>
<tr><td>8</td><td>断路器分闸和合闸的速度</td><td>大修后</td><td>应符合制造厂规定</td><td>在额定操作电压(气压、液压)下进行</td></tr>
<tr><td>9</td><td>断路器触头分、合闸的同期性</td><td>(1)大修后；
(2)必要时</td><td>应符合制造厂规定</td><td></td></tr>
<tr><td>10</td><td>操作机构合闸接触器和分、合闸电磁铁的最低动作电压</td><td>(1)大修后；
(2)操作机构大修后</td><td>(1)操作机构分、合闸电磁铁或合闸接触器端子上的最低动作电压应在操作电压额定值的 30%～60%间；
(2)在使用电磁机构时，合闸电磁铁线圈通流时的端电压为操作电压额定值的 80%(关合电流峰值等于及大于50 kV 时为 85%)时应可靠动作</td><td></td></tr>
<tr><td>11</td><td>合闸接触器和分、合闸电磁铁线圈的绝缘电阻和直流电阻，辅助回路和控制回路绝缘电阻</td><td>(1)1～3 年；
(2)大修后</td><td>(1)绝缘电阻不应小于 2 MΩ；
(2)直流电阻应符合制造厂规定</td><td>采用 500 V 兆欧表</td></tr>
</table>

第 146 条 真空断路器的试验项目、周期和要求如表 5—13 所示。

表 5—13 真空断路器的试验项目、周期和要求

<table>
<tr><th>序号</th><th>项　目</th><th>周　期</th><th>要　求</th><th>说　明</th></tr>
<tr><td>1</td><td>绝缘电阻</td><td>(1)1～3 年；
(2)大修后</td><td>(1)整体绝缘电阻参照制造厂规定或自行规定；
(2)断口和用有机物制成的提升杆的绝缘电阻不应低于下列数值
<table><tr><td rowspan="2">实验类别</td><td colspan="3">额定电压(kV)</td></tr><tr><td>＜24</td><td>25～27.5</td><td>55</td></tr><tr><td>大修后</td><td>1 000</td><td>2 500</td><td>5 000</td></tr><tr><td>运行中</td><td>300</td><td>1 000</td><td>3 000</td></tr></table></td><td></td></tr>
<tr><td>2</td><td>交流耐压试验(断路器主回路对地、相间及断口)</td><td>(1)1～3 年(12 kV 以下)；
(2)大修后；
(3)必要时(40.5 kV、72.5 kV)</td><td>断路器在分、合闸状态下分别进行，试验电压值按 DC/T 593 规定值</td><td>(1)更换或干燥后的绝缘提升杆必须进行耐压试验，耐压设备不能满足时可分段进行；
(2)相间、相对地及断口的耐压值相同</td></tr>
<tr><td>3</td><td>辅助回路和控制回路交流耐压试验</td><td>(1)1～3 年；
(2)大修后</td><td>试验电压为 2 kV</td><td></td></tr>
<tr><td>4</td><td>导电回路电阻</td><td>(1)1～3 年；
(2)大修后</td><td>(1)大修后应符合制造厂规定；
(2)运行中自行规定，建议不大于 1.2 倍出厂值</td><td>用直流压降法测量，电流不小于 100 A</td></tr>
<tr><td>5</td><td>断路器的合闸时间和分闸时间，分、合闸的同期性，触头开距，合闸时的弹跳过程</td><td>大修后</td><td>应符合制造厂规定</td><td>在额定操作电压下进行</td></tr>
<tr><td>6</td><td>操作机构合闸接触器和分、合闸电磁铁的最低动作电压</td><td>大修后</td><td>(1)操作机构分、合闸电磁铁或合闸接触器端子上的最低动作应在操作电压额定值的 30%～65%间，在使用电磁机构时，合闸电磁铁线圈通流时的端电压为操作电压额定值的 80%(关合峰值电流等于或大于 50 kA 时为 85%)时应可靠动作；
(2)进口设备按制造厂规定</td><td></td></tr>
<tr><td>7</td><td>合闸接触器和分、合闸电磁铁线圈的绝缘电阻和直流电阻</td><td>(1)1～3 年；
(2)大修后</td><td>(1)绝缘电阻不应小于 2 MΩ；
(2)直流电阻应符合制造厂规定</td><td>采用 1 000 V 兆欧表</td></tr>
<tr><td>8</td><td>真空灭弧室真空度的测量</td><td>大、小修后</td><td>自行规定</td><td>有条件时进行</td></tr>
<tr><td>9</td><td>检查动触头上的软联结夹片有无松动</td><td>大修后</td><td>应无松动</td><td></td></tr>
</table>

第 147 条 隔离开关的试验项目、周期和要求如表 5—14 所示。

表 5—14 隔离开关的试验项目、周期和要求

<table>
<tr><th>序号</th><th>项　目</th><th>周　期</th><th>要　求</th><th>说　明</th></tr>
<tr><td>1</td><td>有机材料支持绝缘子及提升杆的绝缘电阻</td><td>(1)1～3 年；
(2)大修后</td><td>(1)用兆欧表测量胶合元件分层电阻；
(2)有机材料传动提升杆的绝缘电阻值不得低于下列数值：
<table><tr><td rowspan="2">试验类别</td><td colspan="2">额定电压(kV)</td></tr><tr><td>＜24</td><td>24～40.5</td></tr><tr><td>大修后</td><td>1 000</td><td>2 500</td></tr><tr><td>运行中</td><td>300</td><td>1 000</td></tr></table></td><td>采用 2 500 V 兆欧表</td></tr>
</table>

续上表

序号	项　　目	周　　期	要　　求	说　　明
2	二次回路的绝缘电阻	(1)1～3年； (2)大修后； (3)必要时	绝缘电阻不低于2 MΩ	采用1 000 V兆欧表
3	交流耐压试验	大修后	(1)试验电压值DL/T 593规程； (2)用单个或多个元件支柱绝缘子组成的隔离开关进行整体耐压有困难时，可对各胶合元件分别作耐压试验	在交流耐压试验前、后应测量绝缘电阻；耐压后的阻值不得降低
4	二次回路交流耐压试验	大修后	试验电压为2 kV	
5	电动、气动或液压操作机构线圈的最低动作电压	大修后	最低动作电压一般在操作电源额定电压的30%～80%范围内	气动或液压应在额定压力下进行
6	导电回路电阻测量	大修后	不大于制造厂规定的1.5倍	用直流压降法测量，电流值不小于100 A
7	操作机构的动作情况	大修后	(1)电动、气动或液压操作机构在额定的操作电压(气压、液压)下分、合闸5次，动作正常； (2)手动操作机构操作时灵活，无卡涩； (3)闭锁装置应可靠	

蓄　电　池

第148条　镉镍蓄电池直流屏(柜)的试验项目、周期和要求如表5－15所示。

表5－15　镉镍蓄电池直流屏(柜)的试验项目、周期和要求

序号	项　　目	周　　期	要　　求	说　　明
1	镉镍蓄电池组容量测试	(1)1年； (2)必要时	按DL/T 459规定	
2	蓄电池放电终止电压测试	(1)1年； (2)必要时		
3	各项保护检查	1年	各项功能均应正常	检查项目有： a. 闪光系统； b. 绝缘监察系统； c. 电压监察系统； d. 光子牌； e. 声响
4	镉镍屏(柜)中控制母线的绝缘电阻	必要时	绝缘电阻不应低于10 MΩ	采用1 000 V兆欧表。有两组电池时轮流测量

绝　缘　部　件

第149条　变电所的支柱绝缘子和悬式绝缘子的试验项目、周期和要求如表5－16所示。

表 5—16　变电所的支柱绝缘子和悬式绝缘子的试验项目、周期和要求

序号	项　目	周　期	要　求	说　明
1	零值绝缘子检测(66 kV 及以上)	1～5 年	在运行电压下检测	(1)可根据绝缘子的劣化率调整检测周期； (2)对多元件针式绝缘子应检测每一元件
2	绝缘电阻	(1)悬式绝缘子 1～5 年； (2)针式支柱绝缘子 1～5 年	(1)针式支柱绝缘子的每一元件和每片悬式绝缘子的绝缘电阻不应低于 300 MΩ； (2)棒式支柱绝缘子不进行此项试验	(1)采用 2 500 V 及以上兆欧表； (2)棒式支柱绝缘子不进行此项试验
3	交流耐压试验	(1)单元件支柱绝缘子 1～5 年； (2)悬式绝缘子 1～5 年； (3)针式支柱绝缘子 1～5 年； (4)更换绝缘子时； (5)随主设备	(1)35 kV 针式支柱绝缘子交流耐压试验电压值如下：两个胶合元件者，每元件 35 kV；三个胶合元件者，每元件 34 kV (2)机械破坏负荷为 60～300 kN 的盘形悬式绝缘子交流耐压试验电压值均取 60 kV	(1)35 kV 针式支柱绝缘子可根据具体情况按左栏(1)或(2)进行； (2)棒式绝缘子不进行此项试验
4	绝缘子表面污秽物的等值盐密	1 年		应分别在户外能代表当地污染程度的至少一串悬式绝缘子和一根棒式支柱上取样，测量在当地积污最重的时期进行

电力电缆

第 150 条　纸绝缘电力电缆的试验项目、周期和要求如表 5—17 所示。

表 5—17　纸绝缘电力电缆的试验项目、周期和要求

序号	项　目	周　期	要　求	说　明
1	绝缘电阻	在直流耐压试验之前进行	自行规定	额定电压 0.6/1 kV 电缆用 1 000 V 兆欧表；0.6/1 kV 以上电缆用 2 500 V 兆欧表(3.6/6 kV 及以上电缆也可用 5 000 V 兆欧表)
2	直流耐压	(1)1～3 年 (2)新做终端或接头后进行	(1)耐压 5 min 时的泄漏电压值不应大于耐压 1 min 时的泄漏电压值； (2)三相之间的泄漏电流不平衡系数不应大于 2	6/6 kV 及以下电缆的泄漏电流小于 10 mA，8.7/10 kV 电缆的泄漏电流小于 20 mA 时，对不平衡系数不作规定

第 151 条　橡塑绝缘电力电缆线路的试验项目、周期和要求，如表 5—18 所示。

表 5—18　橡塑绝缘电力电缆线路的试验项目、周期和要求

序号	项　目	周　期	要　求	说　明
1	电缆主绝缘绝缘电阻	(1)重要电缆：1 年； (2)一般电缆： a. 3.6/6 kV 及以上 3 年 b. 3.6/6 kV 以下 5 年	自行规定	0.6/1 kV 电缆用 1 000 V 兆欧表； 0.6/1 kV 以上电缆用 2 500 V 兆欧表； 6/6 kV 及以上电缆也可用 5 000 V 兆欧表

续上表

序号	项　目	周　期	要　求	说　明
2	电缆外护套绝缘电阻	(1)重要电缆:1年; (2)一般电缆: a.3.6/6 kV及以上3年 b.3.6/6 kV以下5年	每千米绝缘电阻值不应低于0.5 MΩ	采用500 V兆欧表
3	电缆内衬层绝缘电阻	(1)重要电缆:1年; (2)一般电缆: a.3.6/6 kV及以上3年 b.3.6/6 kV以下5年	每千米绝缘电阻值不应低于0.5 MΩ	
4	铜屏蔽层电阻和导体电阻比	(1)投运前; (2)重做终端或接头后; (3)内衬层破损进水后	对照投运前测量数据自行规定	试验方法
5	电缆主绝缘直流耐压试验	新做终端或接头后进行	耐压5 min时的泄漏电流不应大于耐压1分钟时的泄漏电流	

第152条　电容器的试验项目、周期和要求如表5—19所示。

表5—19　电容器的试验项目、周期和要求

序号	项　目	周　期	要　求	说　明
1	极对壳绝缘电阻	(1)投运后1年内; (2)1～5年	不低于2 000 MΩ	(1)串联电容器用1 000 V兆欧表,其他用2 500 V兆欧表; (2)单套管电容器不测
2	电容值	(1)投运后1年内; (2)1～5年	(1)电容值偏差不超过额定值的－5%～＋10%范围; (2)电容值不应小于出厂值的95%	用电桥法或电流电压法测量
3	并联电阻值测量	(1)投运后1年内; (2)1～5年	电阻值与出厂值的偏差应在±10%范围内	用自放电法测量
4	渗漏油检查	6个月	漏油时停止使用	观察法

避　雷　器

第153条　阀式避雷器的试验项目、周期和要求如表5—20所示。

表5—20　阀式避雷器的试验项目、周期和要求

序号	项　目	周　期	要　求	说　明
1	绝缘电阻	(1)变电所避雷器,每年雷雨季前; (2)线路上避雷器1～3年; (3)大修后; (4)必要时	(1)FZ(PBC.LD)、FCZ和FCD型避雷器的绝缘电阻自行规定,但与前一次或同类型的测量数据进行比较,不应有显著变化; (2)FS型避雷器绝缘电阻应不低于2 500 MΩ	(1)采用2 500 V及以上兆欧表; (2)FZ、FCZ和FCD型主要检查并联电阻通断和接触情况

续上表

<table>
<tr><th>序号</th><th>项　目</th><th>周　期</th><th>要　　求</th><th>说　　明</th></tr>
<tr><td>2</td><td>电导电流及串联组合元件的非线性因数差值</td><td>(1)每年雷雨季前；
(2)大修后；
(3)必要时</td><td>(1)FZ、FCZ和FCD型避雷器的电导电流参考值按制造厂规定值，还应与历年数据相比较，不应有显著变化
(2)同一相内串联组合元件的非线性因数差值，不应大于0.05；电导电流相差值(%)不应大于30%；
(3)试验电压如下：
<table>
<tr><td>元件额定电压(kV)</td><td>3</td><td>6</td><td>10</td><td>15</td><td>20</td><td>30</td></tr>
<tr><td>试验电压U_1(kV)</td><td>—</td><td>—</td><td>—</td><td>8</td><td>10</td><td>12</td></tr>
<tr><td>试验电压U_2(kV)</td><td>4</td><td>6</td><td>10</td><td>16</td><td>20</td><td>24</td></tr>
</table></td><td>(1)整流回路中应加滤波电容器，其中电容值一般为0.01～0.1 μF并应在高压侧测量电流；
(2)由两个及两个以上元件组成的避雷器应对每个元件进行试验；
(3)可用带电测量方法进行测量，如对测量结果有疑问时，应根据停电测量的结果作出判断；
(4)如FZ型必需品的非线性因数差值大于0.05，但电导电流合格允许换节处理，换节后的非线性因数差值不应大于0.05；
(5)运行中PBC型避雷器的电导电流一般应在300～400 μA范围内</td></tr>
<tr><td>3</td><td>工频放电电压</td><td>(1)1～3年；
(2)大修后；
(3)必要时</td><td>FS型避雷器的工频放电电压在下列范围内
<table>
<tr><td colspan="2">额定电压 kV</td><td>3</td><td>6</td><td>10</td></tr>
<tr><td rowspan="2">放电电压 kV</td><td>大修后</td><td>9～11</td><td>16～19</td><td>26～31</td></tr>
<tr><td>运行中</td><td>8～12</td><td>15～21</td><td>23～33</td></tr>
</table></td><td>带有线性并联电阻的阀型避雷器只在解体大修后进行</td></tr>
<tr><td>4</td><td>底座绝缘电阻</td><td>(1)变电所避雷器每年类预季前；
(2)线路上避雷器1～3年；
(3)大修后；
(4)必要时</td><td>自行规定</td><td>采用2 500 V及以上兆欧表</td></tr>
<tr><td>5</td><td>检查放电计数器的动作情况</td><td>(1)变电所避雷器每年雨季前；
(2)线路上避雷器1～3年；
(3)大修后；
(4)必要时</td><td>测试3～5次，均应正常动作，测试后计数器指示应调到“0”</td><td></td></tr>
<tr><td>6</td><td>检查密封情况</td><td>(1)大修后；
(2)必要时</td><td>避雷器内腔抽真空至(300～400)×133 Pa后，在5 min内其内部气压的增加不应超过100 Pa</td><td></td></tr>
</table>

第154条　金属氧化物避雷器的试验项目、周期和要求如表5－21所示。

表5－21　金属氧化物避雷器试验项目、周期和要求

序号	项　目	周　期	要　　求	说　　明
1	绝缘电阻	(1)变电所避雷器每年雷雨季节； (2)必要时	(1)35 kV以上，不低于2 500 MΩ； (2)35 kV及以下，不低于1 000 MΩ	采用2 500 V及以上兆欧表
2	直流1 mA电压(U_{1mA})及0.75U_{1mA}下的泄漏电流	(1)每年雷雨季前； (2)必要时	(1)不得低于GB11032规定值； (2)U_{1mA}实测值与初始值或制造厂规定值比较，变化不应大于5%； (3)0.75U_{1mA}下的泄漏电流不应大于50 μA	(1)要记录试验时的环境温度和相对湿度； (2)测量电流的导线应使用屏蔽线； (3)初始值系指交接试验或投产试验时的测量值

续上表

序号	项　目	周　期	要　求	说　明
3	运行电压下的交流泄漏电流	(1)新投运的110 kV及以上者投运3个月后测量1次；以后每半年1次；运行1年后，每年雷雨季节前1次； (2)必要时	测量运行电压的全电流、阻性电流或功率损耗，测量值与初始值比较，有明显变化时应加强监测，当阻性电流增加1倍时，应停电检查	应记录测量时的环境温度、相对湿度和运行电压，测量宜在瓷套表面干燥时进行，应注意相间干扰的影响
4	工频参考电流下的工频参考电压	必要时	应符合GB11032或制造厂规定	(1)测量环境温度(20±15)℃； (2)测量应每节单独进行，整相避雷器有一节不合格，应更换该节避雷器(或整相更换)，使该相避雷器为合格
5	底座绝缘电阻	(1)变电所避雷器每年雷雨季前； (2)必要时	自行规定	采用2 500 V及以上兆欧表
6	检查放电计数器动作情况	(1)变电所避雷器每年雷雨季前； (2)必要时	测试3～5次，均应正常动作，测试后计数器指示应调到"0"	

高压母线

第155条　一般母线的试验项目、周期和要求如表5－22所示。

表5－22　一般母线的试验项目、周期和要求

序号	项　目	周　期	要　求	说　明
1	绝缘电阻	(1)1～3年； (2)大修后	(1)不应低于1 MΩ/kV； (2)35kV及以下，不低于1 000 MΩ	
2	交流耐压试验	(1)1～3年； (2)大修后		

低压配电装置

第156条　二次回路的试验项目、周期和要求如表5－23所示。

表5－23　二次回路的试验项目、周期和要求

序号	项　目	周　期	要　求	说　明
1	绝缘电阻	(1)大修时； (2)更换二次线时	(1)直流小母线和控制盘的电压小母线，在断开所有其他并联支路时不应小于10 MΩ； (2)二次回路的每一支路和断路器、隔离开关、操作机构电源回路不小于1 MΩ；在比较潮湿的地方，允许降到0.5 MΩ	采用500 V或1 000 V兆欧表
2	交流耐压试验	(1)大修时； (2)更换二次线时	试验电压为1 000 V	(1)不重要回路可用2 500 V兆欧表试验代替； (2)48 V及以下回路不做交流耐压试验； (3)带有电子元件的回路试验时应将其取出或两端短接

第 157 条 配电装置和电力布线的试验项目、周期和要求如表 5—24 所示。

表 5—24 配电装置和电力布线的试验项目、周期和要求

序号	项目	周期	要求	说明
1	绝缘电阻	设备大修时	(1)配电装置每一段的绝缘电阻不应小于 0.5 MΩ; (2)电力布线绝缘电阻一般不小于 0.5 MΩ	(1)采用 1 000 V 兆欧表; (2)测量电力布线的绝缘电阻时应将熔断器、用电设备、电器和仪表等断开
2	配电装置的交流耐压试验	设备大修时	试验电压为 1 000 V	(1)配电装置耐压为各相对地,48 V 及以下的配电装置不做交流耐压试验; (2)可用 2 500 V 兆欧表试验代替; (3)带有电子元件的回路,试验时应将其取出或两端短接
3	检查相位	更动设备或接线时	各相两端及其连接回路的相位应一致	

接地装置

第 158 条 接地装置的试验项目、周期和要求如表 5—25 所示。

表 5—25 接地装置的试验项目、周期和要求

序号	项目	周期	要求	说明
1	有效接地系统的电力设备的接地电阻	(1)不超过 6 年; (2)可以根据该接地网挖开检查的结果斟酌延长或缩短周期	$R \leqslant 2\,000\ V/I$ 或 $R \leqslant 0.5\ \Omega$,(当 $I>4\,000$A 时) 式中 I—经接地网流入地中的短路电流,A; R—考虑到季节变化的最大接地电阻,Ω	(1)测量接地电阻时,如在必需的最小布极范围内土壤电阻率基本均匀,可采用各种补偿法,否则,应采用远离法; (2)在高土壤电阻率地区,接地电阻如按规定值要求,在技术经济上极不合理时,允许有较大的数值,但必须采取措施以保证发生接地短路时,在该接地网上: a. 接触网电压和跨步电压均不超过允许的数值; b. 不发生高电位引外和低电位引内; c. 3～10 kV 阀式避雷器不动作; (3)在预防性试验前或每 3 年以及必要时验算一次 I 值,并校验设备接地引下线的热稳定
2	非有效接地系统的电力设备的接地电阻	(1)不超过 6 年; (2)可以根据该接地网挖开检查的结果斟酌延长或缩短周期	(1)当接地网与 1 kV 及以下设备共用接地时,接地电阻 $R \leqslant 120/I$; (2)当接地网仅用于 1 kV 以上设备时,接地电阻 $R \leqslant 250/I$; (3)在上述任一情况下,接地电阻一般不得大于 10Ω	
3	独立避雷针(线)的接地电阻	不超过 6 年	不宜大于 10Ω	在高土壤电阻率地区难以将接地电阻降到 10Ω 时,允许有较大的数值,但应符合防止避雷针(线)对罐体及管阀等反击的要求
4	检查有效接地系统的电力设备引下线与接地网的连接情况	不超过 3 年	不得有开断、松脱或严重腐蚀等现象	如采用测量接地引下线与接地网(或与相邻设备)之间的电阻来检测其连接情况,可将所测的数据与历次数据比较和相互比较,通过分析决定是否进行挖开检查

续上表

序号	项　　目	周　　期	要　　求	说　　明
5	抽样开挖检查接地网的腐蚀情况	(1)本项目只限于已经运行10年以上(包括改造后重新运行达到这个年限)的接地网； (2)以后的检查年限可根据前次开挖检查的结果自行决定	不得有开断、松脱或严重腐蚀等现象	可根据电气设备的重要性和施工的安全性,选择进行开挖检查,如有疑问还应扩大开挖的范围

第八节　绝缘油和 SF_6 气体的管理

第 159 条　绝缘油的储存量应不少于事故备用油量储备的耗油量。

第 160 条　新变压器油的验收,应按 GB 2536 或 SH 0040 的规定。

第 161 条　运行中变压器油的试验项目和要求见第 168 条,试验周期如下：

一、66～110 kV 变压器、电抗器和 1 000 kV · A 及以上的所用的变压器、动力变压器的绝缘油试验周期为 1 年;试验项目有序号 1、2、3、6,必须时的试验项目有 5、8、9。

二、35 kV 及以下的变压器油试验周期为 3 年;试验项目为序号 6。

三、新变压器、电抗器投运前、大修后油试验项目有序号 1、2、3、4、5、6、7、8、9。

四、互感器、套管油的试验结合油中的溶解气体色谱分析试验进行。

五、序号 11 项目在必要时进行。

第 162 条　当主要设备用油的 pH 值接近 4.4 或颜色骤然变深,其他指标接近允许值或不合格时,应缩短试验周期,增加试验项目,必要时采取处理措施。

第 163 条　关于补油或不同牌号油混合使用的规定：

补加油品的各项特性指标不应低于设备的油。如果补加到已接近运行油质量要求下限的设备油中,有时会导致油中迅速析出油泥,故应预先进行混油样品的油泥析出和 $\tan\delta$ 试验。试验结果无沉淀产生且 $\tan\delta$ 不大于原设备内的 $\tan\delta$ 值时,才可混合。

不同牌号新油或相同质量的运行中油,原则上不宜混合使用。如必须混合时就应按混合油实测的疑点决定是否可用。

对于国外进口油、来源不明以及所有含添加剂的类型并不完全相同的油,如需要与不同的牌号油混合时,应预先进行参加混合的油及混合后油样的老化试验。

油样的混合比应与实际使用的混合比一致。如实际使用比不详,则采用 1∶1比例混合。

第 164 条　断路器专用油的新油应按 SH 0351 进行验收。

第 165 条　运行中断路器油的试验项目、周期和要求见第 169 条。

第 166 条　设备大修后绝缘油应达到新油标准。设备中修后除水溶性酸和碱、闪点及 $\tan\delta$值外其余项目应达到新油标准。

变 压 器 油

第 167 条　变压器油的试验项目和要求如表 5—26 所示。

表 5－26　变压器油的试验项目和要求

序号	项　目	要　求		说明
		投入运行前的油	运行油	
1	外观	透明、无杂质或悬浮物		将油注入试管中冷却至 5℃在光线充足的地方观察
2	水溶性酸 pH 值	≥5.4	≥4.2	按 GB 7598 进行试验
3	酸值 mgKOH(g)	≤0.03	≤0.1	按 GB 264 或 GB 7599 进行试验
4	闪点(闭口)(℃)	≥140(10 号、25 号油) ≥135(45 号油)	(1)不应比左栏要求低 5℃ (2)不应比上次测定值低 5℃	按 GB 261 进行试验
5	水分(mg/L)	66～110 kV≤20	66～110 kV≤35	运行中设备测量时应注意温度的影响，尽量在顶层油温度高于 50 ℃时采样，按 GB 7600 或 GB 7601 进行试验
6	击穿电压(kV)	15 kV 以下≥30 15～35 kV≥35 66～220 kV≥40	15 kV 以下≥25 15～35 kV≥30 66～220 kV≥35	按 GB/T 507 和 DL/T 429.9 方法进行试验
7	界面张力(25 ℃)	≥35	≥19	按 GB/T 6541 进行试验
8	tanδ(90 ℃)(%)	≤1	≤4	按 GB 5654 进行试验
9	90 ℃时体积电阻率(MΩ)	≥6×1 010	220 kV 以及以下≥3×109	按 DC/T 421 或 GB 5654 进行试验
10	油中含气量(体积分数)(%)	≤1	一般不大于 3	按 DL/T 421 或 DL/T 450 进行试验
11	油泥与沉淀物(质量分数)(%)		一般不大于 0.02	按 GB/T 511 试验，若只测定油泥含量，试验最后采用乙醛－苯(1:4)将油泥洗于恒重容器中称重

断 路 器 油

第 168 条　运行中断路器油的试验项目、周期和要求如表 5－27 所示。

表 5－27　运行中断路器油的试验项目、周期和要求

序号	项　目	要　求	周　期	说　明
1	水溶性酸 pH 值	≥4.2	(1)110 kV 及以上新设备投运前或大修后检验项目为序号 1～7，运行中为 1 年，检验项目序号 4； (2)110 kV 以下新设备投运前或大修后检验项目为序号 1～7。运行中不大于 3 年，检验项目为序号 4； (3)少油断路器(油量为 60 kg 以下)小于 3 年可以换油代替	按 GB 7598 进行试验
2	机械杂质	无		外观目测
3	游离碳	无较多碳悬浮于油中		外观目测
4	击穿电压(kV)	110 kV 及以下：投运前或大修后≥35，运行中≥30		按 GB/T 507 和 DL/L 429.9 方法进行试验
5	水分(mg/L)	110 kV 及以下：投运前或大修后≤20，运行中≤35		
6	酸值(mgKOH/g)	≤0.1		按 GB 264 或 GB 7599 进行试验
7	闪点(闭口)(℃)	不应比新油低 5		按 GB 261 进行试验

第 169 条　绝缘油中溶解气体色谱分析的周期和要求如表 5－28 所示。

表 5－28　绝缘油中溶解气体色谱分析的周期和要求

序号	名　称	周　期	要　求	说　明
1	变压器及电抗器	(1)运行中:1年; (2)大修后; (3)必要时	(1)运行设备的油中 H_2 与烃类气体含量(体积分数)超过下列任何一项值时应引起注意;总烃含量大于 150 $\times10^{-6}$ C_2H_2 含量大于 150×10^{-6}	(1)总烃包括 CH_4、C_2H_6、C_2H_4 和 C_2H_2 四种气体; (2)溶解气体组分含量有增长趋势时,可结合产气速率判断,必要时缩短周期进行追踪分析; (3)总烃含量低的设备不宜采用相对产气速率进行判断; (4)新投运的变压器应有投运前的测试数据; (5)测试周期中第(1)项的规定使用于大修后的变压器
2	电流互感器	(1)投运前; (2)1～3 年; (3)大修后; (4)必要时	(1)绕组绝缘电阻与初始值及历次数据比较,不应有显著变化; (2)电容型电流互感器末屏对地绝缘电阻一般不低于 1 000 MΩ	
3	电磁式电压互感器	(1)投运前; (2)1～3 年(50 kV 及以上); (3)大修后; (4)必要时	油中溶解气体组分含量(体积分数)超过下列任一值时应引起注意:总烃 100×10^{-6} H_2 500×10^{-6} C_2H_2 2×10^{-6}	(1)新投运互感器的油中不应含有 C_2G_2; (2)全密封互感器按制造厂要求(如果有)进行
4	套管	(1)投运前; (2)大修后; (3)必要时	油中溶解气体组分含量(体积分数)超过下列任一值时应引起注意: H_2 500×10^{-6} C_2H_2 100×10^{-6} C_2H_2 10^{-6}	

SF_6　气　体

第 170 条　运行中 SF_6 的试验项目、周期和要求如表 5－29 所示。

表 5－29　运行中 SF_6 的试验项目、周期和要求

序号	名　称	周　期	要　求	说　明
1	温度(20℃体积分数)10^{-6}	(1)1～3 年(35 kV 以上); (2)大修后; (3)必要时	(1)断路器灭弧室气室大修后不大于 150,运行中不大于 300; (2)其他气室大修后不大于 250,运行中不大于 500	(1)按 GB 12022SD 306《六氟化硫气体中水分含量测定法(电解法)》和 DL506－92《现场 SF_6 气体水分测定方法》进行; (2)新装及大修后 1 年内复测 1 次,如湿度符合要求,则正常运行中 1～3 年 1 次
2	密度(标准状态下),kg/m³	必要时	6.16	按 SD 308《六氟化硫气体中密度测定法》进行
3	毒性	必要时	无毒	按 SD 308《六氟化硫气体毒性生物试验方法》进行
4	酸度 μg/g	(1)大修后; (2)必要时	≤0.3	按 SD 307《六氟化硫新气中酸度测定方法》或用检测管进行测量
5	四氟化碳(质量分数)%	大修后; 必要时	(1)大修后≤0.05; (2)运行中≤0.2	按 SD 311《六氟化碳新气中空气一四氟化硫的气相色谱测定法》进行
6	空气(质量分数)%	(1)大修后; (2)必要时	(3)大修后≤0.05; (4)运行中≤0.2	
7	可水解氟化物 μg/g	(1)大修后; (2)必要时	≤1.0	按 SD 309《六氟化硫气体中可水解氟化物含量测定法》进行
8	矿物油 μg/g	(1)大修后; (2)必要时	≤1.0	按 SD 310《六氟化硫气体中矿物油含量测定法(红外光谱法)》进行

附表 1

设备缺陷记录

___所(亭)

发现缺陷的日期	发现缺陷的人员	有缺陷的设备名称及运行编号	缺陷内容	牵引变电所工长(签字)	处理措施	处理缺陷负责人	验收人	消除缺陷日期

附表 2

蓄电池记录

测量时间:____年____月____日____时　　　　　测量人:____

顺号	电压	比重	温度	顺号	电压	比重	温度

运行方式:

充放电电流:　A。　　蓄电池并联支路电流:A。

蓄电池电流:　V。　　蓄电池室内温度:　　℃。

附表 3

保护装置动作和断路自动跳闸记录

____所(亭)

跳闸时间	断路器运行编号	保护动作				跳闸原因	复送时间	两次中修间累计跳闸次数
		保护名称	重合和强送情况	信号显示情况	故障测仪指示			

附表 4

保护装置整定记录

____所(亭)

保护名称		变流比		整定值	
被保护的设备名称和运行编号		变压比			
变更时间	变更原因	变更后的整定值	变更整定值负责人	值班员	备注

附表 5

避雷器动作记录

____所(亭)

避雷器型号				设备编号			
制造厂				运行编号			
读数	差数	动作次数	记录时间	读数	差数	动作次数	记录时间

附表 6

主变压器过负记录

____所

主变压器型号				额定电流	
设备编号				制造厂	
运行编号				开始投入运行时间	
出现时间	变压器二次电流(A)			持续时间	备注
	A	B	C		

附表 7

设备大修申请表

申请单位：________(章)　编号：________

设备名称		运行时间	
设备编号		承修单位	
安装地点及运行编号		要求大修时间	
规格		所需费用	
设备状态(即大修原因)			
大修范围(包括结合大修改造的项目)			
铁路分局意见			
铁路局意见			

____年____月____日

附表 8

设备检修记录

日期______________

设备名称及编号		承修班组		检修人	签字
安装地点及运行编号		修程		互检人	签字
修前状态		修中措施		修后结语	

注：修前状态和修后结语栏内均应记录有关的技术数据；修后结语栏内还应记录设备的质量评定(即“合格”或“不合格”)。

附表 9

设备检修(改造)竣工验收报告

承修单位：________(章)　编号：________

设备名称及编号		大修申请书编号	
安装地点及运行编号		检修任务依据	
实际修程及检修内容			
消耗的主要材料和部件			
费用	材料费：	工费：	其他费用： 合计
质量评定			
主持验收单位及验收组成员		验收负责人	(章)

附表 10

电气设备相间以及带电部分至接地部分之间必须保持的最小距离

距离(mm)　电压(kV) 项目	室内		室外			
	10	35	1～10	35	110J	100
带电部分至接地部分(A_1)	125	300	200	400	900	1 000
不同相的带电部分之间(A_2)	125	300	200	400	1 000	1 100
带电部分至栅栏(B_1)	875	1 050	950	1 150	1 650	1 750
带电部分至网状遮拦(B_2)	225	400	300	500	1 000	1 100
无遮栏裸导体质地面(C)	2 425	2 600	2 700	2 900	3 400	3 500
不同时停电检修无遮栏裸导体之间的水平净距(D)	1 925	2 100	2 200	2 400	2 900	3 000
出线套管至室外通道的路面(E)	4 000	4 000	—	—	—	—

注：1. 表中 110J 指中性点直接接地的设备。

2. 对额外电压为 35 kV 及以下的设备，当安装在海拔超过 2 000 m 以及额定电压为 35 kV 以上的设备安装在海拔超过 1 000 m的处所时，表中所列的 A_1 和 A_2 应按每升高 100 m 增加 1%进行修正，B_1、B_2、D、C 应分别增加 A_1 的修正差值。

3. 表中所列各值不适用于成套配电装置。

附表 11

电压互感器和电流互感器比差、角差的允许差

一、电压互感器

准确级次	一次电压(为额定电压的%)	允许误差	
		比差(%)	角差(′)
0.2	90～110	±0.2	±10
0.5	90～110	±0.5	±20
1	90～110	±1.0	±40
3	90	±3.0	—

注：检验时在二次负载为额定值和 25%的额定值、功率因数为 0.8 的条件下进行。

二、电流互感器

准确级次	一次电流(为额定电流的%)	允许误差	
		比差(%)	角差(′)
0.2	100～120	±0.2	±10
	20	±0.35	±15
	10	±0.5	±20
0.5	100～120	±0.5	±40
	20	±0.75	±50
	10	±1.0	±60
1	100～120	±1.0	±80
	20	±1.5	±100
	10	±2.0	±120
3	50～120	±3.0	—
10	50～120	±10.0	—

注:检验时在二次负载为额定值和25%的额定值、功率因数为0.8的条件下进行。二次电流为5 A的电流互感器的二次负载不应小于0.15 Ω。

第六章

牵引供电事故管理规则和接触网事故抢修规则

第一节　总　　则

安全生产是党和国家的一贯方针。牵引供电工作要坚持预防为主，经常进行安全思想教育和劳动纪律教育，积极开展事故预想活动，不断提高设备质量和人员的技术水平，确保安全可靠地供电。

第二节　事　故　分　类

第1条　在牵引供电系统中，凡由于工作失误、设备状态不良或自然灾害致使牵引供电设备破损、中断供电，以及严重威胁供电安全者，均列为供电事故。

第2条　根据事故的性质和损失，供电事故分为重大事故、大事故、一般事故和障碍四种。根据发生事故的原因，分为责任、关系及自然灾害三种。

第3条　符合下列情况之一者列为重大事故：

一、接触网停电时间超过5 h。

二、牵引变电所全所停电超过3 h。

三、牵引变电所主变压器破损需整组更换线圈或必须拆卸线圈才能进行的铁芯检修。

四、牵引变电所一次侧的断路器破损达到报废程度。

第4条　符合下列情况之一者列为大事故：

一、接触网停电时间超过4 h。

二、牵引变电所全所停电超过2 h。

三、由于牵引供电设备反常、工作失误迫使列车降低牵引重量或限制列车对数超过48 h。

四、牵引变电所主变压器破损需检修线圈或铁芯。

五、额定电压为27.5 kV(包括35和55 kV)的变压器或断路器破损达到报废程度。

第5条　符合下列情况之一者列为一般事故：

一、接触网停电时间超过30 min。

二、牵引变电所全所停电(重合闸成功或备用电源自动投入供电者除外)。

三、由于牵引供电设备反常、工作失误迫使列车降低牵引重量或限制列车对数。

四、由于电力调度错发命令或人员误操作造成断路器跳闸；或者造成接触网误停电、误送电。

五、由于电力调度错发命令或人员误操作或牵引变电所保护拒动(避雷器除外)，造成电力系统断路器跳闸且重合闸不成功。

六、正线承力索或接触线或馈电线断线。

第6条　符合下列情况之一者列为供电障碍：

一、接触网停电时间超过 10 min。

二、由于牵引供电设备反常、工作失误迫使列车降低运行速度或降弓运行通过故障处所。

三、由于设备状态不良或供电方面准备工作不充分,使备用设备不能按要求投入运行。

四、保护装置(避雷器除外)误动、拒动。

第三节　事　故　抢　修

第 7 条　当发现供电设备故障时,要按照规定进行现场防护,在力所能及的范围内采取措施防止事故蔓延和扩大,减少事故损失;同时尽快地报告电力调度。

第 8 条　在事故抢修中电力调度要与列车调度密切配合,严格掌握供电和行车两方面的基本标准条件,机智、果断地采取有效措施,保证安全迅速地恢复供电和行车。

第 9 条　事故抢修可以不要工作票,但必须有电力调度的命令,并按规定办理作业手续,以及做好安全措施。

第 10 条　事故抢修的工作领导人即是事故现场抢修工作的指挥者。当有几个作业组 同时进行抢修作业时,必须指定一人担当总指挥,负责各作业组之间的协调配合;同时必须指定专人与电力调度时刻保持联系,及时汇报抢修工作进度、情况等,并将电力调度和上级的指示、命令迅速传达给事故抢修的指挥者。

第四节　事　故　处　理

第 11 条　对每一件供电事故都要按照"三不放过"(事故原因分析不清不放过,事故责任者和群众没有受到教育不放过,没有防范措施不放过)、"四查"(查思想,查纪律,查制度,查领导)的要求,认真组织调查,弄清原因,确定责任者,制定出有效的防范措施。

第 12 条　供电重大事故由铁路局组织处理,供电大事故由铁路分局组织处理,供电一般事故和障碍属供电段责任者由供电段组织处理,属其他单位责任者由分局指定单位组织处理。当故障涉及两个及以上单位,且对故障原因、责任者,各单位意见分歧不能统一者,按上述处理权限报上一级组织审查裁处。

第 13 条　对每件事故的划分和处理应严肃认真,实事求是,及时准确。对事故责任者,依情节轻重,应给予批评或处分;对防止事故有功人员应给予表扬或奖励。

第 14 条　由于发生供电事故同时引起行车事故或职工伤亡事故,除分别按《铁路行车事故处理规则》或人事、劳资部门的有关规定上报处理外,对供电事故还应按本规则规定上报。

第五节　事　故　报　告

第 15 条　事故报告分为电话速报和书面报告两种。电话速报系于故障发生后用电话(或电报)向有关上级机关的报告;书面报告系于事故处理后用书面向有关上级机关的报告。

第 16 条　电力调度接到供电故障报告后除尽快组织抢修外,同时要按照电话速报的内容要求迅速用电话报告供电段、铁路分局和铁路局电力调度,铁路局电力调度还要及时报告铁道部。

第 17 条　对每一件责任供电事故,供电段均要填写《牵引供电事故报告》。一般事故填写 3 份于事故处理后 3 日内报铁路分局抄报铁路局。大事故填写 4 份,于事故处理后 5 日内由铁路分局报铁路局抄报铁道部。重大事故填写 4 份于事故处理后 7 日内由铁路局报铁道部。

第六节　接触网事故抢修规则

总　则

接触网是电气化铁路重要的直接行车设备，是向电力机车、电动车组等安全可靠供电的特殊输电线路。

接触网沿铁路露天布置，线长点多，工作环境恶劣，使用条件苛刻，又无备用设备，一旦故障停电，将中断行车。接触网主管部门必须做到常备不懈，及时出动，迅速抢修，尽快恢复供电，保证行车。

接触网抢修要遵循"先通后复"和"先通一线"的基本原则，以最快的速度设法先行供电、疏通线路和及早恢复设备正常的技术状态。

在抢修工作中，要严格执行行车和高空、电气安全作业等有关规定和防护措施，防止扩大事故范围和发生意外事故。

本规则适用于电气化铁路接触网事故抢修和其他事故引起的接触网修复配合工作。

各铁路局可结合本局具体情况制定实施细则。

抢修组织

第 1 条　为了加强接触网事故抢修工作的领导，做到临阵不乱，指挥得当，有条不紊，必须建立健全各级责任制。供电段和领工区均要成立接触网事故抢修领导小组。

供电段接触网事故抢修领导小组由主管段长任组长，组员包括技术、安全、材料、总务室主任及生产调度。

领工区接触网事故抢修领导小组由领工员任组长，组员包括主管工程技术人员及各工区工长。

第 2 条　每个接触网工区应以比较熟练的工人为骨干组成抢修组，组长由工长或安全技术等级不低于四级的人员担当，组内应明确分工，有准备材料工具的人员、防护人员、坐台联系人、网上作业人员和地面作业人员等。抢修时工作领导人和防护人员应佩戴明显的标志，各司其职。平时作业应尽量按抢修组的分工组成作业组，以加强协调配合，一旦故障停电，可以配套出动抢修，当人员变动时要及时调整和补充。

第 3 条　每个接触网工区在夜间和节假日必须经常保持一个作业组的人员（至少 12 人）在工区值班。工区应有值班人员的宿舍和卧具，并经常保持清洁、安静，保证值班人员休息好。

第 4 条　对于较大的接触网事故，主管段长、领工员及事故抢修领导小组成员要及时赶到现场组织指挥抢修，及时解决存在的问题。

抢修工作

第 5 条　制定抢修方案，应本着"先通后复"的原则，以最快的速度设法先行供电，疏通线路，必要时可采取迂回供电、越区供电和降下受电弓通过等措施（详参附件一），尽量缩短停电、中断行车时间，随后要尽快安排时间处理遗留工作，使接触网及早恢复正常技术状态。

在双线电化区段，除了按上述"先通后复"的原则制定抢修方案外，还要集中力量以最快的速度设法"先通一线"，尽快疏通列车。

故障范围较小,抢修时间不长,无须分层作业,则应抓紧时间一次抢修完毕,恢复供电、行车。

第 6 条 电气化区段的所有职工,无论任何时候发现接触网故障和异状,均应立即设法报告分局(或供电段,下同)电力调度或列车调度(若列车调度先接到报告,应立即通知电力调度),并应尽可能详细地说清故障范围和破坏情况,必要时在事故地点设置防护措施。

第 7 条 供电运行各级主管部门,都必须牢固地树立为运输服务的思想,所有事故无论是否供电责任事故,都要从全局出发,千方百计采取措施,迅速地恢复供电和保证行车。

第 8 条 分局电力调度得知接触网发生故障,首先要迅速判明故障地点和情况(当故障探测装置失灵时,可采取分段试送电、派人巡视等方法查找),尽可能详细地掌握设备损坏程度,立即通知就近的接触网工区和供电段生产调度,并报告分局主管部门和铁路局电力调度。铁路局电力调度及时报告铁道部电力调度。

为避免扩大事故范围,在未确认符合供电和行车条件,作业人员已撤至安全地带时,不要盲目强送电。强送电前应撤除重合闸。

第 9 条 接触网工区接到抢修通知后,应按抢修组内部的分工,分头带好材料、工具等,白天 15 分钟、夜间 20 分钟内出动。工区值班人员应及时将出动时间、情况报告分局电力调度、供电段生产调度和领工区。

第 10 条 抢修车辆出动前,分局电力调度应将车号及到达的地点通知列车调度,列车调度应优先放行,使之迅速到达事故现场。

第 11 条 抢修组到达事故现场后,组长(即抢修工作领导人)要组织人员全面了解故障范围和设备损坏情况,制定抢修方案,并尽快地报告分局电力调度,征得分局电力调度同意后,立即组织实施。

当有两个及以上抢修组同时作业时,应由供电段事故抢修领导小组指定一名人员任总指挥。如牵涉变电设备、试验等多工种作业,由分局电力调度负责组织协调,按时完成任务。

第 12 条 所有参加现场抢修的人员都必须服从抢修组长的统一指挥,任何人不得干扰。各级领导的指示也应通过电力调度下达,由抢修组长集中组织实施。

第 13 条 抢修方案一经确定一般不应变动,确属必须变动者要经过分局电力调度同意,并通知有关部门。

第 14 条 在配合行车事故救援时,接触网抢修组长应服从事故调查处理委员会主任或事故现场负责人的调动。对接触网进行停电、拆除或修复工作,并将工作情况及时报告事故调查处理委员会主任或事故现场负责人。事故救援结束,根据事故调查处理委员会主任或事故现场负责人的命令向分局电力调度申请办理接触网送电事宜。

当用吊车作业必须拆除接触网时,在满足作业要求的前提下,应选择工作量最小,又容易恢复的方案。

第 15 条 在铁路局(分局、段)分界附近发生事故时,相邻的铁路局(分局、段)应积极协助抢修,在参加抢修中服从事故所在分局(或段)电力调度和抢修组长的指挥。

第 16 条 在接触网抢修过程中,抢修组要指定专人与分局电力调度经常保持通信联络,向电力调度随时报告抢修进度等情况,同时电力调度员将各级领导的指示和电力调度的命令传达给接触网抢修组长。

分局电力调度要将事故抢修进度和预期完成时间等情况随时向分局领导、路局电力调度报告,铁路局电力调度要及时报告铁道部电力调度。

第 17 条 接触网修复过程中,对关键部位要严格把关,确认符合供电行车条件后方准申请送电，送电后要观察1～2趟车，确认运行正常后抢修组方准撤离事故现场。

申请送电时要向分局电力调度说明列车运行应注意的事项，电力调度要及时通知列车调度，必要时向司机和有关人员发布命令周知。

第18条　注意保存事故及抢修工作的原始资料，电力调度对事故处理过程中的通话应进行录音，待事故分析后再保存一个月方可消除。

接触网抢修组长要指定专人写实事故及其修复的情况，包括必要的拍照，有条件时可进行录相，收集并妥善保管故障拉断或烧坏的线头、损坏的零部件等，以利事故分析。

对典型事故的照片、报告、损坏的线头、零部件等供电段应作为档案资料长期保存。

第19条　为保证抢修工作的顺利进行，所在分局、供电段和领工区必须做好后勤服务工作，保证抢修人员的饮食供应，必要的御寒衣物等要及时送到事故现场。遇到较大的事故，需要连续作业时间较长时，应安排替换人员。

第20条　供电段对每件事故除按《铁路行车事故处理规则》和《牵引供电事故管理规则》的要求认真分析原因、制定防止措施、逐级上报外，同时还要分析抢修工作中的经验教训。对好人好事要及时表彰和奖励；对贻误时机，工作不得力者要严肃批评；对玩忽职守，不服从指挥者要给以处分。对抢修中采用的先进方法、机具等应及时推广，对存在的问题要认真研究制定改进措施，不断完善抢修组织、方法，提高工作效率。

安全作业

第21条　在整个抢修工作中，特别要强调作业安全。要严格遵守《接触网安全工作规程》和有关规定，坚持设置行车防护。防护人员要思想集中，坚守岗位，履行职责，及时、准确地传递信号。

第22条　在攀杆、登梯和车顶上高空作业时，除按有关规定执行外，要特别强调在接触网上整个作业过程中必须系好安全带和戴好安全帽。

第23条　抢修作业必须办理停电作业命令和验电接地，方准开始作业。抢修作业组长（工作领导人）在抢修作业前要向作业人员宣布停电范围，划清设备带电界限。对可能来电的关键部位和抢修作业地段，要按规定设置可靠足够的接地线。

第24条　在拆除接触网作业时，要防止支柱倾斜，以及线索断线、脱落等；在抢修恢复作业中，对安装的零部件特别是受力件要紧固牢靠，防止松脱、断线引起事故扩大。

机具材料

第25条　为保证接触网事故抢修指挥人员能及时赶赴现场组织抢修，供电段应配备事故抢修指挥车。

第26条　各供电段应配备接触网检修作业车、轨道车（包括相应的平板车，下同），在分局管内适中的供电段还应配备架线作业车、放线车和轨道吊车组成一组抢修列车。

第27条　接触网工区应配备轨道车或汽车，重要区段和重车方向运量在4 000万t以上的繁忙干线的工区可改配接触网检修作业车，沿线靠近公路的工区可改配公铁两用接触网检修作业车。

第28条　供电段和接触网工区的抢修、交通机具是能迅速出动抢修的先决条件，均应有专人管理，做好日常维修保养，时刻处于良好状态，保证有足够的燃料，随时能出动抢修，夜间及节假日应有司机值班。

第29条 接触网抢修列车、作业车、汽车、轨道车，必须停放在能够保证迅速出动的指定地点，如必须变更停放地点，工区值班员要及时报告分局电力调度和供电段生产调度。

冬季取暖的地区，车库应有采暖设施，保证及时出动。

第30条 分局电力调度和供电段生产调度必须随时掌握抢修列车和各接触网工区交通工具的停放地点、整备情况，交接班时进行交接，接班后要复查。

第31条 供电段、接触网工区及抢修列车上应按附件二的标准配齐抢修材料、工具、备品、通信和防护用具等，并随时注意补充。

第32条 抢修用料、用具应尽量组装成套，并与日常维修用料分别造册登记，分库存放。对较小的零部件(如线夹等)应集中装箱存放在固定地点。

第33条 接触网工区值班员处应有材料库的钥匙，交接班时交接并清点抢修用料、用具，以便随时取出抢修用料、用具。用后抢修组长应负责将料、具及时放回原处。消耗的材料、零部件列出清单，交给值班员和材料员各一份，并共同确认。对抢修用料、具，接触网工区工长每旬检查一次，领工员每月检查一次，供电段材料室、安全室应组织抽查。

人员培训

第34条 供电段要加强对抢修队伍的日常演练，开展事故预想，使每个人都能掌握各类事故的抢修方法。发生事故时做到人员齐、工具材料齐、出动快、修复快。每半年组织各级抢修领导小组成员、工区抢修组组长进行一次轮训，讲解事故抢修知识，学习有关规章命令，分析典型案例，总结经验教训，研究制定改进措施，不断提高组织、指挥事故抢修的能力。

第35条 各工区应充分利用工余时间，发挥老工人传、帮、带的作用，经常进行各类事故抢修方法的训练，每季组织一次事故抢修出动演习(包括按时集合、整装出动和携带的工具、材料等)。

领工区每半年组织管内各工区进行一次事故抢修演习。

供电段主管段长对上述规定的工作应经常督促检查。对在学习、竞赛中取得优异成绩者，要适时给予表扬和奖励。

第36条 为做好事故抢修的日常演练，供电段及接触网工区应设有供训练用的场地和必要的实物。

附件一：故障判断查找和临时供电抢修方法

根据接触网多年的运行经验，并参考前苏联交通部颁发的《电气化铁路接触网事故抢修细则》，列举了一些故障的判断查找和临时供电抢修方法，鉴于线路条件、设备类型、故障情况均不尽相同，各单位可根据当时当地的具体情况随机应变，灵活机动地采取相应最佳措施，本附件供参考。

一、故障的判断与查找

1. 永久接地：变电所断路器跳闸，重合闸和强送均不成功，可能是由于接触网或供电线断线接地、绝缘子击穿、隔离开关引线脱落或断线、较严重的弓网故障、机车故障、吸流变压器短路等。

2. 断续接地：变电所断路器跳闸重合成功，过一段时间又跳闸，可能是接触网或电力机车绝缘部件闪络、货车绑扎绳等松脱、列车超限、树木与接触网放电、接触网与接地部分距离不够、接触网断线但未落地、弓网故障等。

3. 短时接地:变电所跳闸后重合成功,一般是绝缘部件瞬时闪络、电击人或动物等。

4. 查找故障应根据季节、设备所处的环境有针对性地进行,例如大雾、阴雨及雨雪交加时易发生绝缘闪络故障,应重点查找隧道及污秽严重的处所。当发现火花间隙击穿时对该支柱上的绝缘部件要仔细检查或更换。

二、抢修方法

为了缩短抢修时间,尽快恢复供电、行车,一般应采取过渡措施,但事后要最快地恢复设备正常状态,例如:

1. 吊弦间距可增大一倍,承力索上可暂不装线夹,滑动吊弦可用普通吊弦临时代替,但吊弦的倾斜度应能适应过渡期间的温度变化。

2. 绝缘子闪络但未击穿,擦净后有把握送上电或绝缘子局部破损但能送电,均可暂不更换。

3. 当个别定位装置或腕臂损坏时,只要接触线布置符合行车要求,承力索可暂不固定,接触线可通过一串悬式绝缘子用 2～3 股直径为 4mm 的铁线绑扎在支柱上。若承力索必须固定,也可比照接触线的做法。

4. 软横跨的横向承力索、固定绳均允许有接头,接触线和承力索的接头数量及间距可以适当超出规定标准。

5. 区间中间支柱折断:可用轻型临时支柱代替。若是混凝土支柱折断,根部还剩一段,可将杉木杆临时固定在其上,若必须挖坑立杆时,直线区段可不打拉线,曲线区段根据支柱受力情况可用锚钎打一个临时拉线。

6. 锚柱折断:用金属支柱代替锚柱或借助附近其他支柱下锚,但均需在承力索和接触线下锚方向做拉线。若该锚柱有两个锚支,其中一个下锚在临时支柱上,另一锚支可临时固定在其他锚段的承力索上,若系土挡处的锚柱可借助附近其他支柱下锚。

7. 中心支柱、转换支柱折断:可利用金属支柱,也可用两根杉木杆做成人字叉杆,埋深 1 m 左右,视受压或受拉决定其倾斜方向,受拉的打拉线,受压的可在人字杆外侧用一根杉木杆斜顶住,当两悬挂间不能保证规定的绝缘距离时,可暂不作绝缘锚段关节用。

8. 锚段关节处支柱折断或接触网损坏:也可采取两个锚段合并,取消一个中心锚结的方法临时供电。

9. 隧道内埋入杆件破坏:

(1)在直线上或曲线上个别悬挂点或定位点损坏时,只要接触线不超出受电弓工作范围时,可将悬挂和定位装置甩开,绑扎牢固、不侵入限界,调整好接触悬挂,可暂时送电开通。

(2)若必须修复悬挂、定位装置、杆件等,可用铁线将绝缘子固定在原杆件上,恢复悬挂和定位,若埋入杆件整体脱出或已松脱,可用高标号的快干水泥灌注。

(3)对短时间难以修复的事故,可将隧道内接触网吊起或断开,使列车降弓通过,或在列车尾部加挂一台电力机车,推进运行疏散列车。

10. 承力索或接触线断线破坏严重,不需要换线,可临时将线索绷紧、吊起,降弓通过,对载流承力索和接触线须做分流线。加强线、供电线等均可比照上述做法。

11. 个别避雷器、吸流变压器损坏时,可暂时撤除运行。

12. 当隔离开关及分段、分相绝缘器损坏时,经过分局电力调度批准可暂不恢复。对常闭的隔离开关可甩开开关将引线连通，对绝缘器可用电联接线将分段导通，但必须保证变电所的保护装置能够可靠动作，必要时调整保护装置的整定值。对常开隔离开关，甩开引线绑扎牢固即可送电。

隔离开关、分段绝缘器暂时撤出运行期间，必要时应通知有关站段停止相应的作业。

附件二 （略）

第七章

牵引供电系统典型事故案例

第一节　接触网事故案例

【案例一】

1999 年 6 月 2 日，××水电段供电分段南网工区进行××区间××接触网检修，由于工作领导人×××擅自增加工作内容，主观臆测平台与供电线的距离，造成×××与带电体的安全距离超出范围而被电击死亡。

事故经过：1999 年 6 月 2 日××水电段供电分段南网工区进行××至××区间××接触网检修，在装设完 1 号、43 号支柱侧的接地线后，轨道车从 43 号返回 32 号中锚处进行检调。当轨道车经过 G48 号～G49 号杆跨越处，工作领导人×××命令轨道车司机停车，并带领作业组成员×××、×××登上轨道车作业平台，分段生产调度×××随后跟上。×××操作平台的升、移位，四人的主要工作是观察供电线，由于工作领导人×××臆测平台与供电线的距离，造成×××与带电体的安全距离超出范围而被电击死亡。

事故原因：工作领导人×××未向工长汇报命令轨道车司机在 36 号～37 号支柱杆间停车，上平台查看 1 号馈线跳线接头，擅自增加工作内容；×××违章作业，操作平台时臆测平台与供电线的距离，造成×××与带电体的安全距离超出范围而被电击死亡；分段生产调度×××在工作领导人×××擅自增加工作内容且违章作业时，不但不加以制止，而且参与作业，失去了互控的能力；在当日工作任务变更的情况下，工长、副工长、工作领导人未及时布置新的安全预想，制定有效的安全措施。

事故教训：应严格遵守规章制度，严格执行工作票制度；严格禁止任何人擅自扩大作业内容和范围。要加强作业组成员的安全意识和互控能力。

防范措施：

1. 凡在电气化铁路区段作业的铁路职工都必须执行《电气化铁路有关人员电气安全规则》和《接触网安全工作规程》。

2. 对初到电气化铁路区段工作的所有工种，必须经过有关安全规定考试合格后，方准单独作业。

3. 严格执行工作票制度，坚决维护计划的严肃性，禁止擅自扩大作业内容和范围的严重违章行为，当工作任务发生临时变化时要有相应的应急预案，否则停止作业。

【案例二】

1995 年 8 月 17 日，××供电段××网工区网工×××在监护人未到位的情况下，擅自上杆作业，在扎安全带时抛甩而靠近带电设备，被感应电弧灼伤坠落在道砟上，造成轻伤。

事故经过：远离带电作业时，×××在监护人未到位的情况下，擅自上杆作业，在扎安全带时，安全带甩向线路侧被腕臂感应电弧灼伤坠落在道砟上。

事故原因:作业时不按规章要求保持与带电设备的安全距离。

事故教训:作业组织混乱。在扎安全带时应从田野侧,且不应采取抛甩方式。

防范措施:

1. 加强劳动安全教育和安全规章学习,增强自我保护意识;

2. 落实作业卡控作持,确保作业安全。

【案例三】

1993 年 10 月 10 日,××供电段××网工区网工×××在××站检修作业时,轨道车在缓行时未蹲下,面部下颌被接触网定位器刮倒,头部朝下翻落到轨道车平板上,造成脊椎骨折,医治无效死亡。

事故经过:在××站检修作业,其本人在轨道车作业平台上,轨道车在行进时人未蹲下,面部下颌被接触网定位器刮倒,其头部朝下后翻落到轨道车平板上,且安全帽颌带未扎好,安全帽脱落,造成脊椎骨折,二十多天后医治无效死亡。

事故原因:本人严重违章操作。

事故教训:本人安全意识淡薄,自控意识差,高处作业危害认识不足;互控、他控落实不到位。当一个作业组在平台上,要呼叫轨道车司机动车前,小组负责人应(或相互)提醒其他成员蹲下。

防范措施:

1. 加强劳动安全教育,增强自我保护意识;

2. 落实互控、他控等卡控措施,确保作业安全。

【案例四】

1998 年 11 月 4 日,××供电段大修队接触网工×××,在××区间远离带电作业,由于手臂张开幅度太大,被腕臂感应电弧灼伤。

事故经过:在××区间远离带电作业,在无监护人的情况下,由于手臂伸向线路侧张开幅度太大,被腕臂感应电弧灼伤。

事故原因:个人严重违章

事故教训:本人安全意识淡薄,高处作业危害辨识不清;违反严禁无人监护或监护人员未到位单独上杆作业之规定;自控意识差,当作业组成员发现无人监护或监护人有失职行为时可拒绝作业。

防范措施:

1. 加强劳动安全教育,增强职工自我保护意识;

2. 坚持预防为主,狠抓两纪一化;

3. 落实互控、他控等卡控措施,确保作业安全。

【案例五】

1998 年 11 月 4 日,××供电段上清网工区网工×××,在××专线检修作业,在验电接地未完成的情况下,便上杆作业,触电灼伤多处,造成左手截肢。

事故经过:1998 年 11 月 4 日,安排到××专线检修作业,在验电接地未完成、GK 状态未确认的情况下,×××擅自上杆作业,造成触电灼伤多处、左手截肢,构成人身重伤事故。

事故原因:当事人×××在未接到任何命令的情况下,擅自上杆是造成事故的主要原因;班组管理和作业纪律不够严密是造成事故重要原因;监护不到位,未能及时发现并制止是造成事故的次要原因。

事故教训：作业组成员未经工作领导人（或监护人）下令不得擅自上杆。开工作业应在工作领导人（或作业监护人）下达作业命令后进行，服从指挥。对不安全和有疑问的命令，要果断及时地提出，坚持安全作业。操作 GK 之前，应先检查和确认 GK 的状态，按作业程序要求进行。

防范措施：

1. 组织历年事故、事苗的责任人及本起事故责任人到各班组现身说教，提高安全意识；
2. 落实作业卡控措施，确保作业安全。

【案例六】

1999 年 2 月 4 日，××供电段××网工区网工×××在××区间更换接触网吊弦作业时，安全带半圆环铁环突然断裂，坠落在道砟上，造成腰椎骨折。

事故经过：××网工区在××区间进行更换吊弦作业，在更换 2 个跨距后，于 8 时 38 分，×××在 184 号处继续作业时，因安全带突然断裂，从 6 m 高空坠落在道床上，作业组马上停止作业，紧急送至××医院，于 4 日中午转院至××铁路医院治疗。

事故原因：安全带制造工艺和材质不良。

事故教训：严格安全用具的进货渠道，对产品进行严格测试，严把安全用具质量关。

防范措施：对该批安全带全部停止使用，更换成合格的安全带。定期对产品进行测试，确保质量良好。

【案例七】

1999 年 12 月 7 日，××供电段××网工区网工×××在××区间更换接触网吊弦作业时，×××将安全带打在支柱处的水平腕臂上，水平腕臂突然从棒瓶中脱落，×××坠落造成左右大腿分别骨折一处和两处。

事故经过：1999 年 12 月 7 日，××供电段××网工区网工×××在××区间更换接触网吊弦作业时，×××将安全带打在支柱处的水平腕臂上，水平腕臂突然从棒瓶中脱落，×××坠落造成左右大腿分别骨折一处和两处。

事故原因：174 号水平腕臂设计不符合现场实际留下安全隐患，×××在作业结束准备下杆时，该水平腕臂不能承受外力造成腕臂从棒瓶处脱出。

事故教训：对不符合设计规范要求或设计不合理的及时与设计单位联系，进行整改。

防范措施：

1. 严禁在作业时把安全带打在水平腕臂上；
2. 对水平腕臂和压管的铁帽压板和顶紧螺栓进行彻底检查，更换不符合要求的水平腕臂；
3. 开展设备调查，对不符合设计规范要求或设计不合理的及时与设计单位联系，进行整改。

【案例八】

2000 年 12 月 9 日，××供电段大修队网工×××在梯车上作业时，因线路属未施工完毕，轨道不平，造成梯车倾倒，×××从倾倒的梯车上跳下，造成腰部受伤。

事故经过：2000 年 12 月 9 日，××供电段大修队网工×××在梯车上作业时，因线路属未施工完毕，轨道不平，造成梯车倾倒，×××从倾倒的梯车上跳下，造成腰部挫伤。

事故原因：

1. 工程公司在允许梯车上道作业的情况下，进行大幅度撬拨道，轨距过宽，导致梯车掉道，是造成本次事故的主要原因。
2. 现场混乱，多重指挥，导致施工人员无所适从是造成此次事故的重要原因。

3. 梯车人员未及时发现股道变化，梯车倾覆时，未采取积极措施，是造成此次事故的次要原因。

事故教训：多单位联合施工做好协调工作，加强作业组织。

防范措施：

1. 多单位联合施工时，要做好全面协调工作，避免多重指挥和非供电部门的盲目施工；

2. 在大型施工中，采取确实的安全措施，形成严密的互控体系，把每一个环节都置于监控之下；

3. 增强施工人员的安全意识和责任心及处理突发事故的能力。

【案例九】

2006 年 2 月 10 日，××供电××网工区接触网工×××在××区间 4 号杆上因监护中断与照明不良，侵入相邻供电线限界被电击烧断安全带后坠入江水死亡。

事故经过：×××在监护人×××监护下，从线路侧上杆，先站在大限界框架内作业，之后，站在汇流线肩架下方约 600 mm 处（安全带打在回流线肩架上方约 600 mm 处）对回流线肩架涂油，最后，在失去监护（此时监护人×××下杆）下，擅自向上攀登支柱，站在回流线肩架上，后脑部触及供电线。

事故原因：主要（直接）原因是×××本人安全意识淡薄，作业中未能认真遵守有关安全规章和制度。次要原因是监护不到位，作业中安全措施布置不详，分工不合理，作业内容不够明确。

事故教训：工作票作业内容不具体，安全措施无针对性；工作领导人作业组织不合理，安排监护不到位；监护人未制止现场不安全行为，监护出现空档，未执行作业组成员同去同归的规定；违章作业，超出作业范围。

防范措施：

1. 凡在电气化铁路区段作业的铁路职工都必须执行《电气化铁路有关人员电气安全规则》和《接触网安全工作规程》。

2. 严格执行《接触网安全工作规程》第 40 条"在进行停电作业时，作业人员（包括所持的机具、材料、零部件等）与周围带电设备的距离不得小于：27.5 kV 为 1 000 mm"的规定。

3. 在作业前应对安全用具进行认真检查，作业中严格执行互控制度。上杆作业时必须使用语音报警安全帽。上杆作业用具（涂油杆子）应使用规范的工具，不得采用绝缘长度不符合要求的工具进行涂油作业。

4. 对特殊作业环境的作业，应根据作业组成员情况，合理分工，正确处理好安全与任务的关系。

5. 强化新入路职工和返岗人员的培训，严格执行三级安全教育管理，及时将相关资料归档。

【案例十】

1987 年 10 月 5 日，××供电段接触网工×××、×××等人在检修接触网时，推行梯车速度快，在制动时，梯车前倾翻倒，×××被甩出框架，左手腕骨折重伤；×××后脑摔在混凝土轨枕上，大量出血，死亡。

事故经过：1987 年 10 月 5 日，××供电段接触网工×××、×××等人在检修接触网时，推行梯车速度快，在制动时，梯车前倾翻倒，×××被甩出框架，左手腕骨折重伤；×××后脑摔在混凝土轨枕上，大量出血，死亡。

事故原因：梯车违章超速推行，违反了《接触网安全工作规程》第 22 条"当车上有人时，推动梯车的速度不得超过 5 km/h"和第 33 条"工作领导人和推车人员要时刻注意和保持梯车的稳定状态"的规定;制动不当,急剧停车;上、下人员未取得联系。

事故教训:应严格遵守规章制度,在检修接触网时,要认真按《接触网安全工作规程》的规定进行作业。

防范措施:凡在电气化铁路区段作业的铁路职工都必须执行《电气化铁路有关人员电气安全规则》和《接触网安全工作规程》的规定。

【案例十一】

2005 年 6 月 27 日,××供电段××领工区××接触网工区接触网工×××,在对××车站站场 19 号锚柱进行更换施工上钢柱作业调整安全带拴挂位置过程中,不慎从 7.3 m 高处坠落,造成腰(1、2)椎体、胸(12)压缩性骨折及左脚胫腓骨骨折的责任重伤事故。

事故经过:2005 年 6 月 27 日 7 时 50 分,××供电段××接触网工区接触网工×××在对××车站站场 19 号锚柱进行更换施工上钢柱作业调整安全带拴挂位置过程中,不慎从 7.3 米高处坠落,造成腰(1、2)椎体、胸(12) 压缩性骨折及左脚胫腓骨骨折的责任重伤事故。

事故原因:安全教育不够,职工安全意识不强,安全措施落实监督检查不力,现场作业失于控制,重点部位监护不到位。×××违反了《接触网安全操作规程》第四章第 29 条"高空作业要系好安全带"的规定,在钢柱上调整安全带拴挂位置后,注意力分散,未对安全带受力情况进行可靠检查就站直身体向外靠,致使安全带滑脱,导致高处坠落事故发生。

事故教训:应严格遵守规章制度,在登高进行检修接触网工作时,要手把牢靠、脚踏稳准。应认真按《接触网安全工作规程》的规定进行作业。

防范措施:凡在电气化铁路区段作业的铁路职工都必须执行《电气化铁路有关人员电气安全规则》和《接触网安全工作规程》的规定。

【案例十二】

2002 年 8 月 30 日,××供电段××领工区××工区在××车站 3 道 21 号硬横梁钢柱(内昆线 K176+500 km 处)上进行停电检修作业,接触网工×××(男,25 岁)在用 1.2 m 长塑料杆捆扎的油漆刷给螺栓涂油时,超出作业范围,误入铜临臂馈线带电区(电调下令铜鼓溪乍站铜横臂馈线停电,但同杆架设的铜临臂馈线未停电),手持的作业工具直接和 27.5 kV 电压馈线接触,被电弧严重烧伤,送医院抢救途中于 12 时 10 分死亡。

事故经过:2002 年 8 月 30 日 10 时 35 分,××供电段××接触网工区在××车站 3 道 21 号硬横梁钢柱上进行停电检修作业,接触网工×××在用 1.2 m 长塑料杆捆扎的油漆刷给螺栓涂油时,超出作业范围,误入××馈线带电区(电调下令××车站铜横臂馈线停电,但同杆架设的××馈线未停电),手持的作业工具直接和 27.5 kV 高压馈线接触,被电弧严重烧伤,送医院抢救途中于 12 时 10 分死亡。

事故原因:违反《接触网安全工作规程》第 40 条"在进行停电作业时,作业人员(包括所持的机具、材料、零部件等)与周围带电设备的距离不得小于:27.5 kV 为 1 000 mm"的规定,在同杆架设的铜临臂馈线与作业人员距离小于安全距离的情况下,未同时进行停电作业,作业人员使用塑料杆捆扎油漆刷作为作业工具所致。

事故教训:应严格遵守规章制度,严格执行工作票制度;严格禁止任何人擅自扩大作业内容和范围。要加强作业组成员的安全意识和互控能力。

防范措施:

1. 严格执行《接触网安全工作规程》第 40 条"在进行停电作业时,作业人员(包括所持的机具、材料、零部件等)与周围带电设备的距离不得小于:27.5kV 为 1 000 mm”的规定。

2. 在作业前应对安全用具进行认真检查,作业中严格执行互控制度。上杆作业时必须使用语音报警安全帽。上杆作业用具(涂油杆子)应使用规范的工具,不得采用绝缘长度不合要求的工具进行涂油作业。

【案例十三】

2001 年 4 月 9 日,××供电段××供电领工区××接触网工区在××区间停电作业完毕返回途中,接触网工区×××擅自攀登 73 号杆,发生触电高空坠落事故,送医院抢救无效死亡。

事故经过:2001 年 4 月 9 日 10 时 36 分,××供电段××供电领工区××接触网工区在××区间停电作业完毕返回途中,接触网工区×××擅自攀登 73 号杆,发生触电高空坠落事故,送医院抢救无效,导致死亡。

事故原因:×××死亡事故属职工责任因工死亡事故。发生此次事故的主要原因是安全管理制度不完善,劳动安全责任制不落实,“三控两互”措施不到位,职工安全意识淡薄,严重违反《接触网安全工作规程》第 25 条和第 28 条,在无人监护情况下进行高空作业,被接触网电击所致。

事故教训:应严格遵守规章制度,严格执行工作票制度;严格禁止任何人擅自扩大作业内容和范围;要加强作业组成员的安全意识和互控能力。

防范措施:

1. 严格执行《接触网安全工作规程》第 40 条“在进行停电作业时,作业人员(包括所持的机具、材料、零部件等)与周围带电设备的距离不得小于:27.5kV 为 1 000 mm”的规定。

2. 严格执行工作票制度,不得进行擅自扩大作业内容和范围的严重违章行为,当工作任务发生临时变化时要有相应的应急预案,否则停止作业。

【案例十四】

2004 年 4 月 3 日××车站接触网 56 号断线事故。

事故经过:2004 年 4 月 3 日 22 时 56 分,××变电所 10 号、8 号馈线同时跳闸,重合失败。23 时 04 分强送失败。23 时 06 分,电调通知××网工区:××变电所 10 号、8 号馈线同时跳闸,重合失败。23 时 04 分强送失败。要求出动抢修。两工区接通知后立即组织人员及抢修工具材料。随后××工区通知接触网施工队,23 时 17 分××接触网工区和××接触网施工队先后××到达车站,分头组织设备巡视。2004 年 4 月 4 日 0 时 05 分发现××车站接触网 58 号～52 号陇海上行与宁西线渡线处接触线断线,××区间接触网 38 号、36 号定位管打坏,××车站接触网 58#、56#、54#、52#支撑装置、定位器、定位管均被打坏,××车站宁西线接触网 58 号～12 号一个锚段的定位器、吊弦严重偏移,打坏 1 台分段绝缘器,3 台分段绝缘器严重偏移,4 组电连结打坏。0 时 09 分,××工区根据电调 77598 号命令实施抢修,1 时 17 分消令、1 时 22 分送电,抢修用时 73 分钟,中断供电时间 2 小时 26 分。

事故原因:发现××车站四场接触网 176 号～179 号柱处软横跨下部固定绳松弛下垂,四场三道上方下部固定绳上行方向左侧 300 mm 处有明显打碰痕迹。确定此处为肇事点。

经分析造成此次事故的原因是××公司在施工时新安装的接触网 176 号～179 号软横跨下部固定绳松弛,牵引 T70 次 SS_7D_{015} 号机车通过该处时,打碰受电弓,造成受电弓病态运行,使接触网 36 号、38 号打坏定位管,受电弓进一步损坏,运行至接触网 58 号～56 号处钻入陇海上行与宁西线渡线线岔,刮断接触线,造成此次事故的发生。

事故教训：

1. 事故现场勘察不细致，巡视距离过短，没有找到事故起始点，从而造成二次事故。

2. 对施工单位在既有线施工存有依赖思想，放松了对设备安全的监管，放松了对移交给施工单位设备的监管检查及指导工作。

3. 日常巡视及故障巡视不到位不认真，导致事故的根本原因就是××四场 176 号～175 号软横跨松弛造成，没有巡视发现××车站四场接触网 176 号～179 号柱处软横跨下部固定绳松弛下垂，没有看到四场三道上方下部固定绳上行方向左侧 300 mm 处有明显打碰痕迹，巡视走有过场现象。

防范措施：

1. 严格执行施工管理的有关规定和要求，制定段营业线施工管理办法，从根本上吸取此次事故教训。

2. 切实加强对移交给施工单位管理的设备的监管、指导工作，加大对设备的日常巡视检查力度，发现问题及时处理；

3. 认真总结分析事故抢修中的不足，提高抢修水平。

【案例十五】

2004 年 5 月 29 日××站下行 1 号柱下锚双环杆裂断事故。

事故经过：2004 年 5 月 29 日下午，××地区刮起了大风，××接触网工区派人对辖内设备进行巡视检查，19 时 35 分，巡视人员发现××站下行 1 号下锚支柱的下锚双环杆裂断掉下，非支导线下垂影响行车，巡视人员立即奔向下行来车方向拦车，19 时 40 分，将 27083 次拦停在 K1066＋710 km 处(1 号支柱东侧分相绝缘器中性区内)，同时一边向供电段调度和分局电调汇报，一边通知工区撤回巡视人员，准备工具材料做抢修准备。20 时 00 分抢修人员到达现场，20 时 08 分根据电调 77655 号命令实施抢修，20 时 28 分消令送电，设备恢复正常，抢修用时 20 分钟，中断××站下行供电 20 分钟。

事故原因：

1. 该双环杆安装在××站 1 号下锚支柱导锚处，断头在靠近 1 号下锚处导线下锚角钢鸭嘴侧，材质为直径 16 mm 的圆钢煨弯焊接而制成，断点在焊接处。

2. 断裂的双环杆断面为齐茬，断面处有明显的原焊接制作时的电灼伤点(暗伤)，约占总断面的七分之一，外观检查无法发现，长期运行使双环杆在此焊接点处发生裂变，强度下降。又加之 29 日傍晚该地区刮大风，1 号下锚支柱又处在高路堑风口处，受下锚导线和坠砣摆动力的作用，导致该双环杆从原电灼伤处折断。

3. 根据部 102 令，7 天对接触网设备进行巡视检查一次，××接触网工区于 2004 年 5 月 26 日对该段设备进行了巡视检查，未发现异常。断裂点比较隐蔽，内部裂变，日常地面巡视和检修作业时外观检查不易发现。

4. ××站为繁忙的枢纽编组站，长期无停电"天窗"，无法上网对接触网设备进行检查。

事故教训：

1. 对无固定"天窗"设备没有采取保安措施，对设备存在的问题重视不够，没有针对性的解决方案。

2. 放松了对设备受力部件检查，导致隐患长期滞留从而造成事故发生。

防范措施：

1. 对受力部件，特别是定位线夹、定位环线夹、套管铰环线夹及下锚处双环杆等的解体检查。对无“天窗”区段，加装钢丝套子以防断裂影响行车。

2. 加强接触网日常巡视检查，特别是恶劣天气下的巡视检查，发现问题及时上报、及时处理。

【案例十六】

事故经过：2005年2月17日13时58分，××变电所213馈线跳闸，重合失败。13时59分强送失败。故标显示K1046＋434 km。14时58分试送失败。15时10分巡视人员发现××区间55支柱处，避雷器击穿，从根部以上三分之一处断裂。15时14分至15时24分要令处理。15时20分消令，送电成功。抢修用时6分钟，该区段间下行停电1小时23分。

事故原因：

1. 从主观上讲，对避雷器这样超周期运行的接触网附属设备在思想上没有引起足够的重视，采取超前防范措施不够。

2. 该避雷器为英国生产的氧化锌避雷器，于1987年出厂，1988年安装并投入运营。运行已达17年，属超周期运行设备(接触网设备大修周期为15年)，设备大修已开始，目前还未到此区段。

3. 设备老化，密封性能下降，当天管内普降雨加雪，空气潮湿，导致其内部绝缘性能下降，使避雷器内部击穿。

综合以上情况分析，造成此次故障的原因为设备老化，超周期运行，密封性能下降，遇雨雪天气后其内部绝缘性能下降，使避雷器内部击穿，导致了故障的发生。

事故教训：

1. 对避雷器这样超周期运行的接触网附属设备在思想上没有引起足够的重视，采取超前防范措施不够。

2. 设备老化，密封性能下降，当天管内普降雨加雪，空气潮湿，导致其内部绝缘性能下降，使避雷器内部击穿。

3. 避雷器试验检查存在失修失检问题，反映出在设备管理上存在漏洞、存在偏差。

防范措施：

1. 将此次设备故障立即通报全段，举一反三，认真吸取教训，避免类似故障的再次发生，查找设备故障时，将避雷器作为重点的查找对象。

2. 建立健全完整的严格科学的试验检查体制，加以严格执行，确保供电设备不漏检不漏修。

3. 立即撤出同一批号超周期运行的同类避雷器运行，并在每条供电臂上首端安装1～2台新避雷器，避免同类问题的再次发生。

4. 积极上报争取资金，购置新设备，对管内所有同类避雷器进行全面更换，力争在年内全部更换完毕，确保设备的安全运行。

【案例十七】

事故经过：2005年2月26日18时52分，新丰变电所211馈线跳闸，重合成功。19时16分，211馈线又跳，重合成功，19时35分，211又跳，重合失败。19时35分，新丰二接触网工区接电调通知后，19时52分发现新丰镇车站V场41号支柱西侧20 m处货场线渡线分段绝缘器被击穿，随即要令进行处理，因考虑到该分段绝缘器烧伤严重，有随时断裂的可能，且离下行正线太近，抢修负责人考虑断裂后影响下行正线的安全运行。19时52分至20时31分对该分段绝缘器进行了更换，20时32分恢复供电，处理用时39分钟，中断供电57分钟。

事故原因：

1. 分段绝缘器主绝缘板二分之一处有多处放电痕迹和明显的击穿痕迹。

2. 该分段绝缘器安装在Ⅴ场11号～13号货场渡线上，其70号支柱安装有带接地刀的隔离开关，故障发生前，该开关处于开位，其接地刀处于合位。接地刀上亦有明显烧伤痕迹。该分段绝缘器一端有电压，另一端无电压，分段绝缘器两端有压差。

3. 当天管内普降雨加雪，空气潮湿，导致分段绝缘板绝缘性能下降。

4. 新丰站区无固定“天窗”，分段绝缘器不能正常检修。

综合以上情况分析认为：造成此次故障的原因为分段绝缘器绝缘板当日处于承压运行状态，加之当日新丰及西安地区雨雪天气，天气潮湿，加剧了该分段绝缘器绝缘板绝缘性能的下降（从18时52分至19时35分该分段绝缘器绝缘板先后3次放电），导致了分段绝缘器绝缘板被击穿。

事故教训：

1. 造成此次故障的原因为分段绝缘器绝缘板当日处于承压运行，加之当日新丰及西安地区雨雪天气，天气潮湿，加剧了该分段绝缘器绝缘板绝缘性能的下降，导致了分段绝缘器绝缘板被击穿。

2. 设备管理存在漏洞，对运营设备中存在的诸如此类问题掌握不清、心中无数。

防范措施：

1. 举一反三，认真吸取教训，避免类似故障的再次发生。

2. 积极联系停电，对同类设备进行检修，消除隐患。

【案例十八】

事故经过：2005年3月30日20时35分，东站变电所212馈线跳闸，重合失败。20时36分，窑村接触网工区接电调通知后，准备工具材料，20时40分从工区出发，20时43分到达现场后，工区负责人立即派人对现场设备进行查看，20时45分发现12002次本务机$SS_1$623号机车在窑村车站上行四道25号支柱东侧30 m处刮弓，且上方导线有烧伤痕迹，随即向电调进行了汇报，并申请停电进行处理。20时46分至21时15分对该处导线进行了补强，21时15分消令送电，处理用时29分，从机车司机处理受电弓到21时25分，共中断供电50分钟。

事故原因：

从现场情况看，该处为四道出站曲线处，接触网结构为软横跨，故障处正定位受拉，线夹为铸铜件，在两螺栓处有旧的断裂痕迹，经分析认为造成该次事故的原因是：25号支柱4道定位线夹因受力开裂，因螺栓挡住裂缝，工区在日常检查中未及时发现，使裂缝不断恶化，在受拉力和震动力的情况下突然断裂，导致了弓网故障的发生。

事故教训：

1. 设备在日常维修和管理上，对侧线接触网设备巡视检查不足，重正线轻侧线，重区间轻站场，造成侧线和站场存在的设备隐患未能及时发现和消除。

2. 日常的设备巡视中不认真，存在为完成任务而走过场的现象。

3. 行车设备各类配件日常缺少有效的控制手段，安装投入运营后，没有积极有效的防范措施，为故障的发生埋下了隐患。

4. 领工区、班组对自己管辖范围内的设备运行质量，特别是一些关键的设备配件，心中无数，不能按计划和周期对设备进行检修，在检修覆盖面上存在着盲点和死角，使一些设备缺陷长期得不到发现和处理。

5. 职工业务素质不高，在日常检修和设备巡视时不能及时发现和处理设备上存在的缺陷。

防范措施：

1. 将此次设备故障立即通报全段，举一反三，认真吸取教训，避免类似故障的再次发生。

2. 加强梯车巡视检查力度，重点对网上受力部件进行全面检查，及时发现存在问题的受力部件，并予以及时更换，提高设备的质量，保证设备的安全运行。

3. 各工区要对网上设备认真进行排查，发现问题及时上报处理，保证设备安全运营。

4. 材料科要严把接触网零部件的入库检查关，杜绝不合格、无厂标等存在问题的零部件入库。

5. 工区在每次作业前，要对所需用的零配件进行认真细致的检查，把好零配件的上网关。

6. 在故障情况下，工区要加强与机车司机的联系，积极配合处理机车故障，尽量压缩故障停时。

【案例十九】

事故经过：2004 年 11 月 25 日 23 时 43 分，××车站值班员×××通知××接触网工区：10378 次司机反映，K41＋400 m 处接触网上冒火。11 月 26 日 0 时 49 分工区巡视人员发现高桥站 5 号柱（绝缘三跨转换柱）隔离开关有放电现象，立即向电调申请停电处理。电调于 0 时 55 分发停电命令（命令号 77889 号，停电时间：0 时 55～1 时 00 分），工区对 5 号隔离开关引线用同径电联结做并接处理，于 1 时 11 分消令送电，1 时 21 分返回××车站，抢修用时 16 分钟。

事故原因：

经现场察看、分析认为此次故障的原因为：因季节变化，开关引线弛度较小，线索位移后将 5 号隔开两触头拉开，造成开关两触头接触不良，引起放电。

事故教训：

1. 对季节变化影响设备线索位移没有引起高度重视，重点设备检查没到位。

2. 设备巡视中走马观花，巡视人员对重点设备没有驻足观看，气温降低导致线索位移造成开关引线过紧是此次故障的主要原因。

3. 季节转换主要业务部门对设备巡视检修督导检查力度不够。

防范措施：

1. 对载流区段线索位移较大区段进行普查，针对隔离开关引线弛度过大或过小进行全面整修，防止类似故障重复出现。

2. 加强巡视考核力度，要把巡视质量纳入事故追究机制中进行严格考核，从而加强和提高巡视质量，保证设备安全运营。

第二节　牵引变电所事故案例

【案例一】

事故经过：×年×月×日，某变电所值班员在 2 号交流盘清扫设备，当用毛刷清扫 2 号交流盘 11 号备用空气开关的电源侧时，毛刷的金属部分与空气开关的电源接线端子相碰，造成设备短路，导致 2 号交流盘 11 号空气开关烧坏，盘面烧坏，直流盘交流失压，所用变停电 4 小时 28 分。

事故原因：

1. 值班员安全意识差，作业中使用的工具未采取绝缘措施。

2. 值班员违反安全工作规程，在二次回路清扫灰尘时，无安全监护人，单独作业。

事故教训：

1. 加强安全教育，强化安全工作的意识。

2. 工作中认真仔细，预想不安全的隐患。

【案例二】

事故经过：×年×月×日某变电所值班员接电调倒闸作业命令对 212 开关进行停电倒闸作业，在倒闸过程中值班员与助理值班员错停馈线，误将 4 号馈线 214 开关断开，但在外出挂接地封线时仍将封线挂到 212 开关馈出线上，造成 212 开关距离Ⅰ、Ⅱ段动作，严重危及人身安全。

事故原因：

1. 值班员与助理值班人员对倒闸作业命令不清楚，作业时，确认停电回路，将 2 号馈线错停为 4 号馈线。

2. 验电接地程序错误，未验电而直接将地线挂接在带电侧。

事故教训：

1. 深入学习和熟悉现场设备，熟知设备的具体位置。

2. 工作中要集中思想，一丝不苟，严肃认真。

【案例三】

事故经过：×年×月×日，检修车间在某变电所进行春检作业，因误解 2YH 端子箱开关在分位，在测试避雷器取电源时，造成 2YH 二次侧失压，引起 2 号进线失压保护动作，致使 102、202A、202B、1021 开关动作断开，造成全所失压 3 分钟。

事故原因：

1. 未仔细确认设备状况，盲目接取电源，人为造成开关误动。

2. 工作中思想不集中。

事故教训：

1. 工作中培养严谨求实的作风。

2. 不要随意臆断，造成失误。

【案例四】

事故经过：×年×月×日某变电所在进行 201A、201B 断路器小车小修作业时，将 201A、201B 拉至实验位后，对 201B 流互进行放电时，因地线绝缘杆碰到带电的静触头上而产生电弧将助理值班员的脸部烧伤，同时造成 201A、201B 跳闸。

事故原因：

1. 小修作业时未将 201B 断路器小车拉至检修位，也未放置绝缘挡板而直接对流互进行放电。

2. 助理值班员班前未充分休息，作业时精神恍惚，操作不当，误碰带电设备，产生电弧将自身烧伤。

事故教训：

1. 检修作业的安全防护要重视。

2. 在岗时要保持旺盛的精力。

【案例五】

事故经过：×年×月×日某变电所 101、201A、201B 跳闸，掉牌，交流母线电压低下，A、B 相低压过流，高压室有异响，值班员巡视时因高压室有浓烟雾未发现故障点，8 时 10 分电调远动合 1001GK 后，102、202A、202B 再次跳闸，8 时 20 分，经巡视检查发现 2 号高压分间屋顶严重漏水造成 27.5 母线支持瓷瓶大部分击穿、烧损，271 小车 LH 烧损、32 m 27.5 kV 母线铝排烧损。后经检查 1 号高压分间无异常现象，采取 27.5 母线分段运行方案，9 时 01 分，212、215 开关送电。临时处理将 271.272、214 母线甩开，9 时 53 分，4 号馈线备用 22B 开关送电成功。13 时 55 分至 15 时 13 分彻底处理，恢复设备正常运行状态。

事故原因：

1. 高压室 2 号分间屋顶严重漏雨致使 27.5 kV 母线支持绝缘子击穿造成对地、相间短路而发生故障。

2. 在 8 时 01 分第一次跳闸后，变电所值班员巡视未发现故障点，电调在低压过流的情况下强送电，扩大了故障范围和对设备的损坏程度。

3. 未认真落实特殊巡视检查制度，未及时发现隐患采取临时处理措施。

事故教训：

1. 故障原因不清，严禁盲目强行送电。

2. 巡视设备要仔细认真。

【案例六】

事故经过：×年×月×日，某变电所接到电调命令，执行Ⅰ－09－02 号工作票小修二段母线。值班员、助理值班员在做安全措施时，未拉开 2002GK 且没有进行验电，即向有电的 2621GK 静触头挂接地封线，造成对地短路，101、201A、201B 开关跳闸，全所失压，2621GK 支持绝缘子以及动、静触头烧损，熔断器爆裂，停电 11 分钟。

事故原因：

1. 值班员、助理值班员思想麻痹，工作责任心不强，安全意识淡薄，未严格按工作票的内容进行操作，造成安全措施漏项，停电不彻底，在未拉开 2002GK 的情况下，盲目带电挂设接地封线。

2. 值班员、助理值班员在倒闸作业前未操作模拟盘，挂设接地线前未按停电作业程序验电，简化作业程序。

3. 变电所所长作业组织不当。在作业现场对值班员人员的违章作业未能提出并制止，带领其他作业组成员辅助值班人员做小车止滑等安全措施，作业组成员对各自的职责不清，致使整个作业秩序混乱、值班人员思想不集中。

事故教训：

1. 加强安全工作意识，牢固树立安全为本的思想。

2. 加强作业的组织和管理。

【案例七】

事故经过：×年×月×日，某变电所接到电调 268 号倒闸命令(综合命令)，命令内容：①拆除 2 710 隔开外侧地线一组；②拉开 2 120、2 140 接地刀；③合上 2 121、2 141、2 142、2 710 隔开；④合上 212、22B、271、272 断路器，由变电所值班员直接操作。15 时 45 分变电所值班员完成该命令，并向电调汇报。16 时 14 分机车司机反映三七供电臂无电，并向电调汇报，电调立即通知变电所值班员检查设备，后经值班员检查发现控制盘显示 2 142、22B 均处在合位，但在高压室检查发现 2 142 隔开处在分位，22B 断路器处在合位，变电所值班员向电调反映情况后，电调下口令合上 214 断路器，16 时 20 分命令完成，三七供电臂共计失电 35 分钟。

事故原因：

1. 2142隔开操作机构支撑底座角钢开焊，隔开操作时造成底座转动而隔开并未闭合。

2. 变电所值班员严重违反牵引变电所安全工作规程，减化倒闸作业程序，未在隔开外侧对馈线进行验电。

事故教训：

1. 认真学习《牵引变电所安全工作规程》。

2. 严格倒闸作业程序，馈线停送电后必须在隔开外侧对馈线进行验电确认后方可消令。

【案例八】

事故经过：×年×月×日 3 时 40 分某变电所 B 相电容补偿装置电抗器运行时着火，险情发生后，变电所值班员、助理值班员将 231 断路器及 2311 隔开断开后将 B 相电容退出运行，当开始用灭火器进行灭火时，因火势较大难以立即扑灭，因此网工区 13 人协助前去灭火，于 4 时 35 分用灭火器、沙子将电抗器火源扑灭，此时电抗器已整体烧毁。

事故原因：

1. 电抗器局部散热不良，高温造成火灾。

2. 值班人员发现不及时，消防措施不完善，致使电抗器起火烧损。

事故教训：

1. 设备巡视要认真仔细。

2. 变电所内消防设施要齐备。

【案例九】

事故经过：×年×月×日 16 时 57 分，电调下令某变电所倒进线，由 1 号进线带 2 号变，倒为 2 号进线带 2 号变，在倒进线的过程中，变电所值班员、助理值班员，在执行"合上 1 021 隔离开关"时，误合 1 020 接地刀闸，造成地方变电所跳闸，变电所全所失压 19 分钟，1 020 接地刀闸烧损故障。

事故原因：

变电所值班员、助理值班员对所内设备运行、分布情况不清楚，在倒闸作业前未认真进行模拟操作，在不知道 1 021 隔离开关为电动操作方式及 1 021 隔离开关控制手柄位置的情况下盲目地到室外将 1 020 接地刀闸操作手柄误认为是 1 021 隔离开关操作手柄进行合闸操作，致使地方变电所跳闸、变电所全所失压。

事故教训：

1. 深入学习和熟悉现场设备，熟知设备的具体位置。

2. 工作中要集中思想，一丝不苟，严肃认真。

【案例十】

事故经过：×年×月×日，某变电所由电调远动操作倒系统，将 2# 进线带 2# 变倒为 1# 进线带 2# 变。在倒闸过程中，因 241B 分闸后不能自动储能，造成合闸时拒动，后经变电所值班员手动储能，于 20 时 48 分合上 241A、B，动力变投入正常运行，中断供电 18 分钟。

事故原因：

4 月 7 日，动力变预防性实验结束后，因 241B 储能机构故障，只能手动储能将 241B 合上，检修人员将 241B 故障情况告知变电所当日值班员，但 18 时巡视交接班时，值班员未将 241B 故障情况告诉接班人员，也未填写在交接班记录中，致使 4 月 9 日变电所值班人员对 241B 故障情况不清楚，系统倒闸过程中，241B 不能储能无法合闸。

事故教训：

1. 严格执行交接班制度。

2. 严格做好变电所各项工作记录。

【案例十一】

事故经过：×年×月×日 16 时 23 分，某变电所值班员巡视发现高压室馈线侧穿墙套管缝隙处因下大雨向内严重漏水，造成绝缘子脏污，后经电调同意于 16 时 44 分断开 231、201A/B 开关，对绝缘子进行擦拭抢修。16 时 47 分，在做安全措施时，值班员在对 201B 挂接地封线时，将接地封线挂在上部有电的静触头上，造成接地短路，101 开关因电源关闭未动作，造成地方变电所跳闸，201B 静触头烧伤。

事故原因：

1. 值班员思想麻痹，工作责任心不强，安全意识淡薄，在未验电的情况下盲目向有电的 201B 挂设接地封线。

2. 未执行"助理值班员操作，值班员监护"的作业制度，由值班员单独操作，助理值班员做其他工作，挂设接地线前未按停电作业程序验电。

事故教训：

1. 严格执行"助理值班员操作，值班员监护"的作业制度。

2. 加强安全工作的意识。

【案例十二】

事故经过：2001 年 2 月 2 日 16 时 20 分，电调下令将某变电所 214 断路器倒为 22B 备用断路器，16 时 21 分值班员、助理值班员在未确认 22B 位置的情况下执行电调命令，在试验位合上 22B 断路器，倒闸命令完成后，也未进行验电，造成该供电臂中断供电 18 分钟。

事故原因：

1. 值班人员对设备现行运行状况不清楚，接令后未确认设备状态，盲目进行倒闸作业。

2. 简化作业程序，倒闸完毕后未验电，致使供电臂长时间失去电源。

事故教训：

1. 严格执行倒闸作业制度。

2. 加强业务学习。

【案例十三】

事故经过：2004 年 2 月 22 日 15 时 26 分，××变电所 4 号馈线速断和阻抗一段保护动作，重合失败，接触网人员在线路巡视过程中，未发现线路上有明显故障点，当巡视至分区亭时，发现所内自用变熔断管爆裂，电调发令断开分区所进线隔开 2 811、2 812、2 821、2 822，16 时 55 分恢复送电，故障停电 1 小时 29 分。

事故原因：

1. 油房沟分区亭自用变熔断管爆炸后，其引线搭接在隔离开关金属支架上，形成死接地，造成砚川变电所 4 号馈线跳闸后重合失败。

2. 自用变压器熔断器额定容量设计为 2A，施工单位安装的是额定容量为 0.5A 的熔断器，通流能力不够。

3. 熔断管瓷套端口密封不严，导致雨水进入。

事故教训：

××线无人值班的分区亭，当接触网发生故障后，若故标指示故障点在线路末端时，巡视人员应将分区亭设备一并作为巡视内容，认真巡视。

【案例十四】

事故经过:2004 年 3 月 2 日,××变电所Ⅰ回进线失压,变电所进线自投装置启动,在Ⅱ回进线自动投入过程中,变电所突然失去操作电源,各开关拒动,控制盘各种信号指示消失,造成Ⅱ回电源投入失败,全所失压,中断供电 34 分钟。

事故原因:

经过对事故现象进行分析,现场查找事故原因,发现造成此次事故的主要原因是由于蓄电池组中有一块蓄电池损坏,整流器停运后,蓄电池组无输出,致使变电所失去直流操作电源,使备用线路无法投入。

事故教训:

1. 当变电所失去直流电源,并确认所内其他设备无故障后,应首先考虑通过手动操作恢复所内交流电源,再投入整流装置或使用移动整流装置,恢复所内直流电源。

2. 加强变电系统直流电源装置的维护保养,特别是蓄电池的维护保养。

3. 加强整个变电系统直流电源装置的维护保养,对蓄电池进行定期活化。

【案例十五】

事故经过:2004 年 9 月 13 日 16 时 58 分,××变电所 201A、201B、101 断路器跳闸,主变低压过流保护动作,变电所 27.5 kV 母线失压,17 时 05 分恢复送电,故障停电 7 分钟。

事故原因:

1. 变电所值班人员办理高压室 27.5 kV 4、6 压互检修作业工作票,在压互二次做短封接地线时,不慎造成运行的 5 压互二次线接地,二次侧保险管熔断,主变低压过电流保护动作,导致变电所 27.5 kV 母线失压,中断供电;

2. 27.5 kV 压互端子箱内有电线路和停电线路距离太近,容易造成误操作;

事故教训:

1. 值班人员在做完短封线后未及时确认 27.5 kV 电压是否正常。

2. 值班人员业务素质不高,对压互端子箱内停电线路和带电线路区分不清。

【案例十六】

事故经过:2004 年 9 月 20 日 7 时 40 分,××变电所值班员在对室外设备进行巡视时,发现高压室二楼风机口有烟冒出,立即跑到高压室二楼,打开大门,将高压室所有设备退出运行,并做好事故处理准备,稍后巡视发现高压室动补电抗器彻底烧毁,事故虽未中断供电,但造成高压室设备和房屋严重污染。

事故原因:

1. 产品质量问题造成电抗器烧毁。

2. 动补电抗器属试验产品,未作大电流试验。

事故教训:

1. 当变电所高压室发生设备绝缘击穿事故产生大量有毒气体时,值班人员应迅速使故障设备脱离带电,但在大量烟雾无法排出时,严禁人员进入高压室;

2. 当高压室物体燃烧产生明火时,严禁开排风扇;

3. 变电所必须保证排风设施状态良好。

【案例十七】

事故经过:2005 年 4 月 25 日 8 时 45 分,××变电所 2 号变低压过流保护动作,231、232、202A、202B 开关跳闸,8 时 48 分变电所值班员向电调汇报情况,并巡视高压室设备,未发现故障点,要求电调第二次强送电,8 时 49 分强送失败,值班员再次巡视发现 241A 断路器电流互感器发生爆炸，中断供电 30 分钟。

事故原因：

241A 流互爆炸原因是该流互浇注体内有气泡。

事故教训：

1. 主变低压过流保护动作后，在故障点难以判断时，未及时进行越区供电，延长故障停电时间；

2. 变电所高压室设备发生故障，在故障点无法判明时，严禁进行二次送电，以免事故范围扩大；

3. 掌握牵引变电所 27.5 kV 母线及其所带设备故障后的处理方法；

4. 严把更新设备安装前试验关，严防病、伤设备带电运行。

参 考 文 献

[1] 中华人民共和国铁道部．牵引变电所安全工作规程　牵引变电所运行检修规程．北京：中国铁道出版社，2000.

[2] 中华人民共和国铁道部．接触网安全工作规程　接触网运行检修规程．北京：中国铁道出版社，2007.

[3] 张道俊，王汉兵．牵引供电规程与规则．北京：中国铁道出版社，1999.